住房和城乡建设部"十四五"规划教材

职业教育本科土建类专业融媒体系列教材

建设工程招标投标与合同管理实务

（第三版）

王春宁　李玉甫　主　编

王付全　叶　雯　主　审

中国建筑工业出版社

图书在版编目（CIP）数据

建设工程招标投标与合同管理实务／王春宁，李玉
甫主编．-- 3 版．-- 北京：中国建筑工业出版社，
2024.8.（2024.9重印）--（住房和城乡建设部"十四五"规划教材）
（职业教育本科土建类专业融媒体系列教材）．-- ISBN
978-7-112-29953-9

Ⅰ．TU723

中国国家版本馆 CIP 数据核字第 2024CX7338 号

　　本教材主要内容包括建设工程招标投标管理实务和建设工程合同管理实务两大模块。其中，建设工程招标投标管理实务模块包括 3 个项目，建设工程合同管理实务模块包括 2 个项目。

　　本教材为住房和城乡建设部"十四五"规划教材，主要适用于高职院校建筑工程技术、建筑工程监理、建设工程管理、工程造价、房地产经营与估价等相关专业；也可供建设行业、施工企业、建设单位、招标投标代理机构以及建设工程项目咨询管理公司等，从事建设工程招标投标与合同管理人员和相关专业岗位人员学习参考。

　　为了便于本课程教学，作者自制免费课件资源，索取方式为：1. 邮箱：jckj@cabp.com.cn；2. 电话：(010) 58337285；3.QQ 交流群：451432552。

责任编辑：司　汉
责任校对：张　颖

住房和城乡建设部"十四五"规划教材
职业教育本科土建类专业融媒体系列教材
建设工程招标投标与合同管理实务
（第三版）
王春宁　李玉甫　主　编
王付全　叶　雯　主　审

*

中国建筑工业出版社出版、发行（北京海淀三里河路 9 号）
各地新华书店、建筑书店经销
北京鸿文瀚海文化传媒有限公司制版
建工社（河北）印刷有限公司印刷

*

开本：787 毫米×1092 毫米　1/16　印张：21　字数：518 千字
2024 年 6 月第三版　　2024 年 9 月第二次印刷
定价：58.00 元（赠教师课件）

ISBN 978-7-112-29953-9
(42755)

教材编审委员会

主　编：

王春宁　黑龙江建筑职业技术学院，研究员级高级工程师

李玉甫　广东建设职业技术学院，副教授

副主编：

徐晓娜　黑龙江建筑职业技术学院，副教授

张广峻　河北科技工程职业技术大学，教授

袁富贵　广东白云学院，副教授

参　编：

李　迪　黑龙江建筑职业技术学院，讲师

周海娜　广东建设职业技术学院，高级工程师

居艳红　黑龙江省建工集团八建建筑工程有限责任公司，高级工程师

李永国　黑龙江省建工集团八建建筑工程有限责任公司，高级工程师

主　审：

王付全　黄河水利职业技术学院，教授

叶　雯　广州番禺职业技术学院，教授

出 版 说 明

党和国家高度重视教材建设。2016 年，中办国办印发了《关于加强和改进新形势下大中小学教材建设的意见》，提出要健全国家教材制度。2019 年 12 月，教育部牵头制定了《普通高等学校教材管理办法》和《职业院校教材管理办法》，旨在全面加强党的领导，切实提高教材建设的科学化水平，打造精品教材。住房和城乡建设部历来重视土建类学科专业教材建设，从"九五"开始组织部级规划教材立项工作，经过近 30 年的不断建设，规划教材提升了住房和城乡建设行业教材质量和认可度，出版了一系列精品教材，有效促进了行业部门引导专业教育，推动了行业高质量发展。

为进一步加强高等教育、职业教育住房和城乡建设领域学科专业教材建设工作，提高住房和城乡建设行业人才培养质量，2020 年 12 月，住房和城乡建设部办公厅印发《关于申报高等教育职业教育住房和城乡建设领域学科专业"十四五"规划教材的通知》（建办人函〔2020〕656 号），开展了住房和城乡建设部"十四五"规划教材选题的申报工作。经过专家评审和部人事司审核，512 项选题列入住房和城乡建设领域学科专业"十四五"规划教材（简称规划教材）。2021 年 9 月，住房和城乡建设部印发了《高等教育职业教育住房和城乡建设领域学科专业"十四五"规划教材选题的通知》（建人函〔2021〕36 号）。为做好"十四五"规划教材的编写、审核、出版等工作，《通知》要求：（1）规划教材的编著者应依据《住房和城乡建设领域学科专业"十四五"规划教材申请书》（简称《申请书》）中的立项目标、申报依据、工作安排及进度，按时编写出高质量的教材；（2）规划教材编著者所在单位应履行《申请书》中的学校保证计划实施的主要条件，支持编著者按计划完成书稿编写工作；（3）高等学校土建类专业课程教材与教学资源专家委员会、全国住房和城乡建设职业教育教学指导委员会、住房和城乡建设部中等职业教育专业指导委员会应做好规划教材的指导、协调和审稿等工作，保证编写质量；（4）规划教材出版单位应积极配合，做好编辑、出版、发行等工作；（5）规划教材封面和书脊应标注"住房和城乡建设部'十四五'规划教材"字样和统一标识；（6）规划教材应在"十四五"期间完成出版，逾期不能完成的，不再作为《住房和城乡建设领域学科专业"十四五"规划教材》。

住房和城乡建设领域学科专业"十四五"规划教材的特点，一是重点以修订教育部、住房和城乡建设部"十二五""十三五"规划教材为主；二是严格按照专业标准规范要求编写，体现新发展理念；三是系列教材具有明显特点，满足不同层次和类型的学校专业教学要求；四是配备了数字资源，适应现代化教学的要求。规划教材的出版凝聚了作者、主审及编辑的心血，得到了有关院校、出版单位的大力支持，教材建设管理过程有严格保障。希望广大院校及各专业师生在选用、使用过程中，对规划教材的编写、出版质量进行反馈，以促进规划教材建设质量不断提高。

住房和城乡建设部"十四五"规划教材办公室
2021 年 11 月

第三版前言

　　建设工程招标投标与合同管理工作涉及的知识面很宽，跨越技术、经济、法律及管理等专业领域，是一项综合性很强的技术经济管理工作。本教材主要分为建设工程招标投标管理实务和建设工程合同管理实务2个模块5个项目，其中模块1分为建设工程招标投标基础知识、建设工程项目招标组织、建设工程施工投标组织3个项目；模块2分为合同法律基础、建设工程施工合同2个项目。本教材力求按招标投标与合同管理的实际操作流程与工作岗位的技能要求进行编写，将工程招标投标与合同实施中遇到的实际问题和处理方法融入教材中，以加强教材的通用性、实用性和可操作性。

　　本教材依据《中华人民共和国招标投标法》、《中华人民共和国民法典》、《中华人民共和国招标投标法实施条例》、《工程建设项目施工招标投标办法》、《房屋建筑和市政基础设施工程施工招标投标管理办法》、《建设工程工程量清单计价规范》GB 50500—2013，以及国家有关部门颁布的招标投标、合同管理方面的其他法律、行政法规等，遵循理论与实践相结合的原则，全面系统地阐述了工程建设领域的招标投标与合同管理的理论和法律知识及操作方法，重点放在建设工程招标投标与合同管理实际操作的应用方面。

　　本教材将《房屋建筑和市政工程标准施工招标资格预审文件》、《房屋建筑和市政工程标准施工招标文件》、《建设工程施工合同（示范文本）》GF-2017-0201的实际应用操作要点进行了详细的叙述，并对《最高人民法院关于审理建设工程施工合同纠纷案件适用法律问题的解释（一）》（法释〔2020〕25号）的有关规定和应用要点进行了讲解，结合工程实际引入了很多工程案例，并根据国家的法律、行政法规对案例进行分析论证。

　　本教材力图为师生和从事招标投标与合同管理人员提供系统的理论知识和实用的操作方法，通过本教材，能够了解、掌握建设工程招标投标与合同管理的一般规律和技巧。为加快推进和落实党的二十大精神进教材，进课堂，进头脑，注重落实立德树人根本任务，促进学生成为德智体美劳全面发展的社会主义建设者和接班人，第三版教材的内容融入了思想政治教育，推进中华民族文化自信自强。

　　本教材由王春宁、李玉甫主编，王春宁统稿，王付全、叶雯主审。项目1、任务4.4～任务4.7由李玉甫、周海娜编写；任务2.1和部分数字资源由李迪编写、提供；任务4.1～任务4.3、任务4.8由袁富贵编写；任务5.2由张广峻编写；任务2.2、任务2.3、任务3.1部分内容和大部分数字资源由徐晓娜编写、提供；任务3.1～任务3.3、任务5.1～任务5.4由王春宁编写；本教材各类案例由居艳红、李永国编写、提供。

　　本教材在编写过程中，参考了大量国家颁发的有关法律、行政法规文件和书籍等资料，在此向作者及主编单位表示衷心感谢。由于时间紧迫，编者水平有限，书中难免有疏漏和不当之处，恳请广大读者批评指正。

目　录

模块 1

建设工程招标投标管理实务

项目1

建设工程招标投标基础知识

Project 01

任务 1.1　建设工程项目概述

引导问题

1. 为何建设工程项目要分类？分类方法是什么？
2. 为什么建设工程项目要遵循一定的程序进行建设？
3. 如何应用建设工程项目的发承包方式？

工作任务

主要介绍建设工程项目特征和分类、建设工程项目程序、建设工程项目发承包方式等内容。

本工作任务是了解建设工程项目的概念、特征和分类；掌握建设工程项目的程序；重点掌握在建设工程项目中各种发承包方式的应用。

学习参考资料

1. 《建设工程项目管理规范》GB/T 50326—2017；
2. 《工程项目建设指南》张毅主编。

一、建设工程项目特征和分类

（一）建设工程项目特征

建设工程是发展国民经济的物质技术基础，是实现社会主义扩大再生产的重要手段。因此，建设工程在国家的社会主义现代化建设中占据重要地位。项目是指按限定时间、限定资源和限定质量标准等约束条件完成的具有明确目标的一次性任务。

建设工程项目是指在建设领域中投资建造固定资产和形成物质基础的经济活动，凡是完成固定资产扩大再生产的新建、扩建、改建等各类工程项目及与之有关受控活动组成的特定过程，包括策划、勘察、设计、采购、施工、试运行、竣工验收和考核评价等活动均称为建设工程项目。

1. 建设目标的明确性

建设工程项目以形成固定资产为特定目标。对于这一目标的实现，政府主要是审核建设项目的宏观经济效益和社会效益；发包方主要是重视在降低工程成本，保证工程质量的前提下，达到预期的使用效果；而承包方则更看重的是盈利能力等微观的财务目标。

2. 建设工程项目的综合性（整体性）

建设工程项目是在一个总体设计或初步设计范围内，由一个或若干个互相有内在联系的单项工程所组成；另外建设工程项目的建设环节较多，因而在工程建设过程中涉及的内部专业多，外界单位广且综合性强，协调配合关系复杂。所以，建设工程项目的建设必须进行综合分析、统筹管理。

3. 建设过程的程序性

建设工程项目的实施必须遵循科学合理的建设程序和经过特定的建设过程。通常建设工程项目的全过程要经过项目建议书、可行性研究、勘察设计、建设准备、工程施工和竣工验收交付使用等六个阶段。

4. 建设工程项目的约束性

建设工程项目实施过程的主要约束条件有：

（1）时间约束。工程建设必须在合理的建设工期时限内完成。

（2）资源约束。工程建设应控制在一定的人力、物力和投资总额等条件范围内。

（3）质量约束。工程建设通过科学合理的管理，必须达到预期的生产能力、产品质量、技术水平和使用效益的目标。

5. 建设工程项目的一次性

建设工程项目是一项特定的建设任务，它具有区域性、庞体性、固定性和单件性等特点。因此，必须根据每一建设项目的特点不同，进行单独设计和独立组织施工生产活动。

6. 建设工程项目的风险性

由于建设工程项目体型庞大、建设周期长，受自然条件、区域条件和经济条件等因素影响较大，故建设工程项目的投资额巨大，特别是建设期间人力、物力的市场需求，价格的变动及资金利率的变化，会给工程项目的建设带来很大的风险。

（二）建设工程项目的分类

建设工程项目的种类繁多，其分类方式多种多样。根据管理的需要，建设工程项目可分为以下类型：

1. 按建设工程项目的性质分类

（1）新建项目：是指开始建设的项目，或对原有建设单位重新进行总体设计，经扩大建设规模后，其新增加的固定资产价值超过原有固定资产价值三倍以上的建设项目。

（2）扩建项目：是指原有建设单位，为了扩大原有主要产品的生产能力（或效益），或增加新产品生产能力，在原有固定资产的基础上兴建一些主要车间或其他固定资产。

（3）改建项目：是指建设单位，为了提高生产效率，对原有设备、工艺流程进行技术改造的项目。

（4）迁建项目：是指原有企业、事业单位，由于某些原因报经上级批准进行搬迁建设。不论规模是维持原状还是扩大建设，均属于迁建项目。

（5）恢复项目：是指企业、事业单位因受自然灾害、战争等特殊原因，使原有固定资产已全部或部分报废，须按原有规模重新建设的项目。在恢复中同时进行扩建的项目，也称作恢复项目。

2. 按建设工程项目的建设阶段分类

（1）筹建项目：是指正在准备建设的项目。

（2）施工项目：是指正在施工中的项目。

（3）收尾项目：是指工程主要项目已完工，只有一些附属的零星工程正在施工的项目。

（4）竣工项目：是指工程已全部竣工验收完毕，并已交付建设单位的项目。

（5）投产或使用项目：是指工程已投入生产或使用的项目。

3. 按建设工程项目的用途分类

（1）生产性建设工程项目：如工业矿山、地质资源、农田水利、运输、邮电等项目。

（2）非生产性建设项目：即消费性建设项目，如住宅、文教卫生、电视、疗养、排水管道、煤气等。

4. 按建设工程项目的规模分类

（1）大型建设工程项目：是指建设工程项目在规定年产量数值以上的项目。

（2）中型建设工程项目：是指建设工程项目在规定年产量数值之间的项目。

（3）小型建设工程项目：是指建设工程项目在规定年产量数值以下的项目。

划分大、中、小型项目，并不是固定不变的，而是随着技术能力的提高和投资的提高而改变。

5. 按建设工程项目和隶属关系分类

（1）部属项目：是指属于国家各部直属管理的投资建设项目。

（2）地方项目：是指属于各省（市）管辖的投资建设项目。

（3）联合项目：是指中央与地方、省（市）与各地区自筹资金共同投资的建设项目等。

6. 按建设工程项目资金来源和渠道分类

（1）国有（政府）投资项目：是指国家财政预算中直接投资的建设项目。

（2）自筹投资项目：是指除国家财政预算外的投资项目，它可以是地方自筹和单位自筹建设项目。

（3）银行贷款筹资项目：是指建设项目的主要资金来源是银行借贷。

（4）外商投资项目：是指建设项目的资金来源是靠外商投资。

（5）债券投资项目：是指建设项目是靠金融债券筹集的资金建设的项目。

7. 按所属行业分类

按所属行业不同，可分为工业项目、交通项目、电力项目、水利项目、农业项目、林业项目、能源项目、商业和服务项目、生态和环境保护项目、科技项目、文教项目及卫生医疗项目等。

8. 按建设工程项目的构成层次分类

一个建设工程项目是一个完整配套的综合性产品，可划分为诸多个项目。

（1）建设工程项目：一般是指具有设计任务书，按一个总体设计进行施工，经济上实行独立核算，行政上有独立组织建设的管理单位，并且是由一个或一个以上的单项工程组成的新增固定资产投资项目，如一座工厂、一座矿山、一条铁路、一所医院、一所学校等。

（2）单项工程：是指能够独立设计、独立施工，建成后能够独立发挥生产能力或使用效益的工程项目，如生产车间、办公楼、影剧院、教学楼、食堂、宿舍楼等。它是建设工程项目的组成部分。

（3）单位工程：是指可以独立设计，也可以独立施工，但不能独立形成生产能力或发挥使用效益的工程。它是单项工程的组成部分，如一个车间由土建工程和设备安装工程组成。

（4）分部工程：是单位工程的组成部分，它是按照建筑物或构筑物的结构部位或主要的工种工程划分的工程分项，如基础工程、主体工程、钢筋混凝土工程、楼地面工程及屋面工程等。

（5）分项工程：是分部工程的细分，是建设项目最基本的组成项目，也是最简单的施工过程。一般是按照选用的施工方法、所使用的材料、结构构件规格等不同因素划分的施工分项。例如，在砖石工程中可划分为砖基础、内墙、外墙等分项工程。

总之，划分建设工程项目一般是分析它包含几个单项工程（也可能一个建设项目只有一个单项工程），然后按单项工程、单位工程、分部工程、分项工程的顺序逐步细分，即由大项到细项的划分。如在一所学校的建设项目中，一栋教学楼、一栋办公楼为单项工程，单项工程又可分解为土建工程、给水排水工程等单位工程，单位工程又可以分解为砌筑工程、楼地面工程等分部工程，分部工程中砌筑工程还可分解为某种砖墙等分项工程，如图 1-1-1 所示。

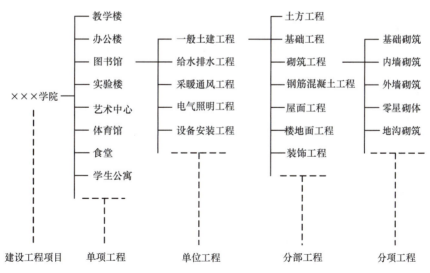

图 1-1-1 建设工程项目分解示意图

二、建设工程项目程序

任何一项事物的发展过程，就其内部变化情况，可分为若干阶段。这些阶段紧密相连而又有先后顺序，从而构成这项事物的发展程序。建设工程项目程序是在建设工程项目的工作中必须遵循的先后次序。不同的阶段有不同的内容，既不能互相代替，也不能互相颠倒或跨越。只有循序渐进，才能达到预期的成果。建设工程项目是一项综合性很强的工作，必须按其固有的规律和程序进行建设。

（一）国内建设工程项目程序

国内建设工程项目程序可分为以下几个相互联系的过程：

1. 项目建议书阶段

项目建议书是项目建设程序中的最初阶段工作，是由建设单位向国家提出要求建设某一建设工程项目的建设文件，是对建设工程项目的轮廓设想；它是从拟建项目的必要性及大方面的可能性加以考虑的。在宏观上，建设工程项目要符合国民经济长远规划，符合部门、行业和地区规划的要求，初步分析拟建项目的可行性。项目建议书的内容如下：

（1）建设工程项目提出的必要性和依据。若是引进技术和进口设备的项目，要说明国内外技术差距和概况以及进口设备的理由。

（2）产品方案、拟建规模和建设地点的初步设想。

（3）资源情况、建设条件、协作关系的初步分析。需要引进技术和进口设备的，要作出引进国别、厂商的初步分析和比较。

（4）投资估算和资金筹措设想。利用外资项目要说明利用外资的理由、可能性以及作出偿还能力的大体测算。

（5）项目进度安排。

（6）经济效益和社会效益的初步估计。

项目建议书编制完成后应当报批。大中型或限额以上项目的项目建议书，首先要报送行业归口主管部门，抄送国家发改委；行业归口主管部门根据国家中长期规划的要求，着重从资金来源、建设布局、资源合理利用、经济合理性、技术政策等方面进行审批，初审通过后报国家发改委；国家发改委再从建设总规模、生产力总布局、资源优化配置、资金供应的可能、外部条件等方面进行综合平衡，委托有资格的工程咨询单位评估，然后审批。

2. 可行性研究阶段

项目建议书经批准后，即可进行项目建设可行性研究的论证工作。它是根据国民经济长期发展规划、地区和行业经济发展规划的基本要求与市场需要，对拟建项目在工艺和技术上是否先进可靠和适用、在经济上是否合理有效、对社会是否有利、在环境上是否允许及在建造能力上是否具备等各方面进行系统的分析论证，提出研究结果，进行方案优选，从而提出拟建项目是否值得投资建设和怎样建设的意见，为项目投资决策提供可靠的依据。可行性研究内容如下：

（1）项目提出的背景、投资的必要性和经济效益及研究工作的依据和范围。

（2）需求预测和拟建规模。包括国内、外需求情况的预测；国内现有项目及在建项目生产能力的估计；销售预测、价格分析、产品竞争能力及进入国际市场的前景；拟建项目的规模、产品方案和发展方向的技术经济比较与分析。

（3）资源、原材料、燃料及公用设施分析。包括原料、辅助材料、燃料的种类、数量、来源和供应可能；所需公用设施的数量、供应方式与供应条件等的分析。

（4）建厂条件和厂址方案。包括建厂的地理位置，气象、水文、地质、地形条件和社会经济现状；交通、运输及水、电、气的现状和发展趋势；以及厂址比较与选择的意见。

（5）设计方案。包括项目的构成范围、技术来源和生产方法；主要技术工艺和设备选型方案的比较及引进技术、设备的来源国别；全厂布置方案的初步选择和土建工程量情况；公用辅助设施和厂内外交通运输方式的比较和初步选择。

（6）环境保护。包括调查环境现状、预测项目对环境的影响、提出环境保护和"三废"治理初步方案及防震要求等。

（7）项目生产管理的组织设置、劳动定员和人员培训计划。

（8）项目建设实施进度的建议。

（9）投资估算和资金筹措。包含建设投资和生产流动资金的估算；资金来源、筹措方式、贷款的偿付方式。自筹投资应附财政部门的审查意见。

（10）项目经济评价。包括财务评价、国民经济评价及综合评价。

可行性研究论证后，即可做出可行性研究报告并上报，作为投资决策机构评判拟建项目是否可行的依据。经批准后，方可作为编制计划任务书的依据。

3.计划任务书阶段

计划任务书（又称设计任务书），是确定建设工程项目，编制设计文件的主要依据。所有的新建、扩建、重建和改建等项目，都要根据国民经济长远规划、地区规划、行业规划和建设布局，按照项目隶属关系，由主管部门组织计划、设计等单位提前编制计划任务书。

计划任务书的内容，以大中型工业项目的设计任务为例：

（1）建设的目的和根据；

（2）建设的规模、产品方案或纲领及生产方式或工艺原则；

（3）原材料、燃料、动力、供水、运输、矿产资源、水文、地质等协作配合条件；

（4）资源综合利用和"三废"治理的要求；

（5）投资额和劳动定员控制数；

（6）建设进度和工期；

（7）防空、防震要求；

（8）初步选定建设地区和地点；

（9）估算拆迁及占地面积；

（10）要求达到的经济效益和技术水平。

改建、扩建的大中型项目计划任务书中应包括原有固定资产的利用程度和现有生产潜力发挥情况。

在下达计划任务书之前，必须进行可行性研究。即是指在决定一个建设项目之前，先对拟建项目的一些主要问题，包括建成投产后市场需求情况、建设条件、生产条件和工艺技术条件、投资效果，以及对有关部门和地区发展的影响等等，认真调查研究，充分进行技术经济论证和方案比较，提出这个项目是否可行的研究报告。由决策机构选择最佳可行方案，根据项目建议书、最佳可行方案和投资估价编制计划任务书。

4.设计阶段

设计文件的编制是以批准的可行性研究报告和计划任务书为依据，将建设工程项目的要求逐步具体化，成为可用于指导的工程图纸和说明书。对一般不太复杂的中小型建设工程项目多采用两个阶段的设计，即初步设计和施工图设计；对重要的、复杂的、大型的建设工程项目经主管部门指定，可以采用三个阶段的设计，即初步设计、技术设计（扩大初步设计）和施工图设计。

（1）初步设计。计划任务书一经批准，建设工程项目初步拟定后，就要进行初步设计，对计划项目的一切基本问题作出决定，并说明拟建项目在技术上的可行性和经济上的合理性。同时编制建设工程项目总概算。初步设计的主要内容包括：

1）设计指导思想；

2）建设地点的选择；

3）建设规模和产品方案或纲领；

4）总体布置和工艺流程；

5）设备选型：主要设备的规格、型号和主要材料用量；

6）主要技术经济指标和劳动定员；

7）主要建筑物和构筑物、公用设施、综合利用与"三废"治理及生活区建设；

8）占地面积和征地数量；

9）建设工期；

10）分析生产成本和利润及预计投资收回期限；

11）编制总概算文字说明和图纸。

初步设计是继计划任务书后进入实质性的规划设计。建设主管部门根据这些资料来评价决定这个项目是否可建，并提出修改补充意见。

（2）技术设计。技术设计是根据批准的初步设计和更详细的调查研究资料编制的，进一步解决初步设计中的重大技术问题，如工艺流程、建筑结构、设备选型及数量确定等，以使建设工程项目的设计更具体、更完善，技术经济指标更好。技术设计应满足下列要求：

1）各项工艺方案逐项落实，主要关键生产工艺设备可以根据提供的规格、型号、数量进行订货；

2）为建筑安装和有关的土建、公用设施建设提供必要的技术数据。提供建设项目的全部投资和总定员，从而可以编制施工组织总设计；

3）编制修正总概算，并提出符合建设总进度的分年度所需资金的数额，作为投资包干的依据。修正总概算金额应控制在初步设计概算金额之内；

4）列举配套工程项目、内容、规模和要求配合建成的期限；

5）为使建设工程项目能顺利建设投产，做好各项组织准备而提供必要的数据。

（3）施工图设计。施工图设计是在初步设计或技术设计的基础上将设计的工程加以形象化和具体化，完整地表现建筑物外形、内部空间分割、结构体系、构成状况以及建筑群的组成和周围环境的配合，具有详细的构造尺寸；它还包括各种运输、通信、管道系统、建筑设备的设计；在工艺方面，应具体确定各种设备的型号、规格及各种非标准设备的制造加工图；正确、完整和尽可能详尽绘制建筑、结构、安装图纸。设计图纸一般包括：施工总平面图；建筑平、立、剖面图；结构构件布置图；安装施工详图；非标准的设备加工详图及设备明细表。施工图设计应全面贯彻初步设计的各项重大决策，是现场施工的依据。

设计方案还应在多种设计方案进行比较的基础上加以选择，且应可行；结构设计必须安全可靠；设计要求的施工条件应符合实际，设计文件的深度应符合建设和生产的要求。

设计文件完成后，应报请有关部门审批；批准后，不得随意变动；如有变动，必须经有关部门批准方可。

5. 建设准备阶段

建设工程项目设计任务书批准之后，便进入建设准备阶段。建设准备包括建设单位准备、施工单位准备。

（1）建设单位准备。建设单位准备的主要工作内容包括：

1）征地、拆迁和场地平整；

2）完成施工用水、电、路等工程；

3）组织设备、材料订货；

4）准备必要的施工图纸；

5）组织施工招标投标及择优选择施工单位。

（2）施工单位准备。施工单位准备的主要工作内容包括：

1）组织管理机构，制定管理制度和有关规定；

2）招收并培训生产人员，组织生产人员参加设备的安装、调试和工程验收；

3）签订原料、材料、协作产品、燃料、水电等供应及运输的协议；

4）进行工具、器具、备品、备件等的制造或订货；

5）其他必需的生产准备。

6. 建设实施阶段

是指在完成建设准备工作并具备开工条件后，正式开工建设工程。施工单位按施工顺序合理地组织施工。施工中，应严格按照设计要求和施工规范进行施工，确保工程质量，努力推广应用新技术，按科学的施工组织与管理方法组织施工、文明施工，努力降低造价，缩短工期，提高工程质量和经济效益。

7. 竣工验收阶段

建设工程项目的竣工验收是投资成果转入生产或使用的标志。符合竣工验收条件的施工项目应及时办理竣工验收，上报竣工投产或交付使用，以促进建设项目及时投产、发挥效益、总结建设经验和提高建设水平。

按批准的设计文件和合同规定的内容建设成的工程项目，其中生产性项目经负荷试运转和试生产合格，并能够生产合格产品的及非生产性项目符合设计要求，能够正常使用的，都要及时组织验收，办理移交固定资产手续。

竣工验收前，应及时整理各项交工验收资料。建设单位编制工程决算，组织设计、施工等单位进行初验。在此基础上，向主管部门提出竣工验收报告，并由建设单位组织验收，验收合格后，交付使用。

8. 后评价阶段

后评价阶段是指建设工程项目竣工验收若干年后，国家规定对工程项目（特别是重大项目）要进行后评价工作，并正式列为建设工程项目程序之一。后评价的目的是总结项目建设的成功和失败的经验教训，供以后项目建设借鉴。

（二）其他地区建设工程项目程序

其他地区工程建设按照时间顺序，一般可依次划分为四大阶段，即项目决策阶段；项目组织、计划与设计阶段；项目实施阶段；项目试生产、竣工验收阶段。

1. 项目决策阶段

本阶段的主要目标是通过投资机会的选择、可行性研究、项目评估和报请主管部门审批，对项目投资的必要性、可能性，以及为什么要投资、何时投资、如何实施等重大问题，进行科学论证和多方案比较。本阶段是为投资前期准备而进行的机会研究、初步可行性研究和可行性研究。本阶段工作量不大，但是投资决策却是投资者最重视的，因为它对项目的长远经济效益和战略方向起决定作用。

2. 项目组织、计划与设计阶段

本阶段的主要工作包括：

（1）项目初步设计和施工图设计；

（2）项目招标及承包商的选定；

（3）签订项目承包合同；

（4）项目实施总体计划的制定；

（5）项目征地及建设条件的准备。

本阶段是战略决策的具体化，它在很大程度上决定了项目实施的成败及能否高效率地达到预期目标。

3. 项目实施阶段

本阶段的主要任务是将"蓝图"变成项目实体，实现投资决策意图。在这一阶段，通过施工，在规定的工期、质量、造价范围内，按设计要求高效率地实现项目目标。本阶段在项目周期中工作量最大，投入的人力、物力和财力最多，项目管理的难度也最大，因此它是项目管理的重要阶段。

4. 项目试生产、竣工验收阶段

本阶段应完成项目的竣工验收及试生产。项目试生产正常并经业主认可后，项目即告结束。

三、建设工程项目发承包方式

建设工程项目发承包方式是指发包人与承包人双方之间的经济关系形式。其发承包方式主要有以下几种类型：

（一）平行发承包方式

平行发承包方式是指发包方将建设工程的设计、施工及材料设备采购的任务经过分解，分别包给若干个地质勘察单位、设计单位、施工单位和材料设备供应单位，并分别与各承包方签订合同。各承包单位之间的关系是平行的，如图 1-1-2 所示。

（二）按发承包范围（内容）划分发承包方式

1. 建设全过程发承包（又称统包、一揽子承包或交钥匙承包）

建设全过程发承包是指发包人将建设工程项目从筹建到竣工验收交付使用后的建设全过程全部发包给工程承包人进行工程建设。根据发包人对工程提出的使用要求、质量标准、投资限额、竣工期限等条件，承包人对项目建议书、可行性研究、勘察设计、材料设

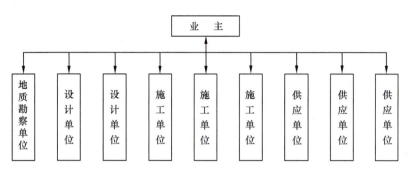

图 1-1-2　建设工程平行发承包方式

备采购、工程施工、竣工验收交付使用及建设后评估等全过程，进行统一组织和协调，统筹安排和管理，直至完成工程项目的建设任务并交付发包人投入使用。

2. 阶段发承包

阶段发承包是指业主将工程建设过程中的某一阶段或某些阶段的工作（如勘察、设计、材料设备采购、工程施工等），分别发包给承包单位来完成各阶段的建设任务。在施工阶段根据发承包的具体内容不同，又可分为以下三种方式：

（1）包工包料。即工程施工所需的全部人工和材料均由承包人负责。其特点是便于承包人对人工、材料统一协调和管理，有利于组织工程施工，降低工程施工成本，提高施工企业利润；但对于发包人来说要特别注意主要材料的认质认价问题，否则，对工程的质量不利，并且还能增加发包人的投资额。

（2）包工部分包料。即工程施工所需的全部人工和大部分材料由承包人负责，而部分主要材料由发包人或总承包人供应。其特点是便于发包人控制工程主要材料的质量和价格，有利于降低工程投资成本，提高工程建设的经济效益。

（3）包工不包料（又称包清工，属于劳务承包）。即工程施工所需的人工由承包人（通常是劳务分包人）负责，而不承担材料供应的义务。

3. 专项发承包（又称专业承包）

专项发承包是指发包人或总承包人将工程建设某一阶段中的某一专门项目进行发承包。对于专业性较强的工程，一般采用专项发承包方式。例如，勘察设计阶段的工程地质勘察、生产工艺设计；施工阶段的深基础基坑支护、金属结构构件制作和安装、地下和地上工程防水、大型工程高级装饰等项目。由于专门项目的专业性强、技术标准高，通常由发包人或总承包人将这类工程发包给专业分包人承包。

4. BOT 发承包（Build-Operate-Transfer）

BOT 发承包是指发包人在项目决策阶段、设计阶段或施工阶段，将工程以建造—经营—转让的形式发包给承包人，由承包人进行工程建设，竣工后还由承包人进行投产或使用，承包人经营管理若干年后（由发承包双方在合同中确定经营年限），承包人再将工程转让给发包人。这种发承包方式的最大特点是发包人在工程建设期间不用投资，而由承包人对工程进行投资建设，竣工后承包人不能马上将工程交给发包人，而由承包人进行使用和经营管理。在承包人进行经营管理期间，发包人按双方签订合同规定的费率，每年支付承包人一定比例的工程投资成本和利息，直到承包人经营期满为止。BOT 发承包方式，适用于发包人资金不足，但又必须建设的工程项目。

（三）按承包人所处的地位划分发承包方式

1. 总承包（简称总包）

总承包是指发包人将一个建设工程项目的建设全过程或其中某个或某几个阶段的全部建设任务，发包给一个总承包人承包。该总承包人根据工程实际情况和本企业实力，可将自己承包范围内的若干专业性工程，再发包给不同的专业承包人完成，总承包人对其进行统一协调和监督管理。总承包人与业主发生直接关系，并对业主负责；而各专业承包人只对总承包人负责，与业主不发生直接关系。

总承包主要有两种形式：一是建设工程项目全过程总承包；二是建设工程项目的阶段总承包。

（1）建设工程项目全过程总承包。主要有建设工程项目管理总承包和建设工程项目总承包两种方式。

1）建设工程项目管理总承包（也称建设工程项目代建制承包或工程托管）。是指业主将建设工程项目从筹建到竣工验收交付使用等全部建设过程，发包给项目管理总承包公司承包。项目管理总承包公司根据业主对工程项目的使用要求、质量标准、投资总限额及竣工期限等条件，负责组织实施项目建议书、可行性研究、勘察设计、材料设备采购、建设工程施工、生产职工培训及竣工验收，直到投产或交付使用，以及建设后评估等全过程的建设任务，如图 1-1-3 所示。这种方式是由具备总承包管理资质的工程管理咨询公司担任项目管理总承包单位。其特点是该公司没有自己的设计和施工力量，不直接进行设计与施工，而是将工程的设计和施工任务全部发包出去，他们只是代替业主进行建设工程项目的全过程管理。

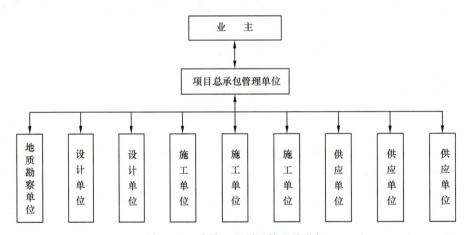

图 1-1-3　建设工程项目管理总承包

2）建设工程项目总承包。是指业主完成项目建议书、可行性研究后，将勘察、设计、材料设备采购、建设工程施工、竣工验收，直到投产或交付使用等过程的建设任务发包给项目总承包公司。这种承包方式是由具备工程项目总承包资质的公司担任项目的总承包。其特点是：总承包单位有自己的勘察设计和工程施工实体，可以直接承担工程设计、材料设备采购及工程施工任务，其图示与图 1-1-3 基本相同，只须将图 1-1-3 中的"项目总承包管理单位”改为“项目总承包单位。”

（2）建设工程项目的阶段总承包。其主要有：

1）勘察、设计、材料设备采购、施工总承包；

2）勘察、设计、施工总承包；

3）勘察、设计总承包；

4）材料设备采购、施工总承包；

5）投资、设计、施工总承包，即建设工程项目由承包人投资，并负责设计、施工，建成后再转让给发包人；

6）投资、设计、施工、经营一体化总承包（BOT总承包）。

2. 分承包（简称分包）

分承包是相对于总承包而言，是指总承包人将其承包范围内的某一分部分项工程（如深基坑支护工程、金属构件制作和安装工程、地下或屋面防水工程及高级装饰工程等）发包给分承包人完成。分承包人不与业主发生直接关系（但总承包人选定的分包人，必须经业主同意认可），只对总承包人负责，由总承包人统一安排分承包人施工。

对于总承包范围内的主体结构工程，必须由总承包人自行完成，不得分包。

3. 独立承包

独立承包是指承包人依靠自身的力量独立完成工程承包任务，而不需要进行工程分包。这种承包方式适用于规模较小，技术要求比较简单的工程。

4. 联合体承包

联合体承包是相对于独立承包而言，是指发包人将一个工程项目发包给由两个以上承包人组成的一个联合体，共同承包工程任务。这种承包方式主要适用于大型或结构复杂的工程（如中国国家大剧院工程，就是由北京城建集团、上海建工集团和香港某装饰公司组成的联合体共同承包完成的工程建设任务）。联合体必须推选承包人代表，由其代表协调各承包人之间的关系，并统一与发包人签订工程合同，共同对发包人承担连带法律责任。

（四）按获得工程任务的途径划分发承包方式

1. 投标竞争

投标竞争是指发包人公开招标或邀请投标人参加工程投标，中标者获得工程建设任务，与发包人签订工程承包合同。这是目前普遍采用的以投标竞争为主获得工程建设任务的承包方式。

2. 委托承包（也称议标承包）

委托承包是指发包人与承包人协商，签订委托其承包某项工程任务的合同。主要用于投资额度小于国家规定必须招标的小型工程。

3. 指令承包

指令承包是指根据《工程建设项目施工招标投标办法》第十二条规定，对于某些特殊工程（如国家安全保密工程、抢险救灾工程等）可以不进行施工招标，由政府主管部门依法指定工程承包人承包工程建设任务。

（五）按合同计价方法划分发承包方式

1. 固定价合同

固定价合同是指合同中确定的工程价格，在实施期间不因价格变化而调整合同价格。

固定价合同可分为固定总价合同和固定单价合同两种形式。

2. 可调价合同

可调价合同是指合同中确定的工程价格，在实施期间因市场价格的变化可以调整合同价格。可调价合同可分为可调总价合同和可调单价合同两种形式。

3. 成本加酬金合同（也称成本补偿合同）

成本加酬金合同是指按工程实际发生的成本进行结算外，发包人按合同规定另加一笔酬金（即总包管理费和利润）支付给承包人的一种发承包方式。其酬金可以是固定酬金、按成本的百分数酬金或浮动酬金等。

复习思考题

1. 什么是建设工程项目？它具有哪些特征？
2. 如何对建设工程项目分类？各类型的应用是什么？
3. 我国建设工程项目应遵循哪些程序进行建设？各阶段程序有哪些要求？
4. 建设工程项目的发承包方式有哪些类型？如何应用各类发承包方式？

任务 1.2　建设工程招标投标概述

 引导问题

1. 为什么建设工程发承包要采用招标投标方式？
2. 为什么建设工程招标投标必须遵循公开、公平、公正和诚实信用原则？
3. 建设工程应具备哪些条件方可招标？
4. 国家对建设工程招标范围和规模标准有何规定？
5. 公开招标和邀请招标的区别和应用范围是什么？

 工作任务

主要介绍建设工程招标投标概念、建设工程招标投标作用和原则、建设工程招标应具备的条件、必须招标的工程项目、建设工程招标分类、建设工程招标形式和招标方式等内容。

本工作任务要了解建设工程招标的作用和原则；掌握国家对必须招标的工程项目规定；重点掌握在建设工程招标中的招标形式和招标方式的应用。

 学习参考资料

1.《中华人民共和国招标投标法》；
2.《中华人民共和国招标投标法实施条例》（国务院令第 613 号）；
3.《工程建设项目施工招标投标办法》（国家九部委〔2013〕23 号令）；
4.《必须招标的工程项目规定》（国家发展和改革委员会令第 16 号）；
5.《必须招标的基础设施和公用事业项目范围规定》（发改法规〔2018〕843 号）；
6.《房屋建筑和市政基础设施工程施工招标投标管理办法》（住房和城乡建设部令第 47 号）。

建设工程招标投标与合同签订，是应用技术经济的评价方法和市场经济竞争机制的相互作用，通过有组织、有规则地开展择优成交的一种规范化的交易活动，它是建筑市场商品交易活动的最佳的运作方式之一，也是国际上通用的一种经济模式。工程专业人员利用招标投标与合同的法律手段，可使建设产品的发承包双方得到合法权益的保障和实施。

建设市场的主要竞争机制是招标投标制度，为了规范建设市场的招标投标活动，《中华人民共和国招标投标法》（以下简称《招标投标法》）于 2000 年 1 月 1 日正式实施。这就要求建设相关专业从业人员必须熟悉关于招标投标的基本知识。

一、建设工程招标投标概念

（一）建设工程招标

建设工程招标是指招标人（发包人）就拟建工程对外发布通告信息，用法定方式吸引建设工程有承包能力的单位参加竞争，通过法定程序优选承包单位的一种法律活动。

建设工程招标必须由具备招标资格的招标人（发包人）或招标代理单位，按照建设工程招标程序对拟建工程编制招标文件，发出招标公告，用法定方式公开或非公开邀请有承包能力的单位参与投标竞争，通过法定程序进行评标、定标，最终择优确定中标人并与其签订建设工程承包合同。

1-1

工程招投标及其发展历史

（二）建设工程投标

建设工程投标是指投标人（承包人）根据所掌握的招标信息，按照招标文件的要求，在规定的时间内参与投标竞争，以获得建设工程承包权的法律活动。

建设工程投标是投标单位进行投标活动的全过程。投标单位依据招标信息，作出是否参加投标的决策；如决定投标，应立即申请投标，并按投标程序做好投标准备；在投标资格被招标单位确认后，迅速按招标文件的要求编制投标书，并认真做好投标报价水平决策；按招标文件规定期限向招标单位提交投标书和投标保证金；经过开标、评标、定标，如未中标，在收到落标通知和退回投标保证金后，投标活动即告结束；如中标，即与招标单位谈判并签订建设工程承包合同。

二、建设工程招标投标作用和原则

建设工程招标投标是在建设市场经济条件下采购人事先提出大宗货物、工程或服务采购的条件和要求，邀请众多投标人参加投标并按照规定程序从中选择交易对象的一种市场交易方式。

（一）建设工程招标投标作用

1. 工程招标投标有利于发包人选择较好的承包人

通过工程招标投标，可以吸引众多投标人参加投标竞争，发包人便可在众多投标人中择优选出社会信誉好，技术和管理水平高的企业承揽工程建设任务。

2. 工程招标可以保证发包人对工程建设目标的实现

发包人在招标文件中明确了竣工期限、质量标准、投资限额等目标，投标人必须响应招标文件的要求参与投标，这对投标人在中标后的履约行为起到了约束性的作用，从而保证了发包人对工程建设目标的实现。

3. 有利于发包人确保工程质量，降低工程建设成本，提高投资效益

发包人为了降低工程成本，避免投标人以各种不正当的行为（如相关人泄露标底、投标人互相串通、围标等）抬高报价，在工程招标文件中采用控制价的形式限制投标人投报高价。评标时，在技术标满足施工期限和质量标准等指标的前提下，选择经济合理的投标报价确定中标人，从而达到发包人确保工程质量、降低工程建设成本、提高投资效益的目的。

4. 工程招标投标体现了公平竞争的原则

通过工程招标投标确定承包人，这种公平原则不仅体现在招标投标人之间的地位上，更体现在各投标人之间的地位上，不受各方之间的行政级别高低及企业规模大小的影响，而是在招标投标这个市场经济的平台上平等竞争。

5. 工程招标投标能最大限度地避免人为因素的干扰

公开进行招标投标是投标者的实力与利益的竞争，发包人不能以"内定"的方式确定中标人，从而避免了各种不正当的人为因素对工程承包的干扰。

6. 工程招标投标有利于推进企业管理步伐，不断提高企业素质和社会信誉，增强企业的竞争力

承揽工程建设任务是建筑企业生存的基础，只有企业的技术和管理水平不断提高，社会信誉好，才有可能在投标竞争中获取工程承包的建设任务。

（二）建设工程招标投标原则

根据《招标投标法》第五条规定："招标投标活动应当遵循公开、公平、公正和诚实信用的原则。"

1. 公开原则

工程招标投标活动必须具有一定的透明度，要求招标投标的法律法规和政策公开、招标投标程序公开、招标投标的具体过程公开（如招标信息公开、开标要公开进行、评标和中标结果要公开）。

1-2

工程招投标的
原则和分类

2. 公平原则

要求给予所有投标人平等的机会，使其享有同等的权利，履行同等的义务，不得以任何理由排斥或歧视任何一方。而且投标人不得采用不正当的竞争手段参加投标竞争。

3. 公正原则

在招标投标过程中招标人的行为应当公正，对所有的投标人要平等对待，不能有特殊。特别是在评标时，招标投标双方的地位平等，任何一方不得向另一方提出不合理的要求，不得将自己的意愿强加给对方。评标结果要客观公正，对所有投标人应当一视同仁，严守法定的评标规则和统一的衡量标准，保证各投标人在平等的基础上充分竞争。真正做到保护招标投标活动当事人的合法权益，保证招标投标活动的目标实现。

4. 诚实信用原则

在《中华人民共和国民法典》（以下简称《民法典》）中，明确规定了"诚实信用"的基本原则，所以"诚实信用"是民事活动的基本原则之一。在招标投标活动中，招标人、招标代理机构、投标人等均应以诚实的态度参与招标投标活动，坚持良好的信用，不得以欺诈手段虚假进行招标或投标，牟取不正当利益。发承包人要恪守诺言，严格履行有关义务。

三、建设工程招标应具备的条件

（一）建设单位招标应具备的条件

为了保证招标行为的规范化、科学地评标，达到招标选择承包人的预期目的，招标人应满足以下要求：

1-3

建设工程招标
条件和方式

1. 有与招标工作相适应的技术、经济管理和法律咨询人员；
2. 有组织编制招标文件的能力；
3. 有审查投标单位资质的能力；
4. 有组织开标、评标、定标的能力。

利用招标方式选择承包单位，属于招标单位自主的市场行为。《招标投标法》规定，招标人具有编制招标文件和组织评标能力的，可以自行办理招标事宜，向有关行政监督部门进行备案即可；如果招标单位不具备上述要求，则需委托具有相应资质的中介机构代理招标。

（二）建设工程项目招标应具备的条件

在招标开始前应完成的准备工作和应满足的有关条件主要有两项：一是履行审批手续，二是落实资金来源。

《招标投标法》第九条规定："招标项目按照国家有关规定需要履行项目审批手续的，应当先履行审批手续，取得批准。招标人应当有进行招标项目的相应资金或者资金来源已经落实，并应当在招标文件中如实载明。"

《工程建设项目施工招标投标办法》第八条规定："依法必须招标的工程建设项目，应当具备下列条件才能进行施工招标：

1. 招标人已经依法成立；

2. 初步设计及概算应当履行审批手续的，已经批准；

3. 有相应资金或资金来源已经落实；

4. 有招标所需的设计图纸及技术资料。"

四、必须招标的工程项目

（一）强制性招标的工程项目范围

强制性招标是指某些特定类型的采购项目，其规模达到国家法律法规规定标准的，必须通过招标进行采购，否则采购单位要承担法律责任。根据《招标投标法》第三条规定，在中华人民共和国境内进行下列工程建设项目包括项目的勘察、设计、施工、监理以及与工程建设有关的重要设备、材料等的采购，必须进行招标：

1. 全部或者部分使用国有资金投资或者国家融资的项目

《必须招标的工程项目规定》第二条规定，其包括：

（1）使用预算资金 200 万元人民币以上，并且该资金占投资额 10％以上的项目；

（2）使用国有企业事业单位资金，并且该资金占控股或者主导地位的项目。

2. 使用国际组织或者外国政府贷款、援助资金的项目

《必须招标的工程项目规定》第三条规定，其包括：

（1）使用世界银行、亚洲开发银行等国际组织贷款、援助资金的项目；

（2）使用外国政府及其机构贷款、援助资金的项目。

3. 大型基础设施、公用事业等关系社会公共利益、公众安全的项目

《必须招标的基础设施和公用事业项目范围规定》第二条规定："不属于《必须招标的工程项目规定》第二条、第三条规定情形的大型基础设施、公用事业等关系社会公共利益、公众安全的项目，必须招标的具体范围包括：

（1）煤炭、石油、天然气、电力、新能源等能源基础设施项目；

（2）铁路、公路、管道、水运，以及公共航空和 A1 级通用机场等交通运输基础设施项目；

（3）电信枢纽、通信信息网络等通信基础设施项目；

（4）防洪、灌溉、排涝、引（供）水等水利基础设施项目；

（5）城市轨道交通等城建项目。"

（二）建设工程项目招标规模标准

《必须招标的工程项目规定》第五条规定："本规定第二条至第四条规定范围内的项目，其勘察、设计、施工、监理以及与工程建设有关的重要设备、材料等的采购达到下列标准之一的，必须招标：

1. 施工单项合同估算价在 400 万元人民币以上；

2. 重要设备、材料等货物的采购，单项合同估算价在 200 万元人民币以上；

3. 勘察、设计、监理等服务的采购，单项合同估算价在 100 万元人民币以上。

同一项目中可以合并进行的勘察、设计、施工、监理以及与工程建设有关的重要设备、材料等的采购，合同估算价合计达到前款规定标准的，必须招标。"

（三）国家法律、行政法规对建设工程项目可以不进行招标的规定

1. 《招标投标法》第六十六条规定："涉及国家安全、国家秘密、抢险救灾或者属于利用扶贫资金实行以工代赈、需要使用农民工等特殊情况，不适宜进行招标的项目，按照国家有关规定可以不进行招标。"

2. 《工程建设项目施工招标投标办法》第十二条规定："依法必须进行施工招标的工程建设项目有下列情形之一的，可以不进行施工招标：

（1）涉及国家安全、国家秘密、抢险救灾或者属于利用扶贫资金实行以工代赈需要使用农民工等特殊情况，不适宜进行招标；

（2）施工主要技术采用不可替代的专利或者专有技术；

（3）已通过招标方式选定的特许经营项目投资人依法能够自行建设；

（4）采购人依法能够自行建设；

（5）在建工程追加的附属小型工程或者主体加层工程，原中标人仍具备承包能力，并且其他人承担将影响施工或者功能配套要求；

（6）国家规定的其他情形。"

3. 没有法律、行政法规或者国务院规定依据的，对《必须招标的工程项目规定》第五条第一款第（三）项中没有明确列举规定的服务事项，及《必须招标的基础设施和公用事业项目范围规定》第二条中没有明确列举规定的项目，不得强制要求招标。

4. 《房屋建筑和市政基础设施工程施工招标投标管理办法》第九条规定："工程有下列情形之一的，经县级以上地方人民政府建设行政主管部门批准，可以不进行施工招标：

（1）停建或者缓建后恢复建设的单位工程，且承包人未发生变更的；

（2）施工企业自建自用的工程，且该施工企业资质等级符合工程要求的；

（3）在建工程追加的附属小型工程或者主体加层工程，且承包人未发生变更的；

（4）法律、法规、规章规定的其他情形。"

五、建设工程招标分类

建设工程招标可以从不同的角度和标准进行分类：

（一）按工程建设程序分类

可分为建设工程项目可行性研究招标、建设工程勘察设计招标、建设工程材料设备采

购招标及建设工程施工招标。

（二）按不同行业分类

可分为建设工程勘察设计招标、建设工程监理招标、建设工程材料设备采购招标及建设工程施工招标。

（三）按工程范围分类

可分为建设工程项目全过程招标、阶段招标、专项招标及 BOT 工程招标。

（四）按有无涉外关系分类

可分为国内工程承包招标、境内国际工程承包招标及国际工程承包招标。

六、建设工程招标形式和招标方式

（一）工程招标形式

1. 建设工程项目全过程招标

是指从项目建议书、可行性研究、勘察设计、材料设备采购、工程施工、竣工验收交付使用实行全面招标。

2. 单项工程招标

是指针对一个单项工程进行招标，包括土建、装饰、给水、排水、采暖、通风、电气照明、消防、弱电等单位工程。

3. 材料、设备采购招标

是指工程建设的主要材料和各种机电设备等采购的招标。

（二）工程招标方式

根据《招标投标法》第十条规定，招标分为公开招标和邀请招标两种法定招标方式。

1. 公开招标

（1）公开招标的概念

公开招标（也称无限竞争性招标）是指招标单位通过招标广告的方式邀请不特定的法人或其他组织投标。招标人按照法定程序，在规定的公开媒体上（如报刊、信息网络等）发布招标公告，公开提供招标文件，使所有符合条件的潜在投标人都可以平等参加投标竞争，招标人从中择优确定中标人。

（2）公开招标的特点

1）公开招标的优点：公开发布招标公告，针对的对象是所有对招标项目感兴趣的法人或其他组织，对投标人的数量没有限制，具有广泛性，对整个投标活动有一定的透明度，对投标过程中的不正当交易行为起到了较强的抑制作用；由于投标的承包商多、范围广、竞争激烈，招标人有较大的选择范围，可以在众多的投标人之间选择报价合理，工期短，社会信誉好的供货商或承包人，从而有利于业主降低工程造价，缩短工期和提高工程质量。

2）公开招标的缺点：由于投标的承包商多，招标工作量大，组织工作复杂，投入的人力、物力多，招标过程时间长；投标人竞争激烈，中标概率小，投标风险大。

（3）公开招标的适用范围

根据《中华人民共和国招标投标法实施条例》第八条规定，国有资金占控股或者主导地位的依法必须进行招标的项目，应当公开招标。

根据《房屋建筑和市政基础设施工程施工招标投标管理办法》第八条规定，依法必须进行施工招标的工程，全部使用国有资金投资或者国有资金投资占控股或者主导地位的，应当公开招标，但经国家相关部委或者省、自治区、直辖市人民政府依法批准可以进行邀请招标的重点建设项目除外。

2. 邀请招标

（1）邀请招标的概念

邀请招标（也称有限竞争性招标或限制性招标）是指招标人以投标邀请书的方式邀请特定的法人或者其他组织投标。《招标投标法》第十七条第一款规定："招标人采用邀请招标方式的，应当向三个以上具备承担招标项目的能力、资信良好的特定的法人或者其他组织发出投标邀请书。"采用邀请招标的招标人，通常根据自己掌握的承包商资料，预先选择一定数量的符合招标项目条件的潜在投标人并向其发出投标邀请书，由被邀请的潜在投标人参加投标竞争，招标人从中择优确定中标人的一种方式。

（2）邀请招标的特点

1）邀请招标的优点：参加竞争的投标商数目由投标单位控制，目标集中，招标的组织工作较容易，招标工作量小，投标时间相对缩短，招标费用较少；经过招标人选择的投标单位在施工经验、技术力量、社会信誉上都比较好，从而对工程进度、工程质量有可靠的保障。

2）邀请招标的缺点：由于参加的投标单位相对少，竞争性范围较小，使招标单位对投标单位的选择余地较少；如果招标单位在选择邀请单位前所掌握的信息资料不足，则会失去发现最适合承担该项目承包商的机会。

（3）邀请招标的适用范围

《工程建设项目施工招标投标办法》第十一条规定："依法必须进行公开招标的项目，有下列情形之一的，可以邀请招标：

1）项目技术复杂或有特殊要求，或者受自然地域环境限制，只有少量潜在投标人可供选择；

2）涉及国家安全、国家秘密或者抢险救灾，适宜招标但不宜公开招标；

3）采用公开招标方式的费用占项目合同金额的比例过大。

有前款第二项所列情形，属于本办法第十条规定的项目，由项目审批、核准部门在审批、核准项目时作出认定；其他项目由招标人申请有关行政监督部门作出认定。

全部使用国有资金投资或者国有资金投资占控股或者主导地位的并需要审批的工程建设项目的邀请招标，应当经项目审批部门批准，但项目审批部门只审批立项的，由有关行政监督部门批准。"

 案例1-2-1

某国家全额投资的工程项目招标，为抢工期，招标人邀请了两家承包商前来投标。开标时由公证人员对各投标者的资质和投标文件进行审查，在确立了所有投标文件均为有效后，由招标办的人员会同招标单位的人员进行了评标，最后确定高于标底者废标，余下者中标。请分析上述背景资料的错误之处。

案例分析：本案例存在以下问题：

一、本工程采用邀请招标的程序有误。邀请招标应经当地有关主管部门批准后实施。

二、只邀请两个承包商投标错误。不符合《招标投标法》有关邀请招标应当向三个以上具备承担招标项目的能力、资信良好的特定的法人或者其他组织发出投标邀请书的规定。

三、由公证人员进行投标资格审查错误。若本工程采用投标资格预审，应按《中华人民共和国招标投标法实施条例》第十八条规定，招标人应当组建资格审查委员会审查资格预审申请文件。资格审查委员会及其成员应当遵守招标投标法和本条例有关评标委员会及其成员的规定；若是投标资格后审，应由评标委员会进行投标资格审查。

四、由公证人员进行投标文件审查错误。应由评标委员会进行投标文件的评审，公证人员没有资格。

五、由招标办人员会同招标单位进行评标错误。不符合《招标投标法》有关评标的规定，评标应组建评标委员会，不应是招标办人员和招标单位人员评标。

六、本工程确定中标人的标准有问题，只强调高于标底者废标，如果余者投标人的投标报价低于成本，是否也能成为中标人？

本案例招标人没有按国家的法律、行政法规等规定进行工程招标，反映了招标人等有关部门无视国家的法律、行政法规，存在招标暗箱操作的严重违法问题，应当依法重新招标。并且要严惩违法行为背后的操控者，还市场竞争一个公平、公正的环境。

复习思考题

1. 建设工程招标和投标的概念是什么？
2. 为什么建设工程要通过招标投标进行发承包？
3. 建设工程招标投标应遵循哪些原则？
4. 建设单位招标应具备哪些条件？
5. 建设工程项目招标应具备哪些条件？
6. 国家对建设工程项目强制性招标范围有何规定？
7. 我国对建设工程项目的招标规模标准有何规定？
8. 哪些建设工程项目可以不进行招标？
9. 建设工程招标如何分类？
10. 建设工程招标的形式有哪些？
11. 我国建设工程招标方式有几种？
12. 什么是公开招标？公开招标的特点及适应范围是什么？
13. 什么是邀请招标？邀请招标的特点及适应范围是什么？

项目 2 建设工程项目招标组织

Project 02

任务 2.1　建设工程施工招标准备工作

引导问题

1. 建设工程施工招标应遵循什么程序？
2. 如何编制建设工程招标要点报告？
3. 如何编制建设工程项目施工规划？
4. 为什么要确定建设工程招标控制价？
5. 如何编制招标公告和投标邀请书？
6. 如何编制建设工程施工招标资格预审文件？
7. 如何编制建设工程招标文件？

工作任务

主要介绍建设工程施工招标程序、建设工程招标要点报告、建设工程项目施工规划、建设工程招标控制价、招标公告或投标邀请书、建设工程施工招标资格预审文件、建设工程施工招标文件等内容。

本工作任务要了解建设工程施工招标准备工作的内容，了解建设工程施工招标程序；掌握招标阶段如何实施招标程序；掌握资格预审的程序；掌握建设工程施工招标文件的组成内容；能编写建设工程招标要点报告，掌握招标控制价的确定和要求；能编制招标公告和招标施工规划。

学习参考资料

1.《中华人民共和国招标投标法》；
2.《工程建设项目施工招标投标办法》（九部委［2013］23 号令）；
3.《关于废止和修改部分招标投标规章和规范性文件的决定》（国家发展和改革委员会令第 23 号）；

4.《房屋建筑和市政基础设施工程施工招标投标管理办法》（住房和城乡建设部令第47号）。

一、建设工程施工招标程序

招标是招标人选择中标人并与其签订合同的过程，而投标则是投标人力争获得实施合同的竞争过程，招标人和投标人均需遵循招标投标法律和行政法规的规定进行招标投标活动。按照招标人和投标人的参与程度，可将工程施工招标的程序粗略划分成准备阶段、招标阶段和评标定标阶段。

（一）准备阶段

招标准备阶段的工作由招标人单独完成，投标人不参与。主要工作包括以下几个方面：

1. 选择招标方式

（1）根据工程特点和招标人的管理能力确定发包范围。

（2）依据工程建设总进度计划确定项目建设过程中的招标次数和每次招标的工作内容，如监理招标、设计招标、施工招标、设备采购招标等。

（3）按照每次招标前准备工作的完成情况，选择合同的计价方式。如施工招标时，已完成施工图设计的小型工程，可采用总价合同；若为初步设计完成后的大中型复杂工程，则应采用估计工程量单价合同。

（4）依据工程项目的特点、招标前准备工作的完成情况、合同类型等因素的影响程度，最终确定招标方式。

2. 办理招标备案

招标人向建设行政主管部门办理申请招标手续。招标备案文件应说明：招标工作范围；招标方式；计划工期；对投标人的资质要求；招标项目的前期准备工作的完成情况；自行招标还是委托代理招标等内容。招标备案文件获得认可后才可以开展招标工作。

3. 编制招标有关文件

招标准备阶段应编制好招标过程中可能涉及的有关文件，保证招标活动的正常进行。这些文件大致包括：招标公告、资格预审文件、招标文件、合同协议书和评标方法等。

（二）招标阶段

公开招标时，从发布招标公告开始（若为邀请招标，则从发出投标邀请函开始），到投标截止日期为止的期间称为招标阶段。在此阶段，招标人应做好招标的组织工作，投标人则按招标有关文件的规定程序和具体要求进行投标报价竞争。

1. 发布招标公告

招标公告的作用是让潜在投标人获得招标信息，以便进行项目筛选，确定是否参与竞争。招标公告或投标邀请函的具体格式可由招标人自定，内容一般包括：招标单位名称；建设项目资金来源；工程项目概况和本次招标工作范围的简要介绍；购买资格预审文件的地点、时间和价格等有关事项。

2. 资格预审

资格预审通常按下列程序进行：

（1）招标人依据项目的特点编写资格预审文件。资格预审文件分为资格预审须知和资格预审表两大部分。资格预审须知内容包括招标工程概况和工作范围介绍，对投标人的基本要求和指导投标人填写资格预审文件的有关说明；资格预审表列出对潜在投标人资质条件、实施能力、技术水平、商业信誉等方面需要了解的内容，以应答形式给出的调查文件。资格预审表开列的内容要完整、全面，能反映潜在投标人的综合素质。因为资格预审中评定过的条件在评标时一般不再重复评定，应避免不具备条件的投标人承担项目的建设任务。

（2）投标人购买投标资格预审文件。资格预审文件是以应答方式给出的调查文件，所有申请参加投标竞争的潜在投标人都可以购买资格预审文件，并按要求填报后作为投标人的资格预审申请文件。

（3）招标人进行资格预审。招标人依据工程项目特点和发包工作性质划分评审的几大方面，如资质条件、人员能力、设备和技术能力、财务状况、工程经验、企业信誉等，并分别给予不同权重；对其中的各方面再细化评定内容和分项评分标准，通过对各投标人的评定和打分，确定各投标人的综合素质得分。

（4）资格预审合格的条件。首先投标人必须满足资格预审文件规定的必要合格条件和附加合格条件，其次评定分必须在预先确定的最低分数线以上。目前采用的合格标准有两种方法：

1）限制资格合格者数量，以便减少评标的工作量（如 5～7 家），招标人按得分高低次序向预定数量的投标人发出邀请投标函并请其予以确认，如果某一家放弃投标，则由下一家递补维持预定数量；

2）不限制资格合格者的数量，凡满足 80％以上部分的潜在投标人均视为合格，保证投标的公平性和竞争性。

后一种方法的缺点是如果合格者数量较多时，会增加评标的工作量。不论采用哪种方法，招标人都不得向他人透露有权参与竞争的潜在投标人的名称、人数以及与招标投标有关的其他情况。

 案例2-1-1

　　某招标项目要求潜在投标人，其企业成立时间必须超过十年、注册在职职工数量超过 800 人、注册资本金不低于 2 亿的企业方能参与投标。

　　案例分析：企业的经营年限、注册在职职工规模及注册资本，跟经营状况、履约能力、诚信度没有直接的关系。谁敢保证一个企业成立时间超过十年、注册在职职工数量超过 800 人及注册资本金不低于 2 亿的企业，一定比一个成立八年、职工人数小于 800 人及注册资本金 1 亿的企业经营状况好、履约能力强、诚信度高？笔者认为只有把招标项目交给满足招标人要求的必要合格条件，而且经营状况好、履约能力强、社会诚信度高的企业，才有可能圆满地完成工程建设任务。设置企业经营年限、在职职工规模及注册资本金属于招标文件不合理的限制附加合格条件，不符合国家法律、行政法规对工程项目招标的有关规定。

3. 投标人必须满足的基本资格条件

资格预审须知中明确列出投标人必须满足的基本条件，可分为必要合格条件和附加合格条件两类。

（1）必要合格条件通常包括法人地位、资质等级、财务状况、企业信誉、分包计划等具体要求，是潜在投标人应满足的最低标准。

（2）附加合格条件视招标项目是否对潜在投标人有特殊要求而决定有无。普通工程项目一般承包人均可完成，可不设置附加合格条件。对于大型复杂项目，尤其是需要有专门技术、设备或经验的投标人才能完成时，则应设置此类条件。附加合格条件是为了保证承包工作能够保质、保量、按期完成，按照项目特点设定，而不可针对外地区或外系统投标人，不得违背国家法律、行政法规有关以不合理的条件限制潜在投标人的规定。招标人可以针对工程所需的特别措施或工艺的专长、专业工程施工资质、环境保护方针和保证体系、同类工程施工经历、项目经理资质要求、安全文明施工要求等方面设立附加合格条件。对于同类工程施工经历，一般以潜在投标人是否完成过与招标工程同类型和同容量工程作为衡量标准。标准不应定得过高，否则会使合格投标人过少影响竞争；也不应定得过低，可能让实际不具备能力的投标人获得合同而导致不能按预期目的完成；只要投标人的实施能力、工程经验与招标项目相符即可。

 案例2-1-2

某工程招标，要求潜在投标人满足投标的基本资格条件之外，还要求其企业在本市注册或本市设有分公司，以及面积 $200m^2$ 以上的营业场所；在本市至少有 1 项类似项目业绩；投标人投标涉及的水泥、钢材须采用本市××水泥厂生产的××牌水泥，××轧钢厂生产的钢材；获得过本市颁发的××质量奖杯，满足以上条件的投标人评标时额外增加 10 分。

案例分析：以上要求潜在投标人应满足的 4 项附加条件，均属于采用特定行政区域或业绩条件限制潜在投标人投标，违背了招标的公平原则，直接违反了《招标投标法》第六条规定："依法必须进行招标的项目，其招标投标活动不受地区或者部门的限制。任何单位和个人不得违法限制或者排斥本地区、本系统以外的法人或者其他组织参加投标，不得以任何方式非法干涉招标投标活动。"

4. 工程现场踏勘和标前会议

招标人应在投标须知规定的时间组织投标人进行现场踏勘和标前会议，其目的和要求详见本项目的任务 2.3。

（三）评标定标阶段

从开标日到签订合同这一期间称为评标阶段，是对各投标书进行评审比较，最终确定中标人的过程。评标阶段的具体工作详见本项目的任务 2.3。

二、建设工程招标要点报告

编制建设工程招标要点报告主要包括：建设工程项目的资金落实；项目分标；主要材料、设备的供应方式和价格；运输方式；劳务来源、提供方式及劳务价格；招标人为投标人可能提供的条件；投标人的资质和资格条件；确定招标方式；合同类型的选择等。

（一）建设工程项目的资金落实

《招标投标法》第九条第二款规定："招标人应当有进行招标项目的相应资金或者资金来源已经落实，并应当在招标文件中如实载明。"

1. 资金来源

资金来源包括国家拨款和贷款、地方财政拨款和贷款、社会集资式股票和债券、项目法人单位生产经营资金、利用国际金融组织贷款及外国政府的贷款和赠款等等。其资金额度包括拨款和贷款比例，中央和地方资金额度和比例，以及内资和外资的额度和比例。还要对这些资金的投向和采购范围作出规划，以便主管部门、项目法人和投标人等单位作出决策。

2. 资金落实

招标人应当有进行招标项目的相应资金或者资金来源已经落实（是指进行某一单项建设工程、货物或服务采购所需的资金已经到位，或者尽管资金没有到位，但来源已经落实），并在招标文件中如实载明。对一些建设周期比较长的项目，经常发生合同在执行过程中，资金无法到位，建设单位无法给施工企业或供货企业支付价款，甚至要求企业先行垫款，致使合同无法顺利履行的现象。故作此规定是便于投标企业了解和掌握项目情况，作为是否投标的决策依据。

（二）项目分标

项目分标是指招标人将准备招标的项目分成几个部分单独招标，即对几个部分编写独立的招标文件进行招标。这几个部分既可以同时招标，也可以分批招标；既可以由数家承包商（或供应商）分别承包，也可由一家承包商（或供应商）全部中标。

在大型工程项目招标中经常分标，这样有利于发挥各承包商的专长，降低造价，加快工程进度。比如，高速公路项目可按不同路段分标，以便加快工程进度。

项目分标是依据工程初步设计和施工组织设计，进行分标方案的优劣比较，确定方案。分标的基本原则是：便于管理，有利于招标竞争，易划清责任界限，按整体单项工程或者分区分段来分标，把施工作业内容和施工技术相近的工程项目合在一个标段中。以上分标原则是相互制约的，要以确保投资效益，按合理工期控制总进度，又能达到质量标准为前提来分标。

（三）主要材料、设备的供应方式和价格

招标人应当将投标人关心的工程所需的各种材料、设备的价格、质量、供应方式等进行简要地介绍。工程材料、设备的采购供应方式通常有招标人自行采购供货、承包人采购，以及招标人与承包人联合采购供货。

1. 招标人自行采购供货

招标人为了控制某些大宗的、重要的、新型特殊材料、设备的质量和价格，通常采取自行采购供货的方式。其特点是供货方式加大了招标人的采购控制权、责任和风险，从而减轻了承包人相应的责任和风险。

2. 承包人采购

承包人采购工程材料、设备，其责任风险均由承包人承担，采购和结算操作管理简单。该方式比较适用于工期比较短、规模较小或材料、设备技术规格简单的建设工程项目。工期较长的大型工程建设项目，如由承包人采购材料、设备，宜在合同条款中设置相应材料、设备的价格调整条款，以减少价格波动给承包人带来的过多风险。

3. 招标人与承包人联合采购供货

招标人联合承包人以招标方式组织材料、设备采购，或由承包人选择，招标人决策，承包人与供货商签订并履行货物采购合同。

（四）运输方式

依据工程地理位置、工程特点和性质、货物的种类、运输期限、运输成本、运输距离、运输批量、运输条件等因素，合理选择运输方式。

1. 铁路运输

铁路运输的特点：运量大，速度快，运费较低，受自然因素影响小，连续性好；但铁路造价高，占地广，短途运输成本高；适合大宗笨重、需长途运输的货物。

2. 公路运输

公路运输的特点：机动灵活，周转速度快，装卸方便，对各种自然条件适应性强；但运量小，耗能多，成本高，运费较高；适合短程、运输量小的货物。

3. 水路运输

水路运输的特点：运量大，投资少，成本低；但速度慢，灵活性和连续性差，受航道水文状况和气象等自然条件影响大；适合大宗、远程、时间要求不高的货物。

4. 航空运输

航空运输的特点：速度快，效率高，是最快捷的现代化运输方式；但运量小，耗能大，运费高，且设备投资大，技术要求严格；适合急需、贵重、数量不大的货物。

5. 管道运输

管道运输的特点：损耗小，连续性强，平稳安全，管理方便，运量很大；但设备投资大，灵活性差；适合大量流体货物。

（五）劳务来源、提供方式及劳务价格

提供建设工程施工的劳务来源主要有成建制的劳务公司和劳务市场两种方式。

1. 成建制的劳务公司

成建制的劳务公司相当于劳务分包，一般费用较高，但素质较可靠，工效较高，承包商的管理工作较轻。

2. 劳务市场

从劳务市场招募零散劳动力，根据需要进行选择，这种方式虽然劳务价格低廉，但有时素质达不到要求或工效降低，且承包商的管理工作较繁重。

若潜在投标人是外地企业，不了解工程所在地的劳务来源情况，招标人可以提供劳务相关的信息，以便投标人在对劳务来源充分了解的基础上决定采用哪种方式，并以此为依据进行投标报价。

（六）招标人为投标人可能提供的条件

招标人为投标人可能提供场内外交通、水源、电源、通信和临时设施等条件。

（七）投标人的资质和资格条件

招标人可以根据招标项目本身的特点和需要，要求潜在投标人或者投标人提供满足其资格要求的文件，对潜在投标人或者投标人进行资格审查。采取资格预审的，招标人应当在资格预审文件中载明资格预审的条件、标准和方法；采取资格后审的，招标人应当在招

标文件中载明对投标人资格要求的条件、标准和方法。招标人不得改变已载明的资格条件或者以没有载明的资格条件，对潜在投标人或者投标人进行资格审查。

除招标文件另有规定外，进行资格预审的，一般不再进行资格后审。资格预审和后审的内容与标准是相同的，下文主要介绍资格预审。

（八）确定招标方式

根据《招标投标法》《工程建设项目施工招标投标办法》及《房屋建筑和市政基础设施工程施工招标投标管理办法》等国家法律、行政法规的规定，法定选择公开招标或邀请招标的招标方式。

（九）合同类型的选择

合同类型选择应根据以下各种因素确定：

1. 项目规模和工期长短

如果项目的规模较小，工期较短，则合同类型的选择余地较大，总价合同、单价合同及成本加酬金合同都可选择。由于选择总价合同发包人承担的风险较小，故发包人较常选用；对于这类项目，承包人同意采用总价合同的可能性较大，因为这类项目风险小，不可预测因素少。

如果项目规模大、工期长，则项目的风险也大，合同履行中的不可预测因素也多。这类项目不宜采用总价合同。

2. 项目的竞争情况

如果在某一时期和某一地点，愿意承包某一项目的承包人较多，则发包人拥有较多的主动权，可按照总价合同、单价合同、成本加酬金合同的顺序进行选择。如果愿意承包项目的承包人较少，则承包人拥有的主动权较多，可以尽量选择承包人愿意采用的合同类型。

3. 项目的复杂程度

如果项目的复杂程度较高，则意味着对承包人的技术水平要求高，项目的风险较大。因此，承包人对合同的选择有较大的主动权，总价合同被选用的可能性较小；如果项目的复杂程度低，则发包人对合同类型的选择握有较大的主动权。

4. 项目的单项工程的明确程度

如果单项工程的类别和工程量都已十分明确，则可选用的合同类型较多，总价合同、单价合同、成本加酬金合同都可以选择；如果单项工程的分类已详细而明确，但实际工程量与预计的工程量可能有较大出入时，则应优先选择单价合同，此时单价合同为最合理的合同类型；如果单项工程的分类和工程量都不甚明确，则无法采用单价合同。

5. 项目准备时间的长短

项目的准备包括发包人的准备工作和承包人的准备工作。对于不同的合同类型，则需要不同的准备时间和准备费用。总价合同需要的准备时间和准备费用最高，成本加酬金合同需要的准备时间和准备费用最低。对于一些非常紧急的项目如抢险救灾等项目，给予发包人和承包人的准备时间都非常短，只能采用成本加酬金的合同形式。反之，则可采用单价或总价合同形式。

6. 项目的外部环境因素

项目的外部环境因素包括：项目所在地区的政治局势是否稳定、经济局势因素（如通货膨胀、经济发展速度等）、劳动力素质（当地）、交通、生活条件等。如果项目的外部环境恶劣则意味着项目的成本高、风险大、不可预测的因素多，承包人很难接受总价合同方式，而较适合采用成本加酬金合同。

总之，在选择合同类型时，一般情况下是发包人占有主动权。但发包人不能单纯考虑自己的利益，应当综合考虑项目的各种因素，考虑承包人的承受能力，确定双方都能认可的合同类型。

三、建设工程项目施工规划

（一）编制施工规划的目的

施工规划是工程投标报价的重要依据，施工规划应分为施工规划大纲和施工管理实施规划。当承包商以编制施工组织设计代替施工规划时，施工组织设计应满足施工管理实施规划的要求。

（二）编制施工规划的方法

施工管理实施规划是指在开工之前由项目经理主持编制的，旨在指导施工项目实施阶段管理的文件。施工管理实施规划必须由项目经理组织项目经理部在工程开工之前编制完成。其内容主要包括：工程概括；施工部署；施工方案；施工进度计划；资源供应计划；施工准备工作计划；施工平面图；技术组织措施计划；项目风险管理；信息管理；技术经济指标分析。

四、建设工程招标控制价

招标控制价（也称拦标价、预算控制价或最高报价）是招标人根据国家或省级、行业建设主管部门颁发的有关计价依据和办法，按设计施工图纸计算的，对招标工程限定的投标最高工程造价。

（一）编制招标控制价目的

招标控制价是《建设工程工程量清单计价规范》GB 50500—2013 修订中新增的专业术语，它是在建设市场发展过程中对传统标底概念的性质进行的界定，这主要是由于我国工程建设项目施工招标从推行工程量清单计价以来，对招标时评标定价的管理方式发生了根本性的变化。具体表现在：从 1983 年原建设部试行施工招标投标制到 2003 年 7 月 1 日推行工程量清单计价这一时期，各地对中标价基本上采取不得高于标底的 3％，不得低于标底的 3％～5％等限制性措施评标定标。在这一评标方法下，标底必须保密，这一原则也在 2000 年实施的《招标投标法》中得到了体现。但在 2003 年推行工程量清单计价以后，由于各地基本取消了中标价不得低于标底多少的规定，从而出现了新的问题，即根据什么来确定合理报价。实践中，一些工程项目在招标中除了过度的低价恶性竞争外，也出现了所有投标人的投标报价均高于招标人的标底，即使是最低的报价，招标人也不能接受，但由于缺乏相应的制度规定，招标人如不接受投标又产生了招标的合法性问题。针对这一新的形式，为避免投标人串标、哄抬标价，我国多个省、市相继出台了控制最高限价的规定，但在名称上有所不同，包括拦标价、最高报价、预算控制价、最高限价等，并大多要求在招标文件中将其公布，并规定投标人的报价如超过公布的最高限价，其投标应予否决。由此可见，面临新的招标形式，为避免与《招标投标法》关于标底必须保密的规定相违背，因此采用了"招标控制价"这一概念。

（二）招标控制价内容及编制要求

招标控制价的编制内容包括分部分项工程费、措施项目费、其他项目费、规费和税金，各个部分有不同的计价要求。

1. 分部分项工程费编制要求

（1）分部分项工程费应根据招标文件中的分部分项工程量清单及有关要求，按《建设工程工程量清单计价规范》GB 50500—2013 有关规定确定综合单价计价。这里所说的综合单价，是指完成一个规定计量单位的分部分项工程量清单项目（或措施清单项目）所需的人工费、材料费、施工机械使用费和企业管理费与利润，以及一定范围内的风险费用。

（2）工程量依据招标文件中提供的分部分项工程量清单确定。

（3）招标文件提供了暂估单价的材料，应按暂估的单价计入综合单价。

（4）为使招标控制价与投标报价所包含的内容一致，综合单价中应包括招标文件中要求投标人承担的风险内容及其范围（幅度）产生的风险费用。

2. 措施项目费编制要求

（1）措施项目费中的安全文明施工费应当按照国家或省级、行业建设主管部门的规定标准计价。

（2）措施项目应按招标文件中提供的措施项目清单确定，措施项目采用分部分项工程综合单价形式进行计价的工程量，应按措施项目清单中的工程量，并按与分部分项工程工程量清单单价相同的方式确定综合单价；以"项"为单位的方式计价的，依有关规定按综合价格计算，包括除规费、税金以外的全部费用。

3. 其他项目费编制要求

（1）暂列金额。暂列金额可根据工程的复杂程度、设计深度、工程环境条件（包括地质、水文、气候条件等）进行估算，一般可以分部分项工程费的 10％～15％为参考。

（2）暂估价。暂估价中的材料单价应按照工程造价管理机构发布的工程造价信息中的材料单价计算，工程造价信息未发布的材料单价，其单价参考市场价格估算；暂估价中的专业工程暂估价应分不同专业，按有关计价规定估算。

（3）计日工。在编制招标控制价时，对计日工中的人工单价和施工机械台班单价应按省级、行业建设主管部门或其授权的工程造价管理机构公布的单价计算；材料应按工程造价管理机构发布的工程造价信息中的材料单价计算，工程造价信息未发布材料单价的材料，其价格应按市场调查确定的单价计算。

（4）总承包服务费。总承包服务费应按照省级或行业建设主管部门的规定计算，在计算时可参考以下标准：

1）招标人仅要求对分包的专业工程进行总承包管理和协调时，按分包的专业工程估算造价的 1.5％计算；

2）招标人要求对分包的专业工程进行总承包管理和协调，并同时要求提供配合服务时，根据招标文件中列出的配合服务内容和提出的要求，按分包的专业工程估算造价的 3％～5％计算；

3）招标人自行供应材料的，按招标人供应材料价值的 1％计算。

4. 规费和税金编制要求

规费和税金必须按国家或省级、行业建设主管部门的规定计算。

五、招标公告或投标邀请书

（一）编制招标公告

招标公告是指采用公开招标方式的招标人（包括招标代理机构）向所有潜在的投标人发出的一种广泛的通告。招标公告的目的是使所有潜在的投标人都具有公平的投标竞争的机会。

招标公告、投标邀请书及资格审查公告的编制

《招标投标法》第十六条规定："招标人采用公开招标方式的，应当发布招标公告。依法必须进行招标的项目的招标公告，应当通过国家指定的报刊、信息网络或者其他媒介发布。"

对于建设工程的招标，《房屋建筑和市政基础设施工程施工招标投标管理办法》第十三条规定："依法必须进行施工公开招标的工程项目，应当在国家或者地方指定的报刊、信息网络或者其他媒介上发布招标公告，并同时在中国工程建设和建筑业信息网上发布招标公告。"

1. 招标公告的内容

《工程建设项目施工招标投标办法》第十四条规定："招标公告应当至少载明下列内容：

（1）招标人的名称和地址；

（2）招标项目的内容、规模、资金来源；

（3）招标项目的实施地点和工期；

（4）获取招标文件或者资格预审文件的地点和时间；

（5）对招标文件或者资格预审文件收取的费用；

（6）对投标人的资质等级的要求。"

2. 公开招标项目招标公告的发布

为了规范招标公告发布行为，保证潜在投标人平等、便捷、准确地获取招标信息，根据《关于废止和修改部分招标投标规章和规范性文件的决定》，对招标公告的发布作出了明确的规定。

（1）对招标公告发布的监督。国家发展和改革委员会根据国务院授权，按照相对集中、适度竞争、受众分布合理的原则，指定发布依法必须招标项目招标公告的报纸、信息网络等媒介（以下简称指定媒介），并对招标公告发布活动进行了监督。

（2）对招标人的要求。依法必须公开招标项目的招标公告必须在指定媒介发布；招标公告的发布应当充分公开，任何单位和个人不得非法限制招标公告的发布地点和发布范围；拟发布的招标公告文本应当由招标人或其委托的招标代理机构的主要负责人签名并加盖公章；招标人或其委托的招标代理机构发布招标公告，应当向指定媒介提供营业执照（或法人证书）、项目批准文件的复印件等证明文件。

招标人或其委托的招标代理机构在两个以上媒介发布的同一招标项目的招标公告的内容应当相同。

（3）对指定媒介的要求。招标人或其委托的招标代理机构应至少在一家指定的媒介发布招标公告；指定媒介发布依法必须公开招标项目的招标公告，不得收取费用，但发布国际招标公告的除外。

在指定报纸免费发布的招标公告所占版面一般不超过整版的四十分之一，且字体不小于六号字。指定报纸在发布招标公告的同时，应将招标公告如实抄送指定网络。指定报纸和网络应当在收到招标公告文本之日起 7 日内发布招标公告。

指定媒介应与招标人或其委托的招标代理机构就招标公告的内容进行核实，经双方确认无误后在规定的时间内发布。指定媒介应当采取快捷的发行渠道，及时向订户或用户传递。

（二）编制投标邀请书

投标邀请书是指采用邀请招标方式的招标人，向三个以上具备承担招标项目的能力、资信良好的特定法人或者其他组织发出的参加投标的邀请。

投标邀请书的主要内容同招标公告。

六、建设工程施工招标资格预审文件

一、引言和简况

包括项目说明、建设条件、建设要求和其他需要说明的情况。

2-2

资格审查

二、申请人资格要求

资格预审的内容包括基本资格审查和专业资格审查两部分。基本资格审查是指对申请人合法地位和信誉等进行的审查，专业资格审查是对已经具备基本资格的申请人履行拟定招标采购项目能力的审查，具体地说，投标申请人应当符合下列条件：

（一）具有独立订立合同的权利；

（二）具有履行合同的能力，包括专业、技术资格和能力，资金、设备和其他物质设施状况，管理能力，经验、信誉和相应的从业人员；

（三）没有处于被责令停业、投标资格被取消、财产被接管或冻结，以及破产状态；

（四）在最近三年内没有骗取中标和严重违约及重大工程质量问题；

（五）法律、行政法规规定的其他资格条件。

三、资格预审文件

发出资格预审公告后，招标人向申请参加资格预审的申请人出售资格审查文件。

资格预审文件的内容主要包括：资格预审公告、申请人须知、资格审查办法、资格预审申请文件格式、项目建设概况等内容，同时还包括关于资格预审文件澄清和修改的说明。

七、建设工程施工招标文件

（一）招标文件概念

建设工程施工招标投标活动的核心是竞争，而竞争所遵循的原则是"公开、公平、公正和诚实信用"。施工招标投标是一项复杂、细致和政策性很强的工作，如何把这项工作建立在公开、公平、公正的基础上，使投标人都能按照统一的要求进行投标，使评标工作能在统一的标准下进行，这就需要由招标人在开始招标时，提出一个具有要约性质的文件，向所有投标人告知在投标过程中，应按照招标人提供

2-3

招标文件的
编制

的工程情况和提出的投标要求进行投标，这个文件就是招标文件。

（二）招标文件组成

1. 招标文件正式文本主要内容

（1）招标公告（或投标邀请书）。当未进行资格预审时，招标文件中应包括招标公告；当进行资格预审时，招标文件中应包括投标邀请书，该邀请书可代替资格预审通过通知书，以明确投标人已具备了在某具体项目、某具体标段的投标资格，其他内容包括招标文件的获取、投标文件的递交等。

（2）投标人须知。主要包括项目概况的介绍和招标过程的各种具体要求，在正文中的未尽事宜可以通过投标人须知前附表作进一步明确，由招标人根据招标项目具体特点和实际需要编制与填写，无需与招标文件的其他章节相衔接，并且不得与投标人须知正文的内容相抵触，否则抵触内容无效。

1）总则。主要包括项目概况、资金来源和落实情况、招标范围、计划工期和质量要求的描述；对投标人资格要求的规定；对费用承担、保密、语言文字、计量单位等内容的约定；对踏勘现场、投标预备会的要求；对分包和偏离问题的处理。项目概况中主要包括项目名称、建设地点以及招标人和招标代理机构的情况等。

2）招标文件。主要包括招标文件的构成以及澄清和修改的规定。

3）投标文件。主要包括投标文件的组成；投标报价编制的要求；投标有效期和投标保证金的规定；需要提交的资格审查资料；是否允许提交备选投标方案；投标文件标识所应遵循的标准格式要求。

4）投标。主要规定投标文件的密封和标识、递交、修改及撤回的各项要求。在此部分中应当确定投标人编制投标文件所需要的合理时间，即投标准备时间，是指自招标文件开始发出之日起至投标人提交投标文件截止之日止，最短不得少于 20 天。

5）开标。规定开标的时间、地点和程序。

6）评标。说明评标委员会的组建方法、评标原则和采取的评标办法。

7）合同授予。说明拟采用的定标方式、中标通知书的发出时间、要求承包人提交的履约担保和合同的签订时限。

8）重新招标和不再招标。规定重新招标和不再招标的条件。

9）纪律和监督。主要包括对招标过程各参与方的纪律要求。

10）需要补充的其他内容。

（3）评标办法。评标办法可选择经评审的最低投标价法和综合评估法。

（4）合同条款及格式。包括本工程拟采用的通用合同条款、专用合同条款以及各种合同附件的格式。

（5）工程量清单（含招标控制价）。工程量清单是指根据《建设工程工程量清单计价规范》GB 50500—2013 编制的，表现拟建工程实体性项目、非实体性项目和其他项目名称和相应数量的明细清单，以满足工程项目具体量化和计量支付的需要；是招标人编制招标控制价和投标人编制投标价的重要依据。

如按照规定应编制招标控制价的项目，其招标控制价也应在招标时一并公布。

（6）图纸。是指应由招标人提供的用于计算招标控制价和投标人计算投标报价所必需的各种详细程度的图纸。

（7）技术标准和要求。招标文件规定的各项技术标准应符合国家强制性规定。招标文件中规定的各项技术标准均不得要求或标明某一特定的专利、商标、名称、设计、原产地或生产供应者，不得含有倾向或者排斥潜在投标人的其他内容。如果必须引用某一生产供应商的技术标准才能准确或清楚地说明拟招标项目的技术标准时，则应当在参照后面加上"或相当于"的字样。

（8）投标文件格式。提供各种投标文件编制所应依据的参考格式。

（9）规定的其他材料。如需要其他材料，应在投标人须知前附表中予以规定。

2. 招标文件澄清

投标人应仔细阅读和检查招标文件的全部内容。如发现缺页或附件不全，应及时向招标人提出，以便补齐；如有疑问，应在规定的时间前以书面形式（包括信函、电报、传真等可以有形地表现所载内容的形式），要求招标人对招标文件予以澄清。

招标文件的澄清将在规定的投标截止时间 15 天前以书面形式发给所有购买招标文件的投标人，但不指明澄清问题的来源；如果澄清发出的时间距投标截止时间不足 15 天，相应推后投标截止时间。

投标人在收到澄清后，应在规定的时间内以书面形式通知招标人，确认已收到该澄清。投标人收到澄清后的确认时间，可以采用一个相对的时间，如招标文件澄清发出后 12 小时以内；也可以采用一个绝对的时间，如 2022 年 6 月 20 日中午 12：00 以前。

3. 招标文件修改

招标人对已发出的招标文件进行必要的修改，在投标截止时间 15 天前，招标人可以书面形式修改招标文件，并通知所有已购买招标文件的投标人。如果修改招标文件的时间距投标截止时间不足 15 天，相应推后投标截止时间。投标人收到修改内容后，应在规定的时间内以书面形式通知招标人，确认已收到该修改文件。

复习思考题

1. 建设工程招标应遵循哪些程序？
2. 建设工程施工招标准备阶段有哪些工作？
3. 建设工程施工招标阶段有哪些工作？
4. 建设工程招标要点报告包括什么内容？
5. 为什么某些建设工程项目招标要进行项目分标？
6. 主要材料、设备的供应方式有几种？
7. 如何选择运输方式？
8. 招标人如何确定招标方式？
9. 选择合同类型应考虑哪些因素？
10. 建设工程项目施工规划的主要内容有哪些？
11. 简述招标控制价的概念。为什么招标要确定招标控制价？
12. 简述招标控制价的内容及编制要求。
13. 招标公告包括哪些内容？

14. 建设工程施工招标资格预审文件包括哪些内容？

15. 对投标申请人资格有哪些要求？

16. 什么是招标文件？

17. 建设工程招标文件包括哪些内容？

任务 2.2   投标人资格审查实务

引导问题

1. 为什么建设工程招标要进行投标人资格审查？
2. 如何应用投标人资格审查方式？
3. 如何进行投标人资格审查才能保证建设工程招标的顺利进行？

工作任务

主要介绍投标人资格审查方式和审查标准、投标人资格预审目的和内容、投标人资格后审目的和内容、投标人资格审查程序、投标人资格审查应注意事项。

本工作任务要了解投标人资格审查方式的资格预审和资格后审的概念、目的和应用范围；明确初步审查标准和详细审查标准的因素；掌握投标人资格审查的程序；能在实际招标过程中完成投标人资格审查任务。

学习参考资料

1.《中华人民共和国招标投标法》；
2.《房屋建筑和市政基础设施工程施工招标投标管理办法》（住房和城乡建设部令第47号）；
3.《中华人民共和国标准施工招标资格预审文件》（2007 年版）；
4.《中华人民共和国标准施工招标资格预审文件使用指南》（2007 年版）。

依据《招标投标法》和《房屋建筑和市政基础设施工程施工招标投标管理办法》第十五条规定："招标人可以根据招标工程的需要，对投标申请人进行资格预审，也可以委托工程招标代理机构对投标申请人进行资格预审。实行资格预审的招标工程，招标人应当在招标公告或者投标邀请书中载明资格预审的条件和获取资格预审文件的办法。"

由于公开招标是招标人以招标公告的方式，邀请不特定的法人或者其他组织投标，其特点是无限制地吸引众多的投标人参加投标竞争，所以通常需要在投标前对潜在投标人进行资格审查，资格审查合格后方可正式投标。而邀请招标是招标人以投标邀请书的方式，邀请特定的法人或者其他组织投标，其特点是有限制地选择投标人投标竞争，所以邀请招标通常不进行投标前的资格审查，但需在投标以后评标过程中进行资格审查。

一、投标人资格审查方式和审查标准

（一）投标人资格审查方式

投标人资格审查可分为资格预审和资格后审两种方式。

1. 资格预审

资格预审是指在投标前对潜在投标人进行的投标资格审查。

2. 资格后审

资格后审是指在投标后（即开标后）对投标人进行的投标资格审查。

（二）投标人资格审查标准

投标人资格审查标准应当具体明了，具有可操作性。投标人资格审查标准，见表 2-2-1。

表 2-2-1　资格审查标准表

审查类型	审查因素	审查标准
初步审查标准	申请人名称	与营业执照、资质证书、安全生产许可证一致
	申请函签字盖章	由法定代表人或其委托代理人签字或加盖单位章
	申请文件格式	符合项目 3"资格预审申请文件格式"的要求
	联合体申请人	提交联合体协议书，并明确联合体牵头人（如有）
	……	……
详细审查标准	营业执照	具备有效的营业执照
	安全生产许可证	具备有效的安全生产许可证
	资质等级	符合任务 2.1 中的"申请人资格要求"规定
	财务状况	符合任务 2.1 中的"申请人资格要求"规定
	类似项目业绩	符合任务 2.1 中的"申请人资格要求"规定
	信誉	符合任务 2.1 中的"申请人资格要求"规定
	项目经理资格	符合任务 2.1 中的"申请人资格要求"规定
	其他要求	符合任务 2.1 中的"申请人资格要求"规定
	联合体申请人	符合任务 2.1 中的"申请人资格要求"规定
	……	……

1. 初步审查标准

表 2-2-1 中规定的审查因素和审查标准是列举性的，并没有包括所有审查因素和标准，招标人应根据项目具体特点和实际需要，进一步删减、补充或细化。初步审查的因素一般包括：

（1）申请人的名称；

（2）申请函的签字盖章；

（3）申请文件的格式；

（4）联合体申请人；

（5）资格预审申请文件的证明资料；

（6）其他审查因素等。

2. 详细审查标准

详细审查因素和标准须与本项目任务 2.1 中"申请人资格要求"，对申请人资质、财务、业绩、信誉、项目经理的要求以及其他要求一致。需要特别注意的是，招标人补充和细化的要求，应在表 2-2-1 中体现。

二、投标人资格预审目的和内容

(一) 投标人资格预审目的

招标人采用公开招标时，面对众多不熟悉的潜在投标人，要经资格预审从中选择合格的投标人参与正式投标。

1. 提供投标信息，易于招标人决策。经资格预审可了解参加竞争性投标的投标人数目、公司性质及组成等，使招标人可针对各投标人的实力进行招标决策。

2. 通过资格预审可以使招标人和工程师预先了解到应邀投标公司的能力。提前进行资信调查，了解潜在投标人的信誉、经历、财务状况，以及人员和设备配备的情况等，以确定潜在投标人是否有能力承担拟招标的项目。

3. 防止皮包公司参加投标，避免给招标人的招标工作带来不良影响和风险。

4. 确保具有合理竞争性的投标。具有实力和讲信誉的大公司，一般不愿参加不作资格预审招标的投标，因为这种无资格限制的招标并不总是有利于合理竞争。往往高水平的、优秀的投标，因其投标报价较高而不被接受，相反资格差的和低水平的投标，可能由于投标报价低而被接受，这将给招标人造成较大的风险。

5. 对投标人而言，可使其预先了解工程项目条件和招标人要求，初估自己条件是否合格，以及初步估价可能获利的利益，以便决策是否正式投标。对于那些条件不合格，将来肯定被淘汰的投标人也是有好处的，可尽早终止参与投标活动，节省费用，同时也可减少招标人和工程师评标工作量。

(二) 投标人资格预审内容

招标人对投标人的资格预审通常包括如下内容：

1. 投标人投标合法性审查。包括投标人是否正式注册的法人或其他组织；是否具有独立签约的能力；是否处于正常的经营状态，即是否处于被责令停业，有无财产被接管、冻结等情况；是否有相互串通投标等行为；是否正处于被暂停参加投标的处罚期限内等。经过审查，确认投标人有不合法的情形的，应将其排除。

2. 审查投标人的经验与信誉。看其是否有曾圆满完成过与招标项目在类型、规模、结构、复杂程度、所采用的技术以及施工方法等方面相类似的项目经验；或者具有曾提供过同类优质货物、服务的经验；是否受到以前项目业主的好评；在招标前一个时期内的业绩如何；以往的履约情况如何等。

3. 审查投标人的财务能力。主要审查其是否具备完成项目所需的充足的流动资金和有信誉的银行提供的担保文件，以及审查其资产负债情况。

4. 审查投标人的人员配备能力。主要是对投标人承担招标项目的主要人员的学历、管理经验进行审查，看其是否有足够的具有相应资质的人员具体从事项目的实施。

5. 审查拟完成项目的设备配备情况及技术能力。看其是否具有实施招标项目的相应设备和机械，并是否处于良好的工作状态，是否有技术支持能力等。

三、投标人资格后审目的和内容

一般情况下，无论是否经过资格预审，在评标阶段要对所有的投标人进行资格后审。目的是核查投标人是否符合招标文件规定的资格条件。不符合资格条件者，招标人有权取消其投标资格。防止皮包公司参与投标，防止不符合要求的投标人中标给发包人带来风险。

如果投标资格后审的评审内容与资格预审的内容相同，且投标前已进行了资格预审，则资格后审主要评审参与本项目实施的主要管理人员是否有变化，以及变化后给合同实施可能带来的影响；评审财务状况是否有变化，特别是核查债务纠纷，是否被责令停业清理，是否处于破产状态；评审已承诺和在建项目是否有变化，如有增加时，应评估是否会影响本项目的实施等。

四、投标人资格审查程序

（一）初步审查

1. 审查委员会依据表 2-2-1 规定的标准，对资格预审申请文件进行初步审查。只要有一项因素不符合审查标准的，则不能通过资格预审。

2. 审查委员会可以要求申请人提交表 2-2-1 中有关证明和证件的原件，以便核验。招标人应按本项目任务 2.1 中的"申请人资格要求"，明确需要核验的具体证明和证件。此外资格审查委员会也可以要求申请人提交申请文件有关证明和证件的原件。

（二）详细审查

1. 审查委员会依据表 2-2-1 规定的标准，对通过初步审查的资格预审申请文件进行详细审查。每项因素都需符合审查标准，才可以通过资格预审。

2. 通过资格预审的申请人除应满足表 2-2-1 规定的审查标准外，还不得存在下列任何一种情形：

（1）不按审查委员会要求澄清或说明的；

（2）有本项目任务 2.1 中"申请人资格要求"禁止的任何一种情形的；

（3）在资格预审过程中弄虚作假、行贿或有其他违法违规行为的。

（三）资格审查结果

1. 提交书面审查报告

审查委员会按照程序对资格预审申请文件完成审查后，确定通过资格预审的申请人名单，并向招标人提交书面审查报告。

资格审查委员会提交的书面审查报告，主要包括以下基本内容：

（1）基本情况和数据表；

（2）资格审查委员会名单；

（3）澄清、说明、补正事项纪要等；

（4）审查过程、未通过资格审查的情况说明、通过评审的申请人名单；

（5）其他需要说明的问题。

2. 重新进行资格预审或招标

通过资格预审申请人的数量不足 3 个的，招标人可重新组织资格预审或不再组织资格预审而直接招标。

五、投标人资格审查应注意事项

（一）通过建筑市场的调查确定主要实施经验方面的资格条件

1. 实施经验是资格审查的重要条件，应依据拟建项目的特点和规模进行建筑市场调查。调查与本项目相类似已完成和准备建设项目的企业资质和施工水平的状况，调查可能参与本项目投标的投标人数目等。依此确定实施本项目企业的资质和资格条件，该资质和资格条件既不能过高，导致减少竞争；也不能过低，增加其评标工作量。

2. 投标人资格比资质更重要。目前有些项目的资格审查，对资质条件过分重视，而轻视资格条件，这是一个误区。可以设想一下，某水利施工企业没有从事过高层建筑施工的经验，若招标人要建50层高楼，施工企业只是等级很高是不够的。同样水利部门要建120米高的钢筋混凝土堤坝，招标人是不会用没有建过堤坝而等级很高的建筑施工企业实施的，所以资格比资质更重要。随着我国改革开放的不断深入，招标投标事业的发展和建筑市场的不断完善，资格比资质更重要的观点会逐步被大家所接受。

（二）资格审查文件的文字和条款要求严谨和明确

一旦发现条款中存在问题，特别是影响资格审查时，应及时修正和补遗。但必须在递交资格审查申请截止日前14天发出，否则投标人来不及做出响应，会影响评审的公正性。

（三）应公开资格审查的标准

将资格合格标准和评审内容明确地载明在资格审查文件中。即让所有投标人都知道应满足的资质和资格条件，以使他们有针对性地编制资格审查申请文件。评审时只能采用已公开的标准和评审内容，不得采用其他标准，不得暗箱操作，不得限制或者排斥其他潜在投标人。

（四）审查投标人提供的资格审查资料的真实性

应审查投标人提供的资格审查资料的真实性。在评审的过程中如发现投标人提供评审资料有问题时，应及时去相关单位或地方调查，核实其真实性；如果投标人提供的资格审查资料是编造的或者不真实时，招标人有权取消其资格申请，而且可不作任何解释；另外还应特别防止投标人假借其他有资格条件的公司名誉提报资格审查申请，无论是在投标前的资格预审，还是投标后的资格后审，一经发现，既要取消其资格审查申请，也要向行政监督部门投诉，并可要求给予相应处罚。

 案例2-2-1

某住宅工程项目招标，在招标文件中规定投标人资格审查采用资格预审方式，并要求所有投标报名单位编制投标资格预审申请文件，接受招标人资格审查。但在招标文件中规定所有潜在投标人编制投标文件时，仍须提供资格审查资料，在开标后还要进行资格后审。

案例分析：《工程建设项目施工招标投标办法》第十七条规定："进行资格预审的，一般不再进行资格后审，但招标文件另有规定的除外。"按照工程招标惯例，进行资格预审之后，不再进行资格后审，除非是较特殊的工程在招标文件中另有规定。本招标项目属于普通住宅工程，没有必要资格预审之后，评标时再进行资格后审。

复习思考题

1. 投标人的资格审查方式和适用范围有哪些？
2. 投标人资格审查的标准有哪些？
3. 投标人资格预审的目的和内容是什么？
4. 投标人资格后审的目的和内容是什么？
5. 投标人资格审查应遵循的程序是什么？
6. 投标人资格审查应注意事项有哪些？

任务 2.3　建设工程施工招标实务

引导问题

1. 如何组织投标人进行现场勘察和标前会议？

2. 在投标准备阶段，如何对招标文件进行修订和补遗？

3.《中华人民共和国招标投标法》等国家法律、行政法规对开标、评标和定标的规定有哪些？

4. 国家对无效投标文件有何规定？

5. 招标人如何组织建设工程的开标、评标和定标？

工作任务

主要介绍发售招标文件、组织现场踏勘和标前会议、招标文件的修订和补遗、开标、评标、确定中标人与发出中标通知书、签订工程施工合同和发出开工通知等内容。

本工作任务要了解建设工程的招标程序；能组织潜在投标人进行现场踏勘和召开标前会议；在开标前投标人对招标文件提出的质疑和问题，能进行澄清、修订和补遗；了解开标的程序和国家法律、行政法规对开标的有关规定及开标注意事项；掌握如何组建评标委员会、评标原则、评标方法及评标程序；明确编写评标报告的内容；能运用国家法律、行政法规的有关规定确定中标候选人及中标人；明确确定中标人之后，何时发中标通知书和签订建设工程施工合同。

学习参考资料

1.《中华人民共和国招标投标法》；

2.《工程建设项目施工招标投标办法》（九部委［2013］23 号令）；

3.《中华人民共和国招标投标法实施条例》（国务院令第 613 号）；

4.《电子招标投标办法》（国家发展和改革委员会令第 20 号）；

5.《评标委员会和评标方法暂行规定》（七部委 2013 年第 23 号令）；

6.《房屋建筑和市政基础设施工程施工招标投标管理办法》（住房和城乡建设部令第 47 号）；

7. 有关招标投标的各类文件及书刊。

一、发售招标文件

《工程建设项目施工招标投标办法》第十五条第一款规定："招标人应当按招标公告或者投标邀请书规定的时间、地点出售招标文件或资格预审文件。自招标文件或者资格预审文件出售之日起至停止出售之日止，最短不得少于五日。"

对于招标需要资格预审的，《工程建设项目施工招标投标办法》第十九条规定："经资格预审后，招标人应当向资格预审合格的潜在投标人发出资格预审合格通知书，告知获取招标文件的时间、地点和方法，并同时向资格预审不合格的潜在投标人告知资格预审结果。资格预审不合格的潜在投标人不得参加投标。"

发售招标文件时应做好购买记录，内容包括购买招标文件的公司详细名称、地址、电话、电传、邮政编码等，以便于日后查对，需要时进行联系，如答疑、澄清、修改和补遗招标文件等。

《招标投标法》第十八条第二款规定："招标人不得以不合理的条件限制或者排斥潜在投标人，不得对潜在投标人实行歧视待遇"；国家发展和改革委员会等八部委制定的《电子招标投标办法》第二十条规定："除本办法和技术规范规定的注册登记外，任何单位和个人不得在招标投标活动中设置注册登记、投标报名等前置条件限制潜在投标人下载资格预审文件或者招标文件。"

 案例2-3-1

　　某招标项目投标报名时要求提交安全生产许可证。项目的潜在投标人 A 的安全生产许可证在十天前到期了，正在办新的安全生产许可证。当时该招标项目是发售招标文件的最后一天，但 A 的新安全生产许可证没有办下来，旧的已经到期，使潜在投标人 A 不能购买招标文件，导致 A 不能投标，但是过三天之后，新的安全生产许可证已办成。

　　案例分析：根据《招标投标法》第二十九条规定："投标人在招标文件要求提交投标文件的截止时间前，可以补充、修改或者撤回已提交的投标文件，并书面通知招标人。补充、修改的内容为投标文件的组成部分。"对于潜在投标人 A，已经与招标人说明了有关安全生产许可证的问题，并在投标资格预审前办完新的安全生产许可证，应该给潜在投标人 A 的投标机会，不应以安全生产许可证为由限制潜在投标人的投标权。

二、组织现场踏勘和标前会议

《招标投标法》第二十一条规定："招标人根据招标项目的具体情况，可以组织潜在投标人踏勘项目现场。"

（一）组织现场踏勘

招标人应在投标须知规定的时间，组织潜在投标人进行项目现场踏勘，目的是让潜在投标人进一步了解项目所在地的社会及经济状况，熟悉政治形势、法律法规、风俗习惯、现场情况、自然条件、施工条件和周围环境条件等状况，以及收集场地布置和编制投标文件所需要的资料等，以便合理编制投标文件。投标人通过实地考察，还可

2-4

组织现场踏勘与投标预备会

以避免合同履行过程中投标人以不了解现场情况为理由推卸应承担的合同责任。作为招标人和工程师应主动创造各种条件，使得投标人能以较少的时间，完成解决上述问题的考察，便于投标人确定投标的原则和策略，为编制投标文件奠定基础。

进行现场踏勘的时间不宜过早，这会使投标人来不及很好地研究招标文件，无法就招标文件提出问题；也不宜过晚，这会使投标人现场考察后没有足够的时间完成投标文件的

编制。应防止有丰富经验和实力，以及具有竞争力的投标人，由于时间不足，导致投标文件编制粗糙，从而失掉中标机会的情况，这对招标人来说就错过了一个很好的承包人。

 案例2-3-2

　　某招标项目在招标文件规定组织潜在投标人踏勘现场的时间是：5 月 10 日和 11日，投标人任选一天。

　　问题提出：组织潜在投标人踏勘现场的时间为两天中任选一天是否合适？

　　案例分析：该项目的投标人踏勘现场的时间为两天中任选一天，这意味着所有潜在投标人，可能不在同一天踏勘现场。通常标前的踏勘现场及标前会议，只能在同一时间、同一地点组织所有潜在投标人同时进行，不能两天中任选一天。如果潜在投标人有 10 家，若两天中任选一天踏勘现场，假设第一天来 9 家，第二天却只来 1 家，这样招标人与第二天来的潜在投标人出现利益输送和暗箱操作的风险。根据《中华人民共和国招标投标法实施条例》第二十八条规定："招标人不得组织单个或者部分潜在投标人踏勘项目现场。"因此，该项目组织潜在投标人踏勘现场的做法是错误的，违反了国家的法律规定。

（二）标前会议

　　招标文件一般均规定在投标前召开标前会议。投标人应在参加标前会议之前把招标文件和现场考察中存在的问题以及疑问整理成书面文件，按照招标文件规定的方式、时间和地点要求，送到招标人或招标代理机构处，招标人应及时给予书面解答。有时招标人允许投标人现场口头提问，但投标人一定以接到招标人的书面文件为准。投标人在提出疑问时，应注意提问的方式和时机，特别注意不要对招标人的失误和不专业进行攻击和嘲笑。

　　招标人对任何投标人所提问题的回答，必须以书面形式发送给所有投标人，保证招标的公开和公平，但不必说明问题的来源。回答函件作为招标文件的组成部分，如果书面解答的问题与招标文件中的规定不一致，以函件的解答为准。

三、招标文件的修订和补遗

　　在投标准备阶段，投标人以各种方式向招标人提出质疑、需要澄清和解决的问题，以及招标人和工程师（监理）查阅发现的新问题，或招标人需要修订和补遗招标文件，均属于招标人的权利，但需在截至投标日前限定的时间发出，以便投标人均能及时做出响应，否则会形成投标报价不在同一基础上。大中型土木建筑工程在一般情况下，国内招标采用截至投标日前 14 天发出招标文件的修改通知，国际招标采用截至投标日前 28 天发出招标文件的修改通知，且修改通知必须通告所有的投标人。

四、开标

　　开标应按招标文件规定的时间、地点和程序，由招标人或招标代理机构以公开方式主持开标。

（一）开标会议

1. 开标时间和地点

开标是指在投标人提交投标文件后，招标人依据招标文件规定的时间和地点，开启投标人提交的投标文件，公开宣布投标人的名称、投标价格及其他主要内容的行为。《招标投标法》第三十四条、《工程建设项目施工招标投标办法》第四十九条和《房屋建筑和市政基础设施工程施工招标投标管理办法》第三十二条规定："开标应当在招标文件确定的提交投标文件截止时间的同一时间公开进行；开标地点应当为招标文件中预先确定的地点。"

2. 参加开标会议

招标人应邀请所有投标人参加开标会议；投标人应派代表参加，并在招标人指定的登记册上签名报到；由招标人或委托的招标代理机构的代表主持开标会议，招标人和工程师单位（监理单位）派代表参加，必要时主管部门和贷款单位也应派代表参加。

 案例2-3-3

某招标项目开标，招标文件规定在开标会议，要求投标人的法定代表人必须到场，不接受经授权委托的投标人代表到场。

问题提出：招标人要求投标人的法定代表人必须参加开标会议是否合理？

案例分析：根据《招标投标法》第三十五条规定："开标由招标人主持，邀请所有投标人参加"；《房屋建筑和市政工程标准施工招标资格预审文件》（2010年版）要求，投标人编写投标资格预审申请文件时，要提供法定代表人的授权委托书。国家法律、行政法规并没有明确要求必须法定代表人参加开标会议，也可以是经授权委托的投标人代表参加开标会议。投标人的法定代表人是否参加开标是投标人的权利，不能强制投标人的法定代表人必须到场。因此，要求法定代表人必须参加开标会议，是不符合国家法律、行政法规规定的。

3. 无效投标文件的情形

在开标时，根据《房屋建筑和市政基础设施工程施工招标投标管理办法》第三十四条规定："在开标时，投标文件出现下列情形之一的，应当作为无效投标文件，不得进入评标：

（1）投标文件未按照招标文件的要求予以密封的；

（2）投标文件中的投标函未加盖投标人的企业及企业法定代表人印章的，或者企业法定代表人委托代理人没有合法、有效的委托书（原件）及委托代理人印章的；

（3）投标文件的关键内容字迹模糊、无法辨认的；

（4）投标人未按照招标文件的要求提供投标保函或者投标保证金的；

（5）组成联合体投标的，投标文件未附联合体各方共同投标协议的。"

（二）开标程序、要求及注意事项

1. 开标程序

（1）检查投标文件的密封情况。由投标人或者其推选的代表检查投标文件的密封情况；投标人数较少时，可由投标人自行检查；投标人数较多时，也可由投标人推举代表进行检查；招标人也可以根据情况委托公证机构进行检查并公证。

（2）经确认无误的投标文件，由工作人员当众拆封。投标人或者投标人推选的代表或者公证机构对投标文件的密封情况进行检查以后，确认密封情况良好，没有问题，则可以由工作人员在所有在场人的监督下当众拆封投标文件。

（3）宣读（唱标）投标人名称、投标价格和投标文件的其他主要内容。按投标文件接到的时间（正序或逆序），由工作人员或投标人代表按投标文件正本高声唱读投标人的名称、投标总价（国际招标要宣读人民币和外币部分）、工期、质量标准、投标保证金等方面的承诺以及投标文件中的其他主要内容（如投标报价有无折扣或者价格修改等，如果要求或者允许报替代方案的话，还应包括替代方案投标的总金额）。

唱标的目的是使全体投标者了解各家投标人的报价和自己在其中的顺序，了解其他投标的基本情况，以充分体现公开开标的透明度。

2. 开标有关要求

（1）开标时如发现有重大偏离招标条件的情况，应予否决。开标过程应当记录，并存档备查。主要对开标过程中的重要事项进行记录，包括开标时间、开标地点、开标时具体参加单位、人员、唱标的内容、开标过程是否经过公证等都要记录在案。

（2）唱标内容应完整、明确。只有唱出的投标价格不超过投标控制价才是合法、有效的。唱标及记录人员不得将投标内容遗漏不唱或不记。

（3）投标价格折扣或修改函是投标人在投标文件正本中附有一个降低投标总价的信函，这种做法是国际上的惯例，是投标人经常采用的投标技巧，能防止投标人的投标价格泄露而削弱了自身的竞争能力。

（4）在开标会议上不允许投标人对投标文件作任何修改或说明，也不允许投标人提任何问题，招标人也不解答任何问题。宣读完各投标人投标价格和招标人认为适当的其他情况后，开标会议结束。

（5）开标会后由招标代理机构或工程师编写开标纪要，经招标人批准后报有关部门和贷款单位。开标会议纪要通常包括：招标项目名称、合同号、贷款编号、刊登招标公告日期、发售招标文件日期和地点、购买招标文件公司的名称、投标截止日期、开标日期和地点、各投标人投标报价和会议进行情况，以及参加开标会议的单位和人员情况（包括主管部门、招标人、招标代理机构、监理单位、贷款单位和投标公司的名称和代表的姓名等）。

3. 开标注意事项

（1）《招标投标法》第二十八条规定："投标人少于三个的，招标人应依据本法重新招标。"出现这种情况，不能开标。如果开标后投标人有效标不足三个的，只要有效标投标报价合理，应从中确定中标人，而不可以重新招标。因为开标后各投标人报价都已公开，如重新招标就是不公正地对待投有效标的投标人，会使他们处于被动的局面。

（2）根据国家法律、行政法规的规定，开标应当在招标文件确定的提交投标文件截止时间的同一时间公开进行。这种做法是为防止泄露投标人投标文件的内容。但应说明的是，国际招标不需要此种做法，一般情况下投标截止时间与开标时间有一天的时间间隔。

（3）招标人在招标文件要求提交投标文件的截止时间前收到的所有投标文件，开标时都应当众予以拆封，不能遗漏，否则就构成对投标人的不公正对待；如果是招标文件所要求的提交投标文件的截止时间之后收到的投标文件，则应不予开启，原封不动退回。

（4）招标项目开标时，投标人未参加开标会议，其投标仍然有效，此投标人也必须承认开标结果；如投标人否认开标结果，撤回投标文件时（这是投标人的权利），招标人有权扣留其投标保证金。对投标人而言，派代表参加开标会议，可以使投标人得以了解开标是否依法进行，这对招标人也起到监督作用；同时，也可使投标人了解其他投标人的投标情况，衡量一下中标的可能性。

（5）投标人授权出席开标会的代表本人填写开标会签到表，招标人专人负责核对签到人身份，应与签到的内容一致。

（6）开标过程记录并存档备查。这是保证开标过程透明、公正，是维护投标人利益的必要措施。可使权益受到侵害的投标人行使要求复查的权利，有利于确保招标人尽可能自我完善，加强管理，少出漏洞，也有助于有关行政主管部门进行检查。记录存档以便查询，任何投标人要求查询，都应当允许。对开标过程记录、存档备查，这是国际上的通行做法。

（7）开标后即进入评标阶段，要避免招标的主要负责人、评标工作人员、评标委员会成员与投标人接触，从而保证评标人员、评标地点、评标过程和成果的保密。

五、评标

评标是招标工作的最重要阶段，根据《招标投标法》和招标文件规定的评标组织、评标方法、评标内容和评标标准，对每个投标人的投标文件进行审查、澄清和比较，最后按招标文件规定的中标条件，选定一个高效率的承包人，使发包人投入资金最少，又能获得按规定时间圆满完成的合格项目。

2-5

评标阶段

（一）组建评标委员会

《房屋建筑和市政基础设施工程施工招标投标管理办法》第三十五条规定："评标由招标人依法组建的评标委员会负责。依法必须进行施工招标的工程，其评标委员会由招标人的代表和有关技术、经济等方面的专家组成，成员人数为5人以上单数，其中招标人、招标代理机构以外的技术、经济等方面专家不得少于成员总数的三分之二。评标委员会的专家成员，应当由招标人从建设行政主管部门及其他有关政府部门确定的专家名册或者工程招标代理机构的专家库内相关专业的专家名单中确定。确定专家成员一般应当采取随机抽取的方式。与投标人有利害关系的人不得进入相关工程的评标委员会。评标委员会成员的名单在中标结果确定前应当保密。"

对于建设工程项目技术特别复杂、专业性要求特别高或者国家有特殊要求的招标项目，采取随机抽取方式确定的专家难以胜任的，可以由招标人直接确定。

为保证评标的公正性和权威性，评标委员会的成员选择要规范。严格防止评标委员会成为各方利益的代表。

（二）评标原则

1. 制定科学合理的评标规则

依据国家法律法规，在招标文件中制定科学合理，具有可操作性的评标方法、评标内容、评标标准和中标条件。其目的就是让各潜在投标人知道这些方法、内容、标准和中标条件，以便考虑如何有针对性地投标。招标文件中没有规定的方法、内容、标准和中标条件，不得作为评标的依据。

2. 依法评标

评标的全过程应依照《招标投标法》《房屋建筑和市政基础设施工程施工招标投标管理办法》等法律法规及招标文件的规定进行，其招标人和投标人应主动接受行政监督部门的依法监督。

3. 严格遵守评标方法

《招标投标法》第四十条第一款规定："评标委员会应当按照招标文件确定的评标标准和方法，对投标文件进行评审和比较；设有标底的，应当参考标底。"

《中华人民共和国招标投标法实施条例》第四十九条第一款规定："评标委员会成员应当依照招标投标法和本条例的规定，按照招标文件规定的评标标准和方法，客观、公正地对投标文件提出评审意见。招标文件没有规定的评标标准和方法不得作为评标的依据。"

4. 公平、公正、科学、择优

评标活动应遵循公平、公正、科学、择优的原则。为了保证评标的公平性和公正性，评标必须按照招标文件规定的评标方法、评标内容、评标标准和中标条件进行；不得随意改变招标文件中确定的评标方法、评标内容、评标标准和中标条件，更不能另行制定新的方法、内容、标准和中标条件。因此，评标委员会成员应当认真研究和熟悉招标文件，至少应了解以下内容：

（1）招标项目的开发目标；

（2）招标项目的范围和性质；

（3）招标文件中规定的技术要求、标准和商务条款；

（4）招标文件规定的评标方法、评标内容、评标标准和中标条件，以及在评标过程中考虑的相关因素（特别是价格因素）；

（5）了解工程师或招标代理机构编制的，并经招标人批准的招标项目施工规划、标底或招标控制价。

5. 对未提供证明资料的评审

凡投标人未提供的证明材料（包括资质证书、业绩证明、职业资格或证书等），若属于招标文件强制性要求的，评委均不予确认，应否决其投标；若属于分值评审法的评审因素，则不计分，投标人不得进行补正。

6. 独立评审

《招标投标法》第三十八条第二款规定："任何单位和个人不得非法干预、影响评标的过程和结果。"

《中华人民共和国招标投标法实施条例》第四十八条第一款规定："招标人应当向评标委员会提供评标所必需的信息，但不得明示或者暗示其倾向或者排斥特定投标人。"

评标委员会依法成立，并根据法律规定和招标文件的要求，对所有投标文件开展独立评审工作，以评标委员会的名义出具评标报告，推荐中标候选人。不论是招标人，还是有关主管部门，均不得非法干预、影响或改变评标过程和结果。

7. 评标过程保密

《招标投标法》第三十八条第一款规定："招标人应当采取必要的措施，保证评标在严格保密的情况下进行。"

严格保密的措施主要包括：评标地点保密；评标委员会成员的名单在中标结果确定之前保密；评标委员会成员在封闭状态下开展评标工作，评标期间不得与外界有任何接触，对评标情况承担保密义务；招标人、招标代理机构或相关主管部门等参与评标现场工作的人员，均应承担保密义务。

8. 反不正当竞争

评审中应严防串标、挂靠围标等不正当竞争行为。若无法当场确认，可事后向监管部门报告。

（三）评标方法

2-6

评标方法

建设工程评标方法，国家有关部委下发的招标投标管理办法等法规所规定的基本相同。《评标委员会和评标方法暂行规定》和《房屋建筑和市政基础设施工程施工招标投标管理办法》规定：评标可以采用经评审的最低投标标价法、综合评估法或者法律法规允许的其他评标方法。

1. 经评审的最低投标价法

（1）基本概念

经评审的最低投标价法是指评标委员会对满足招标文件实质要求的投标文件，根据详细评审标准规定的量化因素及量化标准进行价格折算，按照经评审的投标价由低到高的顺序推荐中标候选人，或根据招标人授权直接确定中标人，但投标价格低于其企业成本的除外。若经评审的投标价相等时，投标报价低的优先；投标报价也相等时，由招标人自行确定。

（2）适用范围

经评审的最低投标价法一般适用于具有通用技术、性能标准或者招标人对其技术、性能没有特殊要求的招标项目。

（3）评标要求

1）采用经评审的最低投标价法的，评标委员会应当根据招标文件中规定的评标价格调整方法，将所有投标人的投标报价以及投标文件的商务部分做必要的价格调整。

2）投标人的投标应当符合招标文件规定的技术要求和标准，但评标委员会无需对投标文件的技术部分进行价格折算。

3）根据经评审的最低投标价法完成详细评审后，评标委员会应当拟定一份"标价比较表"，连同书面评标报告提交招标人。"标价比较表"应当载明投标人的投标报价、对商务偏差的价格调整和说明，以及经评审的最终投标价。

2. 综合评估法

（1）基本概念

综合评估法是指对投标单位及投标文件的综合评议、量化计分，依据投标单位、投标文件的投标函、商务标、技术标等要素，使用不同的权重量化，计算每个投标人的综合得分，然后进行排序。选择综合得分最高的前三名作为中标候选人，经评标委员会审核后向招标人推荐。

《房屋建筑和市政基础设施工程施工招标投标管理办法》第四十条规定："采用综合评估法的，应当对投标文件提出的工程质量、施工工期、投标价格、施工组织设计或者施工方案、投标人及项目经理业绩等，能否最大限度地满足招标文件中规定的各项要求和评价标准进行评审和比较。以评分方式进行评估的，对于各种评比奖项不得额外计分。"

 案例2-3-4

　　某招标项目采用综合评估法评标，招标文件评分标准规定：项目经理获得过省级劳模的加一分。

　　案例分析：项目经理获得过省级劳模，只能证明项目经理的职业素养、敬业精神比别人强，这只是个人的荣誉奖励。但不能将这作为投标评标的重要条件，故该项目招标文件的评分标准，违背了《房屋建筑和市政基础设施工程施工招标投标管理办法》的规定。

　　(2) 应用范围

　　对于不宜采用经评审的最低投标价法的招标项目，一般采取综合评估法进行评审。

　　(3) 评标要求

　　1) 衡量投标文件是否最大限度地满足招标文件中规定的各项评价标准，可以采取折算为货币方法、打分方法或者其他方法。

　　2) 需量化的因素及其权重应当在招标文件中明确规定。

　　3) 评标委员会对各个评审因素进行量化时，应当将量化指标建立在同一基础或在同一标准上，使各投标文件具有可比性。

　　4) 对技术标和商务标进行量化后，评标委员会应当对这两部分的量化结果进行加权，计算出每一投标的综合评估价或者综合评估分。

　　5) 根据综合评估法完成评标后，评标委员会应当拟定一份"综合评估比较表"，连同书面评标报告提交招标人。"综合评估比较表"应当载明投标人的投标报价、所做的任何修正、对商务偏差的调整、对技术偏差的调整、对各评审因素的评估，以及对每一投标的最终评审结果。

　　(四) 评标标准

　　评标标准主要包括价格标准和非价格标准。价格标准是指投标人的投标价格或经评审的投标价格；非价格标准是指投标价格以外的标准。

　　非价格标准通常有以下几种：

　　1. 工程施工项目评标标准

　　(1) 施工方法在技术上的可行性和施工布置的合理性；

　　(2) 配备施工设备的数量和质量能否保证顺利施工；

　　(3) 配备的主要管理人员和技术工人的施工经验及素质；

　　(4) 保证进度、质量和安全等措施的可靠性；

　　(5) 投标人的资质、信誉和财务能力。

　　2. 材料、设备采购项目评标标准

　　(1) 运输费、保险费、付款计划和运营成本等评估；

　　(2) 保证交货期和质量措施的可靠性；

　　(3) 材料、设备的有效性、配套性、安全性和环境保护等；

（4）安装手段和采用的技术措施（如采购设备）；

（5）零配件和服务提供能力（包括相关的培训）；

（6）投标人的资质、信誉和财务能力。

3. 服务项目评标标准

（1）保证进度、造价控制和质量措施的可靠性；

（2）服务人员的业绩和经验；

（3）服务人员的专业和管理能力；

（4）投标人的资质、信誉和财务能力。

上述评标标准，应依据招标项目的性质，具体载明在招标文件的投标人须知中，评标委员会成员依此进行评标。

（五）评标程序和内容

在招标人或者招标代理机构组织下，评标委员会负责评标，在评标过程中应严格保密以及禁止同外界接触。一般情况下，评标工作分初步评审（初评）和详细评审（终评）。

2-7

评标程序

1. 初步评审

本阶段是对所有投标人的投标文件作总体综合评价，以便初选出几家优势较强的投标人，进入下一阶段评审。初步评审主要内容有：

（1）投标人资格是否符合要求、是否按规定方式提交投标保证金、投标报价是否正确无误，以及对有算术错误的报价进行修正（修正的原则按招标文件中投标人须知规定进行），然后按投标报价大小进行排队。

（2）投标文件的完整性和响应性

1）完整性评定主要是指投标函（投标书）和合同格式等投标文件是否按招标文件要求填写，包括：投标文件的内容是否满足招标文件的基本要求；重要表格是否按招标文件的要求都已填报；是否在授权书和投标函上有合法的签字；投标保证金（额度、提供和有效期等）是否满足招标文件的要求等。

2）响应性评定主要是指响应性投标文件是遵从招标文件的所有项目、条款和技术规范，而无实质性偏离和保留的投标文件。实质性偏离或保留是指：

① 以任何方式对工程范围、质量或实施造成影响；

② 与招标文件规定相悖；

③ 对合同中规定招标人的权利或投标人义务的实施产生限制；

④ 纠正这种偏离或保留，又会不公平地影响提出响应性投标的其他投标人的竞争地位。

如果投标文件对招标文件有实质性偏离或保留时，招标人有权拒绝其投标。

（3）法律手续和企业信誉是否满足要求。核查投标人所在国和所在地是否有经注册的实体公司。国内投标人应有注册证明和企业资质等级的证明；国外投标人要有所在国的注册证明和我国驻外使馆经济参赞处的证明，证明其是否是合法的开业公司；同时该公司的法人对投标人应按招标文件规定给予授权，并应由公证机关证明；企业信誉主要从投标人所报资料和实地调查资料来评定，包括评定已实施合同的执行情况，发包人是否满意，有无中止过合同及有无被投诉或被诉讼等方面的记录。

（4）财务能力。利用以下各指标进行综合分析，评定投标人的财务实力。如果资格预审阶段详细评定了，则该阶段只核查是否有变化，只对财务状况变化的投标人再评审。

1）用企业的年生产能力（年完成本工程计划资金量与平均每年完成工程的总值比率）分析承担本工程的履约能力；

2）用预计合同范围（年完成本工程计划资金量与净流动资产比率）指标衡量投标人是否有足够的营运资本来履行本合同能力；

3）用长期平衡系数（年完成本工程计划资金量与净资产比率）指标衡量投标人目前自有资产对承包本合同工程的保证程度；

4）用债务比率和收益与利息比率衡量企业还债能力和举债经营的限度；

5）用速动比率（速动资产总额与流动负债总额比率）指标测定企业迅速偿还流动债务能力；

6）用销售利润率（净收益与销售收入比率）与资产利润率（净资产与平均资产总额比率）指标衡量企业获利能力；

7）用银行提供的资信证明，了解投标人在金融界的信誉及银行对投标人所持的态度。

（5）评定施工方法的可行性和施工布置的合理性。以工程师编制的施工规划，评定各投标人选用的施工方法是否可行，施工布置是否合理，适应工程实际的情况，应变能力是否强等，并比较其优缺点，提出存在的问题，以便进一步地澄清。

（6）施工能力和经验的比较。对各投标人拟派驻现场的项目经理、总工程师、高级专业工程师、施工工程师和经济师等主要管理人员资历、经验和语言能力等进行评价；对现场管理机构的设置进行评价；对实施本工程项目投入现有施工设备、拟新购施工设备和租用施工设备等的名称、规格、型号、产地、容量、新旧程度和价值、数量及出厂日期等进行评价；对与本工程相类似的已建成、在建或已承诺的工程项目的状况进行评价。通过上述评价，评定各投标人是否有能力和经验完成本工程项目，评价其适应和应变能力。

（7）评价保证工程进度、质量和安全等措施的可靠性。从施工进度安排上看，由于各投标人采用的施工方法和布置不同，施工强度有较大差别。对于所安排劳动强度低的投标人，应变能力强，可靠性高，反之则低。

（8）评价投标报价的合理性。投标人的投标报价经算术错误纠正之后，以招标人核定的标底、招标控制价或成本价为依据，分别评价投标人的投标报价。特别要以工程量清单中各主要项目的投标单价对比相应项目的标底单价。从工程师编制的施工规划与投标人编制的施工组织设计中，评价高低差的合理性。如果主要项目单价差过大且不合理，某投标人的投标价格明显低于其他投标报价（建议采用低于投标报价平均值的30％考核）或者其投标报价低于成本价（是指招标人标底的成本价，即工程师编制的工程师概算减去利润和风险费用）时，招标人有权不接受这样的投标，或者要求该投标人做出书面说明并提供相关证明材料；投标人不能合理说明或者不能提供相关材料的，由评标委员会认定该投标人以低于成本报价竞标，其投标应予以否决。

上述评价内容主要是为评定投标人是否能够满足招标文件的实质性要求。如果不能满足实质性要求，则应淘汰其投标；如果满足实质性要求，再按第（8）条评价投标人投标价格的合理性。如果投标价格合理，且不低于成本价时，这些投标人都是符合要求的初选投标人；再按投标价格大小顺序排队，选择较低的3～5家投标人进入详细评审。

2. 澄清、说明或补正

本阶段的任务是对进入终评的投标文件中存在的问题进行澄清。

（1）将所有投标文件存在的问题以书面方式分别发给各投标人，并要求按规定的时间以书面方式做出澄清答复，包括对投标价格错误的算术修正。

（2）在此基础上，召开投标人澄清会议，分别进行招标人和各投标人面对面的澄清。

3. 详细评审（终评）

澄清会议结束后，即开始详细评审。详细评审是评标的核心，是对经初步评审有竞争优势的投标人，进一步详细全面评审和比较，包括技术评审和商务详细评审，从中确定中标候选人。只有在初评中确定为基本合格的投标，才有资格进入详细评定和比较阶段。具体的评标方法取决于招标文件中的规定，并按评标价的高低，由低到高，评定出各投标的排列次序。主要从以下几个方面评审：

（1）进行投标人的资格后审。该阶段还应继续核查投标人的资质、施工企业的信誉和财务状况。如资格条件有实质性的改变时，招标人有权取消其投标资格。

（2）进一步评价投标人是否能够满足招标文件实质性要求。在初步评审和澄清的基础上，进一步核查施工方法、施工布置、施工能力和经验、施工进度、确保工程质量和安全措施等。如有实质性的改变，已不能满足招标文件实质性要求时，招标人也有权取消其该阶段的投标人资格。

（3）上述两条评比中如有投标人被取消投标资格，且剩余的投标人数量不足三家时，应从初选的投标人中补进。补进的条件是能够满足招标文件实质性要求，且投标价格最低。

（4）计算经评审的投标价格（或称评标价）。对仍然能够满足招标文件实质性要求的投标人，进行经评审的投标价格计算，计算因素是在投标人须知中已载明的，其主要方面有：

1）改正投标价格的算术错误；

2）扣除投标价格的备用金；

3）如涉外工程时，将投标价格转换为单一货币（以基准日或开标日的官方汇率折算），以资比较；

4）招标人认为可接受的非实质性偏离和保留，并以量化的货币值，加到投标报价之中；

5）投标人的投标可使招标人产生费用变化时，计算随时间（一般以月为单位）可定量变化的货币，即投资计划——纯现金流量。如果全部从银行贷款时，按年贴现率折成应交利息现值，加到投标人的投标报价中，以资比较。

上述投标人的经评审的最低投标价格是为评标使用的价格，不是项目合同执行时合同价格，合同价格应是招标人接受投标人的中标价格，中标价格才是实际支付工程价款的依据。经评审的投标价格（评标价）最低是招标人获得的最为经济的投标，而投标价格最低并不一定是最为经济的投标。另外，如果允许投标人可同时投多个标时，投标人各标经评审投标价格的总和低于各标的最低经评审投标价格的总和，才能成为中标人。

按《评标委员会和评标方法暂行规定》的第三十九条规定："对于划分有多个单项合同的招标项目，招标文件允许投标人为获得整个项目合同而提出优惠的，评标委员会可以对投标人提出的优惠进行审查，以决定是否将招标项目作为一个整个合同授予中标人。将招标项目作为一个整体合同授予的，整体合同中标人的投标应当最有利于招标人。"

整体（或多个）合同中标人的投标应当最有利于招标人，是指投标人对整体或多个合同的投标提出的经评审的总投标价格，此价格应低于由不同投标人分别提出的各合同最低经评审的投标价格的总和。

4. 推荐中标候选人

通过上述评审和计算经评审的投标价格，对能够满足招标文件实质性要求的投标人，以经评审的投标价格高低排队，经评审的投标价格最低的投标人为推荐的中标候选人，经评审的投标价格次低（第二名）的投标人为后补中标候选人。当评标出现投标报价高于投标控制价时，应废除投标人的投标。

案例2-3-5

某工程项目依法必须进行招标，招标人在投标截止时间前接收了4家投标人递交的投标文件，随后组织开标。招标人首先组织其工作人员查验投标人的营业执照、资质证书、安全生产证书以及项目经理、项目总工程师、质检员、安全员、材料员、资料员等证书原件，发现1家潜在投标人未携带安全员身份证，还有1家潜在投标人未携带质检员证书原件，于是宣布这2家投标人未通过资格审查，不能参加开标。由于仅剩下2家潜在投标人通过资格审查，招标少于3家，未达到法定投标人数，招标人宣布招标失败，并告知投标人将择日重新招标。

案例分析：招标人宣布本次招标失败，择日重新招标是否合法？答案是否定的！本案关键在于招标人在开标过程中组织的资格审查属于资格预审还是资格后审。如果是资格预审，则投标人数未达到法定人数时不得开标，须重新招标；但如果是资格后审，则招标人的做法就违反了法律规定，因为资格后审由评标委员在初步评审过程中，对投标人的资格进行审查。本案资格审查的时间发生在开标过程中，即投标已经截止，属于资格后审范畴，不应是组织工作人员进行资格后审，按法律规定应由评标委员会对投标人进行资格后审。同时，招标人也不能宣布招标失败、择日重新招标，因为这种行为属于违法擅自终止招标。《招标投标法》第四十二条规定："评标委员会经评审，认为所有投标都不符合招标文件要求的，可以否决所有投标。依法必须进行招标的项目的所有投标被否决的，招标人应当依照本法重新招标。"依据《招标投标法》的规定，本案正确的做法是，组织4家潜在投标人开标，然后组建评标委员会，由评标委员会按照招标文件中规定的评标标准和方法，对潜在投标人进行资格后审。只有当所有投标都不符合招标文件要求时，评标委员会才能否决所有投标，招标人据此组织重新招标。

（六）评标报告

《房屋建筑和市政基础设施工程施工招标投标管理办法》第四十一条规定："评标委员会完成评标后，应当向招标人提出书面评标报告，阐明评标委员会对各投标文件的评审和比较意见，并按照招标文件中规定的评标方法，推荐不超过3名有排序的合格的中标候选人。"

评标委员会完成评标后，以多数成员的意见，向招标人提出书面评标报告。评标报告是评标委员会经过对各投标书评审后向招标人提出的结论性报告，作为定标的主要依据，这是评标委员会提交给招标人的重要文件。在评标报告中不仅要推荐中标候选人，而且要说明这种推荐的具体理由。所以此报告是招标人定标的重要依据，一般应包括以下的主要内容：

1. 开标的时间和地点、开标会议召开情况的总结；

2. 投标人投标价格情况，以及修正后按投标价格的排序；

3. 评标的方法、内容和标准，以及授标条件的具体规定；

4. 评标机构和组织的组建情况；

5. 具体评标过程和具体情况总结，说明作废的投标情况；

6. 经评审的投标价格的计算成果；

7. 对满足评标标准的投标人经评审的投标价格排序；

8. 推荐中标候选人与选定的原因；

9. 在合同签订前谈判时需解决和澄清的问题；

10. 附件：

（1）评标委员会成员名单和签字表；

（2）资格后审情况表；

（3）进入详细评审的投标人投标价格与标底的对比表；

（4）对投标人的算术错误修正前与投标人协商的备忘录（有双方签字）；

（5）书面澄清和澄清会议的备忘录或纪要；

（6）个别评标委员会成员对推荐中标候选人有异议的申诉备忘录（有本人签字）。

评标委员会成员均应在评标报告上签字和确认，如果个别成员对推荐的中标候选人有异议，可将个人意见写成备忘录附在评标报告后面。评标报告提交给招标人后，评标工作结束。

六、确定中标人与发出中标通知书

（一）确定中标人

1. 确定中标人的法律、行政法规规定

2-8

定标、签订
合同阶段

（1）《招标投标法》第四十条规定："招标人根据评标委员会提出的书面评标报告和推荐的中标候选人确定中标人。招标人也可以授权评标委员会直接确定中标人。"

（2）《房屋建筑和市政基础设施工程施工招标投标管理办法》第四十一条规定："使用国有资金投资或者国家融资的工程项目，招标人应当按照中标候选人的排序确定中标人。当确定中标的中标候选人放弃中标或者因不可抗力提出不能履行合同的，招标人可以依序确定其他中标候选人为中标人。"第四十三条规定："招标人应当在投标有效期截止时限30日前确定中标人。投标有效期应当在招标文件中载明。"

（3）《中华人民共和国招标投标法实施条例》第五十四条规定："依法必须进行招标的

项目，招标人应当自收到评标报告之日起 3 日内公示中标候选人，公示期不得少于 3 日。"

2. 确定中标人应注意事项

（1）《招标投标法》第四十一条规定："中标人的投标应当符合下列条件之一：

1）能够最大限度地满足招标文件中规定的各项综合评价标准；

2）能够满足招标文件的实质性要求，并且经评审的投标价格最低；但是投标价格低于成本的除外。"

第 1）种情况是采用综合评估法或经评审的最低投标价法进行比较后，最佳标书的投标人应为中标人；第 2）种情况适用于招标工作属于一般投标人均可完成的小型工程施工、采购通用的材料，以及购买技术指标固定、性能基本相同的定型生产的中小型设备等招标，对满足基本条件的投标书主要进行投标价格的比较。

（2）确定中标人前，招标人不得与投标人就投标价格、投标方案等实质性内容进行谈判。招标人应根据评标委员会提出的评标报告和推荐的中标候选人确定中标人，也可以授权评标委员会直接确定中标人。

（3）若评标委员会违反《招标投标法》等法律法规，以及未按招标文件规定的评标方法、内容、标准和中标条件确定中标候选人时，招标人可以否定中标候选人，由招标人直接确定中标人。如果是涉外工程，还应将评标结果提交给由有关主管部门组成的评标领导小组批准，然后再报贷款单位或提供资金单位备案，全无异议后才可确定中标人。

（4）《房屋建筑和市政基础设施工程施工招标投标管理办法》第四十四条规定："依法必须进行施工招标的工程，招标人应当自确定中标人之日起 15 日内，向工程所在地的县级以上地方人民政府建设行政主管部门提交施工招标投标情况的书面报告。书面报告应当包括下列内容：

1）施工招标投标的基本情况，包括施工招标范围、施工招标方式、资格审查、开评标过程和确定中标人的方式及理由等。

2）相关的文件资料，包括招标公告或者投标邀请书、投标报名表、资格预审文件、招标文件、评标委员会的评标报告（设有标底的，应当附标底）、中标人的投标文件。委托工程招标代理的，还应当附工程施工招标代理委托合同。

前款第二项中已按照本办法的规定办理了备案的文件资料，不再重复提交。"

（二）发出中标通知书

《招标投标法》第四十五条规定："中标人确定后，招标人应当向中标人发出中标通知书，并同时将中标结果通知所有未中标的投标人。中标通知书对招标人和中标人具有法律效力。中标通知书发出后，招标人改变中标结果的，或者中标人放弃中标项目的，应当依法承担法律责任。"

《中华人民共和国招标投标法实施条例》第五十五条规定："排名第一的中标候选人放弃中标、因不可抗力不能履行合同、不按照招标文件要求提交履约保证金，或者被查实存在影响中标结果的违法行为等情形，不符合中标条件的，招标人可以按照评标委员会提出的中标候选人名单排序依次确定其他中标候选人为中标人，也可以重新招标。"

七、签订工程施工合同和发出开工通知

中标通知书发出之后，招标代理机构或工程师（监理）单位应完成合同文件的编制工

作，即把招标文件、投标人质疑的答复、招标文件的修改和补遗、投标文件、澄清文件、签订合同前谈判的备忘录和协议书等，按文件的先后顺序编制。

（一）签订工程施工合同

《房屋建筑和市政基础设施工程施工招标投标管理办法》第四十六条规定："招标人和中标人应当自中标通知书发出之日起 30 日内，按照招标文件和中标人的投标文件订立书面合同；招标人和中标人不得再行订立背离合同实质性内容的其他协议。中标人不与招标人订立合同的，投标保证金不予退还并取消其中标资格，给招标人造成的损失超过投标保证金数额的，应当对超过部分予以赔偿；没有提交投标保证金的，应当对招标人的损失承担赔偿责任。招标人无正当理由不与中标人签订合同，给中标人造成损失的，招标人应当给予赔偿。"

在签订合同之前，根据《房屋建筑和市政基础设施工程施工招标投标管理办法》第四十七条规定："招标文件要求中标人提交履约担保的，中标人应当提交。招标人应当同时向中标人提供工程款支付担保。"

在签订合同前的谈判中不得对招标文件和投标文件作实质性修改（指投标价格和投标方案），招标人不得向中标人提出任何不合理要求作为订立合同的条件，也不得订立背离合同实质性内容的协议，更不能强迫投标人降低报价或提出优惠和回扣条件。

《工程建设项目施工招标投标办法》第六十三条规定："招标人最迟应当在与中标人签订合同后五日内，向中标人和未中标的投标人退还投标保证金及银行同期存款利息。"

（二）发出开工通知

合同签订之后一定时间（一般为 14 天）内，由工程师发布开工通知，按其指定日期（一般为发布开工日期后 7 天）开工，以后按日历天数计算工期。承包人可在接到开工通知后进场做施工准备，履行招标项目的承包合同，至此招标工作结束。

复习思考题

1. 现场踏勘的目的和内容是什么？如何组织潜在投标人进行现场踏勘和召开标前会议？

2. 招标文件修订和补遗的时间怎样安排？

3. 国家法律法规对开标的时间和地点有何规定？

4. 国家法律法规对无效投标文件有何规定？

5. 开标的程序和开标有哪些要求？开标应注意哪些事项？

6. 如何组建评标委员会？评标委员会人员数量及组成有何要求？

7. 评标应遵循哪些原则？

8. 评标方法有哪几种？各评标方法的概念、适用范围及评标要求分别是什么？

9. 评标标准主要有哪几种？非价格标准的内容有哪些？

10. 评标程序包括哪些内容？各个阶段评审的主要内容有哪些？

11. 初步评审要完成的任务是什么？

12. 详细评审最终要达到的结果是什么？

13. 评标报告包括的主要内容有哪些？

14. 国家法律法规对确定中标人有何规定？确定中标人应注意哪些事项？

15. 确定中标人后，何时发中标通知书？

16. 中标通知书发出后，招标人和中标人何时订立建设工程合同？

17. 建设工程合同签订后，招标人何时退还中标人和未中标人的投标保证金及银行同期存款利息？

18. 建设工程合同签订后，工程师（监理）何时发布开工通知？

项目3

建设工程施工投标组织

Project **03**

任务 3.1　建设工程施工投标准备工作

引导问题

1. 投标人应具备什么条件方能投标？
2. 国家法律法规对建设工程投标有何禁止性规定？
3. 建设工程施工投标应遵循哪些程序？
4. 在投标前期主要做哪些工作？
5. 如何编制投标资格预审申请文件？

工作任务

主要介绍投标人应具备的条件、国家法律法规对投标的禁止性规定、建设工程施工投标程序、建设工程投标前期工作、编制投标资格预审申请文件等内容。

本工作任务要了解施工投标准备工作的主要内容、投标人应具备的条件；明确国家法律法规对投标的禁止性规定及工程施工投标的程序；掌握投标资格预审申请文件的内容，并能完成投标资格预审申请文件编制。

学习参考资料

1. 《中华人民共和国招标投标法》；
2. 《工程建设项目施工招标投标办法》（九部委〔2013〕23 号令）；
3. 《房屋建筑和市政基础设施工程施工招标投标管理办法》（住房和城乡建设委员会令第 47 号）；
4. 《房屋建筑和市政工程标准施工招标资格预审文件》（2010 年版）；
5. 其他有关参考资料。

一、投标人应具备的条件

参加投标活动对投标人有一定的要求，不是所有感兴趣的法人或其他组织都可以参加投标。投标人必须按照招标文件的要求，具有承包建设能力或货物供应能力，这里的能力是指完成合同所应当具备的人力、财力和经验业绩等。

（一）国家法律法规对投标人有关规定

1.《招标投标法》第二十六条规定："投标人应当具备承担招标项目的能力；国家有关规定对投标人资格条件或者招标文件对投标人资格条件有规定的，投标人应当具备规定的资格条件。"

2.《工程建设项目施工招标投标办法》第二十条规定："资格审查应主要审查潜在投标人或者投标人是否符合下列条件：

（1）具有独立订立合同的权利；

（2）具有履行合同的能力，包括专业、技术资格和能力，资金、设备和其他物质设施状况，管理能力，经验、信誉和相应的从业人员；

（3）没有处于被责令停业，投标资格被取消，财产被接管、冻结，破产状态；

（4）在最近三年内没有骗取中标和严重违约及重大工程质量问题；

（5）国家规定的其他资格条件。"

3.《房屋建筑和市政基础设施工程施工招标投标管理办法》第二十二条规定："投标人应当具备相应的施工企业资质，并在工程业绩、技术能力、项目经理资格条件、财务状况等方面满足招标文件提出的要求。"

（二）投标人应具备的条件

招标公告或招标邀请书发出后，会出现有兴趣并且准备投标的人，但是并非任何人都可以参与竞争投标。根据国家法律法规的规定，结合招标工程项目本身要求，在招标文件或资格预审文件中，对投标人的资格条件从资质、业绩、能力、财务状况等方面作出规定，并依此对潜在投标人进行资格审查。投标人必须满足这些要求，才有资格成为合格投标人；否则，招标人有权拒绝其参与投标。投标人应具备如下条件：

1. 具有招标文件要求的资质证书，是独立的法人实体，有独立订立合同的权利；

2. 具有履行合同的能力，包括与招标文件要求相适应的专业、技术资格和能力，资金、设备和其他物质设施状况，施工管理能力，工作经验和社会信誉；

3. 承担过类似建设项目的相关工作，并有良好的工作业绩（业绩证明）和履约记录；

4. 财务状况良好，没有投标资格被取消，处于财产被接管、冻结、破产或其他关、停、并、转状态；

5. 最近三年内没有与骗取合同有关，以及其他经济方面的严重违法行为；

6. 近几年（三年或五年）有较好的安全记录，投标当年内没有发生重大质量和特大安全事故；

7. 法律、行政法规规定的其他条件。

（三）投标人资格有关要求

1. 按国家有关规定要求，承包建设项目的单位应当在资质等级许可的范围内承揽工程，禁止超越本企业资质等级许可的业务范围或者以其他企业的名义承揽建设项目。因此，参加投标项目必须是投标人的营业执照中经营范围所允许的，并且投标人要具备与招标文件规定相适应的资质等级。

2. 法律对投标人的资格条件作出规定，对保证招标项目的质量、维护招标人的利益乃至国家和社会公共利益，都是很有必要的。不具备相应的资格条件的承包商、供应商，不能参加有关的招标项目的投标。

3. 招标人应按照《招标投标法》和国家有关规定及招标文件的要求，对投标人进行必要的资格审查，不具备规定的资格条件的，不能参与投标。

二、国家法律法规对投标的禁止性规定

（一）相互串通投标

串通投标是指投标人与投标人之间，或者投标人与招标人之间私下串通，为实现其内定中标人而违反公开、公平、公正和诚实信用原则的相互勾结行为。招标采购制度是基于市场的基础性调节作用，通过投标人间的竞争实现资源优化配置，进而保护国家利益、社会公共利益和当事人的合法权益，提高经济效益，保证投资项目质量的一种制度。因此，串通投标行为与招标采购制度宗旨相违背，是一种违法行为。

1. 投标人与投标人之间串通投标

（1）《招标投标法》第三十二条和《房屋建筑和市政基础设施工程施工招标投标管理办法》第三十条第一款规定："投标人不得相互串通投标报价，不得排挤其他投标人的公平竞争，损害招标人或者其他投标人的合法权益。"

（2）《工程建设项目施工招标投标办法》第四十六条规定："下列行为均属投标人串通投标报价：

1）投标人之间相互约定抬高或压低投标报价；

2）投标人之间相互约定，在招标项目中分别以高、中、低价位报价；

3）投标人之间先进行内部竞价，内定中标人，然后再参加投标；

4）投标人之间其他串通投标报价的行为。"

（3）《中华人民共和国招标投标法实施条例》中有规定如下：

1）第三十九条规定："有下列情形之一的，属于投标人相互串通投标：

① 投标人之间协商投标报价等投标文件的实质性内容；

② 投标人之间约定中标人；

③ 投标人之间约定部分投标人放弃投标或者中标；

④ 属于同一集团、协会、商会等组织成员的投标人按照该组织要求协同投标；

⑤ 投标人之间为谋取中标或者排斥特定投标人而采取的其他联合行动。"

2）第四十条规定："有下列情形之一的，视为投标人相互串通投标：

① 不同投标人的投标文件由同一单位或者个人编制；

② 不同投标人委托同一单位或者个人办理投标事宜；

③ 不同投标人的投标文件载明的项目管理成员为同一人；

④ 不同投标人的投标文件异常一致或者投标报价呈规律性差异；

⑤ 不同投标人的投标文件相互混装；

⑥ 不同投标人的投标保证金从同一单位或者个人的账户转出。"

2. 投标人与招标人之间串通投标

（1）《招标投标法》第三十二条和《房屋建筑和市政基础设施工程施工招标投标管理办法》第三十条第二款规定："投标人不得与招标人串通投标，损害国家利益、社会公共利益或者他人的合法权益。"

（2）《工程建设项目施工招标投标办法》第四十七条规定："下列行为均属招标人与投标人串通投标：

1）招标人在开标前开启投标文件并将有关信息泄露给其他投标人，或者授意投标人撤换、修改投标文件；

2）招标人向投标人泄露标底、评标委员会成员等信息；

3）招标人明示或者暗示投标人压低或抬高投标报价；

4）招标人明示或者暗示投标人为特定投标人中标提供方便；

5）招标人与投标人为谋求特定中标人中标而采取的其他串通行为。"

（3）《中华人民共和国招标投标法实施条例》第四十一条规定："禁止招标人与投标人串通投标。有下列情形之一的，属于招标人与投标人串通投标：

1）招标人在开标前开启投标文件并将有关信息泄露给其他投标人；

2）招标人直接或者间接向投标人泄露标底、评标委员会成员等信息；

3）招标人明示或者暗示投标人压低或者抬高投标报价；

4）招标人授意投标人撤换、修改投标文件；

5）招标人明示或者暗示投标人为特定投标人中标提供方便；

6）招标人与投标人为谋求特定投标人中标而采取的其他串通行为。"

（二）投标人以行贿的手段谋取中标

1. 《招标投标法》第三十二条和《房屋建筑和市政基础设施工程施工招标投标管理办法》第三十条第三款规定："禁止投标人以向招标人或者评标委员会成员行贿的手段谋取中标。"

2. 《工程建设项目施工招标投标办法》第四十八条规定："投标人不得以他人名义投标。前款所称以他人名义投标，指投标人挂靠其他施工单位，或从其他单位通过受让或租借的方式获取资格或资质证书，或者由其他单位及其法定代表人在自己编制的投标文件上加盖印章和签字等行为。"

投标人以行贿的手段谋取中标是违背《招标投标法》基本原则的行为，对其他投标人是不公平的。投标人以行贿手段谋取中标的法律后果是中标无效，有关责任人和单位应当承担相应的行政责任或刑事责任，给他人造成损失的，还应当承担民事赔偿责任。

（三）投标人以低于成本的报价竞标

《招标投标法》第三十三条和《房屋建筑和市政基础设施工程施工招标投标管理办法》第三十一条规定："投标人不得以低于其企业成本的报价竞标，不得以他人名义投标或者以其他方式弄虚作假，骗取中标。"

投标报价低于成本是指投标报价低于投标人的个别成本而不是社会平均成本。投标人的报价一般由成本、利润和税金三部分组成，当报价为成本价时，企业利润为零。投标人报价低于成本，即报价低于其完成招标项目所必需的成本支出行为，其目的主要是为了排挤其他对手。这种行为易导致中标人履行合同过程中偷工减料、以次充好，或者拿中标项目要挟招标人额外增加费用，致使招标项目质量无保证。投标报价低于成本属于恶意竞争行为，违反了公开、公平、公正和诚实信用的招标投标原则，有害于社会主义市场经济体制建设。因此，投标人以低于成本的报价竞标的手段是法律所不允许的。

评标过程中发现投标人的报价明显低于其他投标报价，或者在设有标底时其投标报价明显低于标底，使得其投标报价有可能低于其个别成本的，评标委员会应要求该投标人作出书面说明并提供相关证明材料，以证明其投标报价不低于其成本，投标人不能合理说明或者不能提供相关证明材料的，评标委员会认定该投标人以低于成本报价竞标，并对其投标予以否决。

（四）投标人以非法手段骗取中标

1.《招标投标法》第三十三条和《房屋建筑和市政基础设施工程施工招标投标管理办法》第三十一条规定："投标人不得以低于其企业成本的报价竞标，不得以他人名义投标或者以其他方式弄虚作假，骗取中标。"

在工程实践中，投标人以非法手段骗取中标的现象大量存在，主要表现在如下几方面：

（1）非法挂靠或借用其他企业的资质证书参加投标；

（2）投标文件中故意在商务上和技术上采用模糊的语言骗取中标，中标后提供低档劣质货物、工程或服务；

（3）投标时递交虚假业绩证明、资格文件；

（4）假冒法定代表人签名，私刻公章，递交假的委托书等。

2.《中华人民共和国招标投标法实施条例》第四十二条规定："投标人有下列情形之一的，属于招标投标法第三十三条规定的以其他方式弄虚作假的行为：

（1）使用伪造、变造的许可证件；

（2）提供虚假的财务状况或者业绩；

（3）提供虚假的项目负责人或者主要技术人员简历、劳动关系证明；

（4）提供虚假的信用状况；

（5）其他弄虚作假的行为。"

 案例3-1-1

　　某工程项目是2024年市重点工程，计划投资8500万元。招标公告发布后，共有7家企业购买招标文件，并在投标截止时间前递交了投标文件。该项目于2024年2月25日上午9：00开标，2024年2月25日上午10：00开始评标，最后评标委员依次推荐A、B、F投标人为中标候选人。评标结果公示期间，投标人E、G向招标人提出了异议且不接受招标人答复结果，于是在规定时间内以书面形式向当地行政监督部门投诉。

　　当地行政监督部门组成了调查组，组织有关人员对3家投标人A、B、F的投标文件进行了详细审查，经确认：首先，A投标人项目经理王某的一级建造师资格证书为伪造；其次，查实了投标人A、B、F的商务标文件中存在11处明显的同错、同漏和雷同问题；最后，发现3家投标人的保证金来源于同一个财务账号。据此，行政监督部门依法判处了投标人A、B、F在本项目投标中串通投标，取消了3家投标人的中标资格，处以两年内不得在本市投标的处罚，并依法对3家投标人和主要责任人员做出了罚款决定。同时，行政监督部门责令招标人重新招标。

三、建设工程施工投标程序

工程施工投标分为准备阶段、投标阶段和投标后期阶段三个阶段。

（一）准备阶段

1. 了解招标信息，选择投标对象。建筑企业根据招标广告或招标通告，分析招标工程的条件，再依据自己的能力，选择投标工程。

2. 申请投标。按招标广告、通告的规定向招标单位提出投标申请，提交有关的资料。

3. 接受招标单位的资格审查。

4. 通过资格预审的投标人购买招标文件及有关资料。

5. 研究招标文件。研究工程条件、工程施工范围、工程量、工期、质量要求及合同主要条款等，弄清承包责任和报价范围，模糊不清或把握不准之处，应做好记录，在答疑会上澄清。

6. 参加现场勘察，调查投标环境，并就招标中的问题向招标人提出质疑。

（二）投标阶段

1. 确定投标策略，编制投标书。

2. 在规定的时间内，向招标人报送标书。

3. 参加开标会议。

4. 等待评标、定标。

（三）投标后期阶段

在此阶段，中标人与招标人签订承包合同及确定相应的后期工作；办理、提交支付担保和履约担保，取回中标人及未中标人的投标保证金；投标人还要配合招标人办理合同备案等。

四、建设工程投标前期工作

投标前期工作包括获取投标信息与前期投标决策，即从众多市场招标信息中确定选取哪个（些）项目作为投标对象。在此要注意以下四个方面：

3-2

投标准备工作

（一）确定招标信息可靠性

参加投标的企业，在决定投标对象时，必须认真分析验证所获信息的真实可靠性。可以通过调查了解，证实其招标项目确实已立项批准和资金落实，并符合招标条件。

（二）工程业主调查分析

对业主调查了解主要是确切地落实其资金来源是否得到保证和项目进度款支付的可靠性。如果招标的项目是政府出资或筹资的项目，应当了解其所需资金是否已经列入国家批准的预算；如果该项目的开支未列入预算，则该项目的开支将难以保证。

对私营企业的工程项目，首先要核查业主的资信，了解其筹资情况。

无论是公私合营还是私营股份合资招标的项目，事先都需要详细调查其背景和筹资情况，以及各方的资信。对合营公司招标的项目轻易决策参加投标，往往容易带来后患。

（三）竞争对手调查

对竞争对手公司进行调查也是投标准备工作的一个重要内容。应通过各种调查手段核实哪些公司确实将参加竞争。当然这种核实要准确，不要出现错误，因为有些公司会在投标前，故意制造一些不拟投标的假象迷惑竞争对手，然后"突然袭击"参加投标，使竞争对手措手不及。当摸清情况后，即可对所有预投标的公司进行筛选，有重点地进行调查。调查中，除公司一般情况外，还应调查如下内容：

1. 该公司的能力和过去几年内其工程承包实绩，包括已完成和正在实施的项目的情况。

2. 该公司的主要特点，包括其突出的优点和明显的弱点。

3. 该公司手头项目情况，对此项目得标的迫切程度如何。以便分析得出这些公司的投标决心以及他们的优势和劣势，从中找出投标时制胜的"切入点"，制定合理的投标策略。

（四）成立投标工作机构

如果已经核实了信息，证明某项目的业主资信可靠，没有资金不到位及拖欠工程款的风险，则施工企业可做出参与该项目投标的决定。为了确保在投标竞争中获胜，施工企业必须精心挑选精干且富有经验的人员组成投标工作机构。该工作机构应能及时掌握市场动态，了解价格行情，能基本判断拟投标项目的竞争态势；注意收集和积累有关资料，熟悉工程招标投标的基本程序，认真研究招标文件和图纸；善于运用竞争策略，能针对具体项目的各种特点制定出恰当的投标报价策略，至少应使其报价进入预选圈内。投标工作机构通常应由以下人员组成：

1. 决策人通常由部门经理或副经理担任，亦可由总经济师负责。

2. 技术负责人可由总工程师或主任工程师担任，其主要责任是制定施工方案和各项技术措施。拟担任该项目施工的项目经理必须参加投标工作。

3. 投标报价人员由经营部门的主管技术人员、造价师、造价员等负责。

此外，物资供应、财务计划等部门也应积极配合，特别是在提供价格行情、工资标准费用开支及有关成本费用等方面给予大力协助。投标机构的人员应精干、富有经验且受过良好培训，有娴熟的投标技巧和较强的应变能力。这些人应渠道广、信息灵、工作认真、纪律性强。投标机构的人员不宜过多，特别是后决策阶段，参与的人数应严格控制，以确保投标报价的机密。

五、编制投标资格预审申请文件

（一）熟悉投标资格预审文件

结合招标项目的概况熟悉以下内容：

1. 清楚招标项目的资金来源、额度和采购范围；

2. 招标项目的规模、数量、性质和特点；

3. 项目分标及各标段的关系；

4. 合同概况。采用何种合同范本、款项支付、工期约定、质量标准、风险及争议处理；

5. 资质和资格的具体要求；

6. 注意资格预审文件中标明的评审合格的内容；

7. 所填报表格内容。

（二）投标资格预审申请文件的内容

1. 资格预审申请文件封面；

2. 资格预审申请函；

3. 法定代表人身份证明、授权委托书；

4. 联合体协议书；

5. 申请人基本情况表；

6. 近年财务状况表；

7. 近年完成的类似项目情况表；

8. 正在施工的和新承接的项目情况表；

9. 近年发生的诉讼及仲裁情况；

10. 其他材料：

（1）其他企业信誉情况表（年份同诉讼及仲裁情况年份要求）；

（2）拟投入主要施工机械设备情况表；

（3）拟投入项目管理人员情况表；

（4）其他。

（三）投标资格预审申请文件的格式及编制要求

根据《房屋建筑和市政工程标准施工招标资格预审文件》（2010 年版）的要求，投标资格预审申请文件的格式，可按附式 1～附式 8 和表 3-1-1～表 3-1-13 进行编写，如有必要，可以增加附式，并作为资格预审申请文件的组成部分。对于符合规定接受联合体资格预审申请的，本附式 1～附式 8 和表 3-1-1～表 3-1-13 规定的表格和资料应包括联合体各方相关情况。

1. 资格预审申请文件封面

投标资格预审申请文件的封面按附式 1 格式编制。

2. 资格预审申请函

"资格预审申请函" 按附式 2 格式编制。

3. 法定代表人身份证明及授权委托书

"法定代表人身份证明" 按附式 3 格式编制；"授权委托书"（见附式 4）必须由法定代表人签署。

4. 联合体协议书

如果投标人为联合体时，必须报 "联合体协议书"，其格式按附式 5 编制。注明联合体协议中的各自责任划分、连带责任和责任方名称。另外联合体各方都应单独提出上述各自资格资料。

5. 申请人基本情况表

"申请人基本情况表"（见表 3-1-1）应附申请人营业执照副本及其年检合格的证明材料、资质证书副本和安全生产许可证等材料的复印件。

6. 近年财务状况表

"近年财务状况表"应按附式 6 和表 3-1-2～表 3-1-4 编制。

（1）近年财务状况按招标人的要求填报本企业近 2～4 年的财务状况，包括注册资金、使用资金、总资金、流动资金、总负债、流动负债、年平均完成的投资额、在建项目的总投资额、未完项目的年投资额、本企业最大的施工能力、年度营业额、为本项目提供营运资金等，以及相应报表和证明材料，包括近期财务预算表、损益表、资产负债表和其他财务资料表、银行信贷证明（信用证）、审计部门的审计报告、公证部门的公证材料等。

（2）应附经会计师事务所或审计机构审计的财务会计报表，包括资产负债表、现金流量表、利润表和财务情况说明书的复印件。

（3）对于"近年财务状况表"中的近年损益表、近年利润表、近年现金流量表、财务状况说明书，其样式由投标人自行设计。

7. 近年完成的类似项目情况表

类似项目（也称同类工程）是指与招标项目在结构形式、使用功能、建设规模相同或相近的项目；如无类似项目，则指能证明申请人具备完成招标项目能力的项目。对类似项目的定义和具体要求，由招标人载明。

"近年完成的类似项目情况表"的格式按表 3-1-5 编制。并应附中标通知书和合同协议书、工程竣工验收备案登记表复印件，具体年份要求按招标文件规定执行。每张表格只填写一个项目，并标明序号。

8. 正在施工的和新承接的项目情况表

"正在施工和新承接的项目情况表"的格式按表 3-1-6 编制。须附合同协议书或中标通知书复印件。每张表格只填写一个项目，并标明序号。

9. 近年发生的诉讼和仲裁情况

"近年发生的诉讼和仲裁情况"的格式按表 3-1-7 编制。对于近年发生的诉讼及仲裁情况应说明相关情况，并附法院或仲裁机构作出的判决、裁决等有关法律文书复印件。

10. 其他材料

其他材料主要包括：其他企业信誉情况（年份同诉讼及仲裁情况年份要求，包括近年不良行为记录情况、在施工程以及近年已竣工工程合同履行情况）、拟投入主要施工机械设备情况、拟投入项目管理人员情况、项目经理简历表、主要项目管理人员简历表，其格式按表 3-1-8～表 3-1-13 编制。

（1）今年企业不良行为记录情况（见表 3-1-8），主要是近年申请人在工程建设过程中因违反有关工程建设的法律、法规、规章或强制性标准和执业行为规范，经县级以上建设行政主管部门或其委托的执法监督机构查实和行政处罚，形成的不良行为记录。

（2）在施工程以及近年已竣工工程合同履行情况（见表 3-1-9），主要是申请人在施工程和近年已竣工工程是否按合同约定的工期、质量、安全等履行合同义务，对未竣工工程合同履行情况还应重点说明非不可抗力原因解除合同（如果有）的原因等具体情况。

（3）投标资格预审申请文件应附有项目经理简历表（见表3-1-12），应附建造师执业资格证书、注册证书、安全生产考核合格证书、身份证、职称证、学历证、养老保险复印件以及未担任其他在施建设工程项目项目经理的承诺书，管理过的项目业绩须附合同协议书和竣工验收备案登记表复印件。类似项目限于以项目经理身份参与的项目。上述要求还应结合有关规定执行，例如，武警部队现役施工人员没有养老保险，可以采用警官证、士官证等其他有效证件的复印件。

11. 承诺书

通常在资格预审申请文件中应附有承诺书，其格式按附式8编制。投标人是联合体时，申请人各方均要盖章、签字。

12. 提供的资料和有关证明

根据资格预审对申请人（包括联合体各方）的基本要求，提供的资料和有关证明包括：基本情况（名称、地址、电话、电传、成立日期等）和申请人的身份（隶属单位、营业执照、企业等级和营业范围）、企业的组织机构（公司简况、股东名单、领导层名单、直属公司或办事机构或联络机构名称、各单位主要负责人名单）、申请人的项目实施经历，拟从事本项目的主要管理人员的情况（资历、任职和经验）。

13. 要详细填报资格条件

根据招标人资格预审文件规定的强制性标准，结合自身的业绩，如实填报完成与本招标项目相类似的项目情况。已完成的同类项目表，包括：项目名称、地点、开发目标、结构类型和项目规模、合同价、工期、实施概况和发包人的评价、地址、电话等。

14. 投标资格预审申请文件的补充、删改

投标资格预审申请文件，允许招标人依据行业情况及项目特点进行补充或删改，由招标人根据项目具体特点和实际需要编制。

附式1：

_____（项目名称）_____标段施工招标

资格预审申请文件

申请人：_____（盖单位章）

法定代表人或其委托代理人：_____（签字）

_____年_____月_____日

附式2：

资格预审申请函

_____（招标人名称）：

1. 按照资格预审文件的要求，我方（申请人）递交的资格预审申请文件及有关资料，用于你方（招标人）审查我方参加_____（项目名称）_____标段施工招标的投标资格。

2. 我方的资格预审申请文件（包含"申请人资格要求"规定的全部内容）。

3. 我方接受你方的授权代表进行调查，以审核我方提交的文件和资料，并通过我方的客户，澄清资格审查申请文件中有关财务和技术方面的情况。

4. 你方授权代表可通过_____（联系人及联系方式）得到进一步的资料。

5. 我方在此声明，所递交的资格预审申请文件及有关资料内容完整、真实和准确，且不存在"申请人资格要求"禁止的任何一种情形。

申请人：_____（盖单位章）

法定代表人或其委托代理人：_____（签字）

电话：_____

传真：_____

申请人地址：_____

邮政编码：_____

_____年_____月_____日

附式3：

法定代表人身份证明

申　请　人：＿＿＿＿＿＿＿＿＿＿＿＿＿＿＿＿＿＿

单位性质：＿＿＿＿＿＿＿＿＿＿＿＿＿＿＿＿＿＿

地　　　址：＿＿＿＿＿＿＿＿＿＿＿＿＿＿＿＿＿＿

成立时间：＿＿＿＿＿年＿＿＿＿＿月＿＿＿＿＿日

经营期限：＿＿＿＿＿＿＿＿＿＿＿＿＿＿＿＿＿＿

姓　　　名：＿＿＿＿＿＿　性　　别：＿＿＿＿＿

年　　　龄：＿＿＿＿＿＿　职　　务：＿＿＿＿＿

系＿＿＿＿＿＿＿＿＿＿＿（申请人名称）的法定代表人。

特此证明。

申请人：＿＿＿＿＿＿＿＿（盖单位章）

＿＿＿＿＿年＿＿＿＿＿月＿＿＿＿＿日

附式4：

授权委托书

本人＿＿＿＿＿＿＿（姓名）系＿＿＿＿＿＿＿（申请人名称）的法定代表人，现委托＿＿＿＿＿＿＿＿＿（姓名）为我方代理人。代理人根据授权，以我方名义签署、澄清、说明、补正、递交、撤回、修改＿＿＿＿＿＿＿（项目名称）＿＿＿＿＿＿＿标段施工招标资格预审文件，其法律后果由我方承担。

委托期限：＿＿＿＿＿＿＿＿＿＿＿＿＿＿＿＿＿＿

＿＿＿＿＿＿＿＿＿＿＿＿＿＿＿＿＿＿

代理人无转委托权。

附：法定代表人身份证明

申　请　人：＿＿＿＿＿＿＿＿（盖单位章）

法定代表人：＿＿＿＿＿＿＿＿（签字）

身份证号码：＿＿＿＿＿＿＿＿

委托代理人：＿＿＿＿＿＿＿＿（签字）

身份证号码：＿＿＿＿＿＿＿＿

＿＿＿＿＿年＿＿＿＿＿月＿＿＿＿＿日

附式 5：

联合体协议书

牵头人名称：_____

法定代表人：_____

法 定 住 所：_____

成员二名称：_____

法定代表人：_____

法 定 住 所：_____

……

鉴于上述各成员单位经过友好协商，自愿组成_____（联合体名称）联合体，共同参加_____（招标人名称）（以下简称招标人）（项目名称）_____标段（以下简称合同）。现就联合体投标事宜订立如下协议：

1. _____（某成员单位名称）为_____（联合体名称）牵头人。

2. 在本工程投标阶段，联合体牵头人合法代表联合体各成员负责本工程资格预审申请文件和投标文件编制活动，代表联合体提交和接受相关的资料、信息及指示，并处理与资格预审、投标和中标有关的一切事务；联合体中标后，联合体牵头人负责合同订立和合同实施阶段的主办、组织和协调工作。

3. 联合体将严格按照资格预审文件和招标文件的各项要求，递交资格预审申请文件和投标文件，履行投标义务和中标后的合同，共同承担合同规定的一切义务和责任，联合体各成员单位按照内部职责划分，承担各自所负的责任和风险，并向招标人承担连带责任。

4. 联合体各成员单位内部的职责分工如下：_____

_____。

按照本条上述分工，联合体成员单位各自所承担的合同工作量比例如下：_____

_____。

5. 资格预审和投标工作以及联合体在中标后工程实施过程中的有关费用按各自承担的工作量分摊。

6. 联合体中标后，本联合体协议是合同的附件，对联合体各成员单位有合同约束力。

7. 本协议书自签署之日起生效，联合体未通过资格预审、未中标或者中标时合同履行完毕后自动失效。

8. 本协议书一式_____份，联合体成员和招标人各执一份。

　　　　牵头人名称：_____（盖单位章）

　　　　法人代表人或其委托代理人：_____（签字）

　　　　成员二名称：_____（盖单位章）

　　　　法定代表人或其委托代理人：_____（签字）

　　　　……

　　　　　　　　　　　_____年_____月_____日

备注：本协议书由委托代理人签字的，应附法定代表人签字的授权委托书。

表 3-1-1　申请人基本情况表

申请人名称					
注册地址				邮政编码	
联系方式	联系人			电　话	
	传　真			网　址	
组织结构					
法定代表人	姓　名		技术职称	电　话	
技术负责人	姓　名		技术职称	电　话	
成立时间			员工总人数：		
企业资质等级		其中	项目经理		
营业执照号			高级职称人员		
注册资本金			中级职称人员		
开户银行			初级职称人员		
账　号			技　工		
经营范围					
体系认证情况	说明：通过的认证体系、系过时间及运行状况				
备　注					

附式 6：

近年财务状况表

近年财务状况表指经过会计师事务所或者审计机构的审计的财务会计报表，以下各类报表中反映的财务状况数据应当一致，如果有不一致之处，以不利于申请人的数据为准。

（一）近年资产负债表

（二）近年损益表

（三）近年利润表

（四）近年现金流量表

（五）财务状况说明书

表 3-1-2　近年每年的资产负债情况

财务状况(单位)	近三年(应分别明确公元纪年)		
	第一年	第二年	第三年
总资产			
流动资产			
总负债			
流动负债			
税前利润			
税后利润			

注：投标申请人请附最近三年经过审计的财务报表，包括资产负债表、损益表和现金流量表。

表 3-1-3　开户情况说明

开户银行		名称	
		地址：	
		电话：	联系人及职务：
		传真：	电传：

表 3-1-4　信贷来源和信贷金额

信贷来源	信贷金额(单位)

表 3-1-5　近年完成的类似项目情况表

项目名称	
项目所在地	
发包人名称	
发包人地址	
发包人电话	
合同价格	
开工日期	
竣工日期	
承包范围	
工程质量	
项目经理	
技术负责人	
总监理工程师及电话	
项目描述	
备注	

注：类似项目业绩须附合同协议书和竣工验收备案登记表复印件。

表 3-1-6　正在施工的和新承接的项目情况表

项目名称	
项目所在地	
发包人名称	
发包人地址	
发包人电话	
签约合同价	
开工日期	
计划竣工日期	
承包范围	
工程质量	
项目经理	
技术负责人	
总监理工程师及电话	
项目描述	
备注	

注：正在施工和新承接项目须附合同协议书或者中标通知书复印件。

表 3-1-7　近年发生的诉讼和仲裁情况

类别	序号	发生时间	情况简介	证明材料索引
诉讼情况				
仲裁情况				

备注：近年发生的诉讼和仲裁情况仅限于申请人败诉的，且与履行施工承包合同有关的案件，不包括调解结案以及未裁决的仲裁或未终审判决的诉讼。

附式 7：

其他材料

其他材料主要包括其他企业信誉情况表、拟投入主要施工机械设备情况表、拟投入项目管理人员情况表等。

表 3-1-8　近年不良行为记录情况

序号	发生时间	简要情况说明	证明材料索引

表 3-1-9　在施工程以及近年已竣工工程合同履行情况

序号	工程名称	履约情况说明		证明材料索引

表 3-1-10　拟投入主要施工机械设备情况表

序号	机械设备名称	型号规格	数量	目前状况	来源	现停放地点	备注

备注："目前状况"应说明已使用所限、是否完好以及目前是否正在使用，"来源"分为"自有"和"市场租赁"两种情况，正在使用中的设备应在"备注"中注明何时能够投入本项目，并提供相关证明材料。

表 3-1-11　拟投入项目管理人员情况表

序号	姓名	性别	年龄	职称	专业	资格证书编号	拟在本项目中担任的工作或岗位

表 3-1-12　项目经理简历表

姓名		年龄		学历	
职称		职务		拟在本工程任职	
注册建造师资格等级			级	建造师专业	
安全生产考核合格证书					
毕业学校		年毕业于　　　　学校　　　　专业			
主要工作经历					
时间	参加过的类似项目名称		工程概况说明		发包人及联系电话

表 3-1-13　主要项目管理人员简历表

岗位名称			
姓名		年龄	
性别		毕业学校	
学历和专业		毕业时间	
拥有的执业资格		专业职称	
执业资格证书编号		工作年限	
主要工作业绩及担任的主要工作			

注：主要项目管理人员指项目副经理、技术负责人、合同商务负责人、专职安全生产管理人员等岗位人员。应附注册资格证书、身份证、职称证、学历证、养老保险复印件，专职安全生产管理人员应附有效的安全生产考核合格证书，主要业绩须附合同协议书。

附式 8：

承诺书

_____（招标人名称）：

我方在此声明，我方拟派往_____（项目名称）_____标段（以下简称"本工程"）的项目经理_____（项目经理姓名）现阶段没有担任任何在施建设工程项目的项目经理。

我方保证上述信息的真实和准确，并愿意承担因我方就此弄虚作假所引起的一切法律后果。

特此承诺

申请人：_____（盖单位章）
法定代表人或其委托代理人：_____（签字）

_____年_____月_____日

复习思考题 🔍

1. 国家法律法规对投标人有哪些规定？
2. 投标资格审查主要审查潜在投标人哪些内容？
3. 投标人应具备的条件有哪些？
4. 国家法律法规对投标有哪些禁止性规定？
5. 投标人之间串通投标的内容有哪些？
6. 投标人与招标人之间串通招标投标的内容有哪些？
7. 哪几方面属于投标人以非法手段骗取中标？
8. 建设工程施工投标的程序分为哪几个阶段？各阶段主要有哪些工作？
9. 建设工程投标的前期工作有哪些？
10. 资格预审申请文件主要有哪些内容？
11. 投标资格预审申请文件的编制有哪些要求？

任务3.2 建设工程投标文件编制实务

引导问题

1. 如何编制建设工程施工投标文件？
2. 施工投标文件中的施工组织设计如何编制？
3. 如何编制建设工程投标报价？
4. 投标报价中定额计价模式和工程量清单计价模式的各自费用构成有哪些？

工作任务

主要介绍编制建设工程投标文件、编制施工组织设计（技术标）、编制建设工程投标报价（商务标）等内容。

本工作任务要了解投标文件的组成和法律法规对投标有效期的规定；掌握投标文件的编制程序；重点能完成技术标的施工组织设计（或施工方案）编制和商务标（经济标）的投标报价编制。

学习参考资料

1.《中华人民共和国招标投标法》；
2.《工程建设项目施工招标投标办法》（九部委［2013］23号令）；
3.《房屋建筑和市政基础设施工程施工招标投标管理办法》（住房和城乡建设委员会令第47号）；
4.《房屋建筑和市政工程标准施工招标文件》（2010年版）；
5.《建设工程工程量清单计价规范》GB 50500—2013；
6. 其他有关参考资料。

一、建设工程投标文件概述

《招标投标法》第二十七条规定："投标人应当按照招标文件的要求编制投标文件。投标文件应当对招标文件提出的实质性要求和条件作出响应。"投标文件应根据国家的法律法规及招标文件的要求，结合本企业的实际情况及条件进行编制。

（一）投标文件组成

按照国家法律法规的规定，投标文件由投标函、施工组织设计或施工方案、投标报价及招标文件要求提供的其他材料构成。根据《房屋建筑和市政工程标准施工招标文件》（2010年版）的规定，投标文件具体内容如下：

1. 投标函及投标函附录；
2. 法定代表人身份证明或授权委托书；
3. 联合体协议书；
4. 投标保证金；
5. 已标价工程量清单；

6. 施工组织设计；

7. 项目管理机构；

8. 拟分包项目情况表；

9. 资格审查资料（投标资格预审的不采用）；

10. 其他材料。

（二）投标文件编制程序

1. 熟悉招标文件、图纸及相关资料；

2. 提出书面澄清文件；

3. 参加施工现场踏勘和答疑会；

4. 了解交通运输条件和有关事项；

5. 选择工程分包商、材料设备供应商，并进行价格等方面的洽商；

6. 编制施工组织设计；

7. 复核或计算图纸工程量（工程量清单报价的，仅为复核工程量）；

8. 编制和计算工程投标造价；

9. 审核调整投标报价；

10. 根据投标策略确定最终投标报价；

11. 按照招标文件的要求填写需要的文件并按规定密封。

（三）投标有效期

投标有效期是指为保证招标人有足够的时间在开标后完成评标、定标、合同签订等工作而要求投标人提交的投标文件在一定时间内保持有效的期限。投标有效期从投标截止时间起计算，主要是用于组织评标委员会评标、招标人定标、发出中标通知书，以及签订合同等工作所需的时间。投标有效期的时限与工程规模有关，通常一般工程项目为 60～90 天，大型工程项目为 120 天左右，具体投标有效期按招标文件规定执行。

投标截止时间是提交投标文件的最晚时间，此投标截止时间后提交的投标文件招标人不再接收。《招标投标法》第二十四条规定："招标人应当确定投标人编制投标文件所需要的合理时间；但是，依法必须进行招标的项目，自招标文件开始发出之日起至投标人提交投标文件截止之日止，最短不得少于二十日。"

《工程建设项目施工招标投标办法》第四十条规定："在提交投标文件截止时间后到招标文件规定的投标有效期终止之前，投标人不得撤销其投标文件，否则招标人可以不退还其投标保证金。"

 案例3-2-1

　　某市一项重点工程为依法必须进行招标的项目，招标人经请示市政府主管副市长同意，招标公告载明的时间为：1. 招标文件发售时间为 2024 年 3 月 5 日～2024 年 3 月 11 日，每日 9：00～17：00；2. 投标文件截止时间：2024 年 3 月 18 日上午 9：30。招标人按照投标截止时间为 14 日，组织了该工程项目施工招标。

　　提出问题：招标人是否可以缩短投标人编制投标文件和投标的时间？该市主管副市长是否可以同意招标人缩短投标截止时间？该项目招标结果是否有效？

案例分析：对于依法必须进行招标的项目，《招标投标法》第二十四条明确规定投标人提交投标文件最短不得少于 20 日，任何单位或者个人违法缩短投标截止时间，即对投标人直接构成了侵权，因为法律制定、解释权归属全国人民代表大会及其常务委员会，具有国家强制力和普遍约束力，任何单位和个人只能遵照执行，无权修改。所以，招标人以及该市主管副市长同意将法律规定的投标截止时间不少于 20 日缩短为 14 日的行为违法，由此产生的招标结果无效，需要重新招标。

二、投标文件编制

（一）国家法律法规对投标文件编制规定

1.《招标投标法》第二十七条规定："投标人应当按照招标文件的要求编制投标文件。投标文件应当对招标文件提出的实质性要求和条件作出响应。招标项目属于建设施工的，投标文件的内容应当包括拟派出的项目负责人与主要技术人员的简历、业绩和拟用于完成招标项目的机械设备等。"

3-3

投标文件的组成和编制步骤

投标文件的编制必须对招标文件提出的实质性要求和条件做出响应，并一一做出相对应的回答，不能存在遗漏或重大的偏离。否则，招标人应予以否决，该投标人失去中标的可能。

2.《招标投标法》第二十九条规定："投标人在招标文件要求提交投标文件的截止时间前，可以补充、修改或者撤回已提交的投标文件，并书面通知招标人。补充、修改的内容为投标文件的组成部分。"

3.《招标投标法》第三十条规定："投标人根据招标文件载明的项目实际情况，拟在中标后将中标项目的部分非主体、非关键性工作进行分包的，应当在投标文件中载明。"投标单位应按招标文件要求的拟分包项目情况表载明分包人名称、地址、法定代表人、资质等级、拟分包的工程项目、主要内容和预计造价等。

4.《房屋建筑和市政基础设施工程施工招标投标管理办法》（住建部令第 43 号）第二十四条第二款规定："招标文件允许投标人提供备选标的，投标人可以按照招标文件的要求提交替代方案，并作出相应报价作备选标。"

5.《工程建设项目施工招标投标办法》第三十七条第一款第二款规定："招标人可以在招标文件中要求投标人提交投标保证金。投标保证金除现金外，可以是银行出具的银行保函、保兑支票、银行汇票或现金支票。投标保证金不得超过项目估算价的百分之二，但最高不得超过八十万元人民币。投标保证金有效期应当与投标有效期一致。"

（二）投标文件格式

投标文件的格式，可根据《房屋建筑和市政工程标准施工招标文件》（2010 年版）进行编制。

1. 封面、投标函及投标函附录等格式

对于封面、投标函及投标函附录、法人代表身份证明、授权委托书、联合体协议书、投标保证金及已标价工程量清单的格式，按附式 9、附式 10 及表 3-2-1、附式 11～附式 14 编制。

2. 施工组织设计表格格式

（1）施工组织设计表格格式主要包括：拟投入本工程的主要施工设备表；拟配备本工程的试验和检测仪器设备表；劳动力计划表；临时用地表；施工组织设计（技术暗标部分）编制及装订要求。以上表格格式按表 3-2-2～表 3-2-5、附式 15 编制。

（2）施工进度表可采用网络图或横道图表示。

（3）计划开、竣工日期和施工进度网络图，以及施工总平面图的格式，由投标人自行设计。

3. 项目管理机构表格格式

项目管理机构主要由项目经理、项目副经理、总工程师、技术负责人、合同商务负责人、专职安全生产管理人员等组成。编写项目管理机构应附相关管理人员的注册资格证书、身份证、职称证、学历证、养老保险复印件，专职安全生产管理人员应附安全生产考核合格证书，主要业绩须附合同协议书。

项目管理机构的表格格式包括：项目管理机构组成表（见表 3-2-6）；主要人员简历表可参照投标人资格预审申请文件：项目经理简历表（见表 3-1-12）、主要项目管理人员简历表（见表 3-1-13）、承诺书（见附式 8）。

4. 拟分包计划表格格式

拟分包计划表格格式，按表 3-2-7 编制。

5. 资格审查资料表格格式

资格审查资料可按本项目任务 3.1 中"四、编制投标资格预审申请文件"有关内容编制。表格格式包括：投标人基本情况表（见表 3-1-1）；近年财务状况表（见附式 6 的表 3-1-2、表 3-1-3、表 3-1-4）；近年完成的类似项目情况表（见表 3-1-5）；正在施工的和新承接的项目情况表（见表 3-1-6）；近年发生的诉讼和仲裁情况（见表 3-1-7）；企业其他信誉情况表（见附式 7 的表 3-1-8、表 3-1-9）等。

附式 9：

_____（项目名称）_____标段施工招标

投　标　文　件

投标人：_____（盖单位章）

法定代表人或其委托代理人：_____（签字）

_____年_____月_____日

附式 10：

投标函及投标函附录

（一）投标函

致：_____（招标人名称）

在考察现场并充分研究_____（项目名称）_____标段（以下简称"本工程"）施工招标文件的全部内容后，我方兹以：

人民币（大写）：_____元

RMB￥：_____元

的投标价格和按合同约定有权得到的其他金额，并严格按照合同约定，施工、竣工和交付本工程并维修其中的任何缺陷。

在我方的上述投标报价中，包括：

安全文明施工费 RMB￥：_____元

暂列金额（不包括计日工部分）RMB￥：_____元

专业工程暂估价 RMB￥：_____元

如果我方中标，我方保证在_____年_____月_____日或按照合同约定的开工日期开始本工程的施工，_____天（日历日）内竣工，并确保工程质量达到_____标准。我方同意本投标函在招标文件规定的提交投标文件截止时间后，在招标文件规定的投标有效期期满前对我方具有约束力，且随时准备接受你方发出的中标通知书。

随本投标函递交的投标函附录是本投标函的组成部分，对我方构成约束力。

随同本投标函递交投标保证金一份，金额为人民币（大写）：_____元（￥：元）。

在签署协议书之前，你方的中标通知书连同本投标函，包括投标函附录，对双方具有约束力。

投标人（盖章）：

法人代表或委托代理人（签字或盖章）：

日期：_____年_____月_____日

备注：采用综合评估法评标，且采用分项报价方法对投标报价进行评分的，应当在投标函中增加分项报价的填报。

（二）投标函附录

表 3-2-1　投标函附录

工程名称：＿＿＿＿＿＿＿＿＿＿＿＿（项目名称）＿＿＿＿＿标段

序号	条款内容	合同条款号	约定内容	备注
1	项目经理	1.1.2.4	姓名	
2	工期	1.1.4.3	日历天	
3	缺陷责任期	1.1.4.5		
4	承包人履约担保金额	4.2		
5	分包	4.3.4	见分包项目情况表	
6	逾期竣工违约金	11.5	元/天	
7	逾期竣工违约金最高限额	11.5		
8	质量标准	13.1		
9	价格调整的差额计算	16.1.1	见价格指数权重表	
10	预付款额度	17.2.1		
11	预付款保函金额	17.2.2		
12	质量保证金扣留百分比	17.4.1		
	质量保证金额度	17.4.1		
……	……			

备注：投标人在响应招标文件中规定的实质性要求和条件的基础上，可做出其他有利于招标人的承诺。此类承诺可在本表中予以补充填写。

投标人（盖章）：

法人代表或委托代理人（签字或盖章）：

日期：＿＿＿＿＿年＿＿＿＿＿月＿＿＿＿＿日

附式 11：

法定代表人身份证明

投 标 人：＿＿＿＿＿＿＿＿＿＿＿＿＿＿＿＿＿

单位性质：＿＿＿＿＿＿＿＿＿＿＿＿＿＿＿＿＿

地　　址：＿＿＿＿＿＿＿＿＿＿＿＿＿＿＿＿＿

成立时间：＿＿＿＿＿年＿＿＿＿＿月＿＿＿＿＿日

经营期限：＿＿＿＿＿＿＿＿＿＿＿＿＿＿＿＿＿

姓　　名：＿＿＿＿＿性　　别：＿＿＿＿＿

年　　龄：＿＿＿＿＿职　　务：＿＿＿＿＿

系＿＿＿＿＿＿＿＿＿＿（投标人名称）的法定代表人。

特此证明。

投标人：＿＿＿＿＿＿＿（盖单位章）

＿＿＿＿＿年＿＿＿＿＿月＿＿＿＿＿日

附式 12：

授权委托书

本人＿＿＿＿＿（姓名）系＿＿＿＿＿（投标人名称）的法定代表人，现委托＿＿＿＿＿（姓名）为我方代理人。代理人根据授权，以我方名义签署、澄清、说明、补正、递交、撤回、修改＿＿＿＿＿＿＿＿＿＿（项目名称）＿＿＿＿＿标段施工投标文件、签订合同和处理有关事宜，其法律后果由我方承担。

委托期限：＿＿＿＿＿＿＿＿＿＿＿＿＿＿＿＿＿＿＿＿＿。

代理人无转委托权。

附：法定代表人身份证

投 标 人：＿＿＿＿＿＿＿（盖单位章）

法定代表人：＿＿＿＿＿＿＿（签字）

身份证号码：＿＿＿＿＿＿＿

委托代理人：＿＿＿＿＿＿＿（签字）

身份证号码：＿＿＿＿＿＿＿

＿＿＿＿＿年＿＿＿＿＿月＿＿＿＿＿日

附式 13:

联合体协议书

牵头人名称:_____

法定代表人:_____

法 定 住 所:_____

成员二名称:_____

法定代表人:_____

法 定 住 所:_____

……

鉴于上述各成员单位经过友好协商,自愿组成_____(联合体名称)联合体,共同参加_____(招标人名称)(以下简称招标人)_____(项目名称)标段(以下简称本工程)的施工投标并争取赢得本工程施工承包合同(以下简称合同)。现就联合体投标事宜订立如下协议:

1._____(某成员单位名称)为_____(联合体名称)牵头人。

2. 在本工程投标阶段,联合体牵头人合法代表联合体各成员负责本工程投标文件编制活动,代表联合体提交和接收相关的资料、信息及指示,并处理与投标和中标有关的一切事务;联合体中标后,联合体牵头人负责合同订立和合同实施阶段的主办、组织及协调工作。

3. 联合体将严格按照招标文件的各项要求,递交投标文件,履行投标义务和中标后的合同,共同承担合同规定的一切义务和责任,联合体各成员单位按照内部职责的部分,承担各自所负的责任和风险,并向招标人承担连带责任。

4. 联合体各成员单位内部的职责分工如下:_____。按照本条上述分工,联合体成员单位各自所承担的合同工作量比例如下:_____。

5. 投标工作和联合体在中标后工程实施过程中的有关费用按各自承担的工作量分摊。

6. 联合体中标后,本联合体协议是合同的附件,对联合体各成员单位有合同约束力。

7. 本协议书自签署之日起生效,联合体未中标或者中标时合同履行完毕后自动失效。

8. 本协议书一式_____份,联合体成员和招标人各执一份。

牵头人名称:_____(盖单位章)

法人代表人或其委托代理人:_____(签字)

成员二名称:_____(盖单位章)

法定代表人或其委托代理人:_____(签字)

……

_____年_____月_____日

备注:本协议书由委托代理人签字的,应附法定代表人签字的授权委托书。

附式 14：

投标保证金

保函编号：＿＿＿＿＿＿＿＿＿＿

＿＿＿＿＿＿＿＿＿＿＿＿（招标人名称）：

鉴于＿＿＿＿＿＿＿＿＿＿＿＿＿＿＿（投标人名称）（以下简称"投标人"）参加你方＿＿＿＿＿＿＿（项目名称）＿＿＿＿＿＿＿＿＿＿＿＿＿标段的施工投标，＿＿＿＿＿＿＿（担保人名称）（以下简称"我方"）受该投标人委托，在此无条件地、不可撤销地保证：一旦收到你方提出的下述任何一种事实的书面通知，我方将在 7 日内无条件地向你方支付总额不超过＿＿＿＿＿＿＿＿＿＿＿（投标保函额度）的任何你方要求的金额：

1. 投标人在规定的投标有效期内撤销或者修改其投标文件。

2. 投标人在收到中标通知书后无正当理由而未在规定期限内与你方签署合同。

3. 投标人在收到中标通知书后未能在招标文件规定期限内向你方提交招标文件所要求的履约担保。

本保函在投标有效期内保持有效，除非你方提前终止或解除本保函。要求我方承担保证责任的通知应在投标有效期内送达我方。保函失效后请将本保函交投标人退回我方注销。

本保函项下所有权利和义务均受中华人民共和国法律管辖和制约。

担保人名称：＿＿＿＿＿＿＿＿＿＿＿（盖单位章）

法定代表人或其委托代理人：＿＿＿＿＿＿＿（签字）

地　　址：＿＿＿＿＿＿＿＿＿＿＿＿＿＿＿

邮政编码：＿＿＿＿＿＿＿＿＿＿＿＿＿＿＿

电　　话：＿＿＿＿＿＿＿＿＿＿＿＿＿＿＿

传　　真：＿＿＿＿＿＿＿＿＿＿＿＿＿＿＿

＿＿＿＿＿＿年＿＿＿＿＿月＿＿＿＿＿日

备注：经过招标人事先的书面同意，投标人可采用招标人认可的投标保函格式，但相关内容不得背离招标文件约定的实质性内容。

表 3-2-2　拟投入本工程的主要施工设备表

序号	设备名称	型号规格	数量	国别产地	制造年份	额定功率（kW）	生产能力	用于施工部位	备注

续表

序号	设备名称	型号规格	数量	国别产地	制造年份	额定功率（kW）	生产能力	用于施工部位	备注

表 3-2-3 拟配备本工程的试验和检测仪器设备表

序号	仪器设备名称	型号规格	数量	国别产地	制造年份	已使用台时数	用途	备注

表 3-2-4 劳动力计划表　　　　单位：人

工种	按工程施工阶段投入劳动力情况				

表 3-2-5　临时用地表

用途	面积(m²)	位置	需用时间

附式 15：

施工组织设计（技术暗标部分）编制及装订要求

（一）施工组织设计中纳入"暗标"部分的内容：

_____

_____

_____

_____

（二）暗标的编制和装订要求

1. 打印纸张要求：_____。

2. 打印颜色要求：_____。

3. 正本封皮（包括封面、侧面及封底）设置及盖章要求：_____。

4. 副本封皮（包括封面、侧面及封底）设置要求：_____。

5. 排版要求：_____。

6. 图表大小、字体、装订位置要求：_____。

7. 所有"技术暗标"必须合并装订成一册，所有文件左侧装订，装订方式应牢固、美观，不得采用活页方式装订，均应采用_____方式装订；

8. 编写软件及版本要求：Microsoft Word_____；

9. 任何情况下，技术暗标中都不得出现涂改、行间插字或删除的痕迹；

10. 除满足上述各项要求外，构成投标文件的"技术暗标"的正文中均不得出现投标人的名称和其他可识别投标人身份的字符、徽标、人员名称以及其他特殊标记等。

备注："暗标"应当以能够隐去投标人的身份为原则，尽可能简化编制和装订要求。

表 3-2-6　项目管理机构组成表

职务	姓名	职称	执业或职业资格证明					备注
			证书名称	级别	证号	专业	养老保险	

表 3-2-7　拟分包计划表

序号	拟分包项目名称、范围及理由	拟选分包人				备注
		拟选分包人名称	注册地点	企业资质	有关业绩	
		1				
		2				
		3				
		1				
		2				
		3				
		1				
		2				
		3				
		1				
		2				
		3				

备注：本表所列分包仅限于承包人自行施工范围内的非主体、非关键工程。

日　期：　　　年　　　月　　　日

（三）编制投标文件应注意事项

1. 投标文件应按招标文件提供的投标文件格式进行编写，如有必要，表格可以按同样格式扩展或增加附页。

2. 投标函在满足招标文件实质性要求的基础上，可以提出比招标文件要求更有利于招标人的承诺。

3. 投标文件应对招标文件中有关招标范围、工期、投标有效期、质量要求、技术标准等实质性内容作出响应。

4. 投标文件中的每一空白都必须填写，如有空缺，则被视为放弃意见。实质性的项目或数字（如工期、质量等级、价格等）未填写的，应予以否决。

5. 计算数字要准确无误。无论单价、合价、分部合价、总标价及大写数字均应仔细核对。

6. 投标保证金、履约保证金的方式，可按招标文件的有关条款规定选择。

7. 投标文件应尽量避免涂改、行间插字或删除。若出现上述情况，改动之处应加盖单位章或由投标人的法定代表人或授权的代理人签字确认。

8. 投标文件必须由投标人的法定代表人或其委托代理人签字或盖单位章。委托代理人签字的，投标文件应附法定代表人签署的授权委托书。

9. 投标文件应字迹清楚、整洁、纸张统一、装帧美观大方。

10. 投标文件的正本为一份，副本份数按招标文件前附表规定执行。正本和副本的封面上应清楚地标记"正本"或"副本"的字样；当副本与正本不一致时，以正本为准。

11. 投标文件的正本与副本应分别装订成册，并编制目录，具体装订要求按招标文件前附表规定执行。

三、编制施工组织设计（技术标）

施工组织设计是指导拟建工程施工全过程中各项活动的技术、经济和组织的综合性文件。它是根据国家的相关技术政策和规定、业主的要求、设计图纸和组织施工的基本原则，从拟建工程施工全局出发，结合工程的具体条件，合理地组织安排人力与物力、主体与辅助、供应与消耗、生产与储备、专业与协作、使用与维修和空间布置与时间排列等方面进行科学、合理地部署，为建筑产品生产的节奏性、均衡性和连续性提供最优方案，以最少的资源消耗取得最大的经济效益。使最终建筑产品的生产在时间上达到速度快、工期短；在质量上达到精度高、功能好；在经济上达到消耗少、成本低和利润高的目的。

施工组织设计是投标文件中技术标的主要内容，在投标过程中编制的施工组织设计（又称标前施工组织设计），由于投标时间短、任务重，其设计考虑的深度和范围都比不上中标后由项目部编制的施工组织设计（又称标后施工组织设计）。因此，它是工程的初步施工组织设计；如果中标，承包人还要编制详细而全面的施工组织设计。

（一）施工组织设计编制原则和编制依据

1. 施工组织设计编制原则

（1）认真贯彻国家对工程建设的各项方针、政策，严格执行工程项目的建设程序，是保证建设工程顺利进行的重要条件。

（2）施工方案的选择，必须结合工程设计图纸、工程特点和现场实际条件，合理安排施工程序和施工顺序，选择先进适用的施工技术和施工方法，使技术的先进性和经济的合理性有效地结合。

（3）充分利用企业现有的施工机械设备，扩大机械化施工范围，提高机械化水平和机械设备的利用率。在选择施工机械设备时，要进行技术经济比较，合理调配大型机械和中小型机械的使用程度。

（4）根据招标文件中要求的工程竣工和交付使用期限，科学合理地编制施工进度计划（尽量编制网络施工进度计划）。

（5）根据施工方案和施工进度计划的要求，在满足工程顺利施工的前提下，编制经济合理的劳动力、材料和机械设备需要量计划。

（6）为达到合理进行施工现场规划布置，节约施工用地，不占或少占农田的目的。根据施工现场的实际情况，要尽量减少临时设施，有效地利用当地资源，合理安排运输、装卸与物资堆放，避免材料的二次搬运。

（7）根据施工的季节性要求，要编制科学适用的各种季节性施工技术组织措施（例如冬季、雨期施工措施等），保证全年施工生产的连续性和均衡性。

（8）要认真贯彻执行"安全生产，预防为主""百年大计，质量第一"的方针，必须制定施工生产安全保证措施、施工质量保证措施、现场文明施工措施、施工现场保护措施、降低施工成本措施等。

2. 施工组织设计编制依据

（1）建设工程施工招标文件，复核后的工程量清单，工程开竣工日期要求。

（2）施工组织总设计对所投标工程的相关规定和安排。

（3）施工图纸和设计单位对施工的要求。

（4）各种资源配备情况和当地的技术经济条件等资料，如人力、物力、机械设备来源及价格等。

（5）施工现场和勘察资料，如施工现场的地形、地貌、地上与地下的障碍物、工程地质和水文地质、气象资料、交通运输道路及占地面积等。

（6）建设单位可能提供的水、电、通信等。

（7）国家现行的有关规范、规程、定额和技术标准等资料。

（二）施工组织设计的内容

投标人根据招标文件和对现场的勘察情况，采用文字并结合图表形式编制施工组织设计。施工组织设计的内容，由于工程性质、规模、结构特点、技术复杂难易程度和施工条件等不同，其设计内容的深度和广度也不尽相同，但通常包括下列内容：

1. 工程概况及施工特点

工程概况主要包括工程建设概况、建筑结构设计概况、建设地点的特征、施工条件等，施工特点应指出工程施工的主要特点和施工中的关键问题。

2. 施工部署和施工方案

施工部署和施工方案是施工组织设计的核心内容。

施工部署是对项目实施过程做出的统筹规划和全面安排。主要包括项目管理组织机构、工程施工目标、单位工程施工阶段划分、施工程序、施工顺序、施工起点流向、施工流水段划分、工程施工重点和难点及主要分包工程施工单位选择等。

施工方案主要包括各分部分项工程的施工方法和施工机械设备的选择。

3. 施工进度计划

投标人应编制施工进度网络计划或横道施工进度计划表，说明按招标文件要求的计划工期进行施工的各个关键日期。

施工进度计划是在既定施工方案的基础上，根据工程工期和各种资源供应条件，按照各施工过程的合理施工顺序及组织施工的原则，对整个工程的施工开始到工程全部竣工，确定其全部施工过程在时间上与空间上的安排和相互间配合关系，并用网络图或横道图的形式表现出来。

编制施工进度计划的步骤主要包括：确定单位工程或分部分项工程名称（施工过程）；核对或计算工程量；计算劳动量和机械台班量；确定施工班组人数和机械台数；计算工作延续时间；安排、调整和确定施工进度计划。

4. 资源需要量计划

资源需要量计划主要包括劳动力、主要材料和施工机械设备需要量计划，它是根据工程施工方案和施工进度计划进行编制。

5. 施工平面图

施工平面图是对拟建工程的施工现场进行平面规划和空间布置图。施工平面图是根据工程性质、规模、结构特点、技术复杂难易程度和施工现场条件等，按照一定的设计原则进行规划和布置。其主要内容有：施工期间所需的各种暂设工程（生产设施和办公、生活设施）与拟建工程及永久性工程之间的合理位置，如施工机械的位置、运输道路、材料堆放、供水和供电线路布置、一切安全及防火设施位置等。

投标人应编制施工总平面图，绘出现场临时设施布置图表并附文字说明，说明临时设施、加工车间、设备及仓储、供水、供电、道路、现场办公、生活、卫生、消防等设施的情况和布置。

6. 施工准备工作计划

为了保证工程正常施工的连续性和均衡性，根据工程施工方案、施工进度计划、资源需要量计划、施工现场平面图及当地的技术经济条件等要求，编制工程施工准备工作计划，其主要内容包括：工程的技术准备、物资准备、劳动组织准备、施工现场准备和施工场外准备等，见表 3-2-8。

表 3-2-8　施工准备工作计划

序号	施工准备项目	简要内容	负责单位	负责人	起止时间		备注
					月　日	月　日	

7. 各种技术组织措施计划

建设工程施工必须严格执行国家规定的各种法律、行政法规、技术标准、操作规程等，结合工程性质、规模、结构特点、技术复杂难易程度和施工现场实际情况等因素，制定切实可行的各种技术组织措施计划。其主要内容包括：保证工程质量措施和创优计划、施工进度保证措施计划、确保施工安全生产措施计划、降低工程成本措施计划、现场文明施工措施计划、施工场地治安保卫管理计划、施工环保措施计划、季节性施工措施计划、各工序的协调措施计划、降低环境污染措施计划、地下管线和地上设施及周围建筑物保护加固措施计划、任何可能的紧急情况的处理措施和预案以及抵抗风险（包括工程施工过程中可能遇到的各种风险）的措施计划等。

8. 主要技术经济指标

主要技术经济指标是衡量施工组织设计的编制是否具有技术先进性、经济合理性和组织科学性的重要指标。其指标主要有平方米造价指标（元/m^2）、工期指标、劳动力消耗指标（工日/m^2）、主要材料消耗指标（t、kg、m^3、千块、……、/m^2）、机械台班需要量指标（台班/m^2）及主要机械设备利用率指标等。

（三）施工组织设计编制程序

施工组织设计应由施工企业的总工程师（对于大型工程）或项目部的总工程师及技术负责人组织有关技术人员进行编制，在编制前必须做好各项准备工作（包括熟悉招标文件和设计图纸、了解施工现场实际情况、调查研究当地的技术经济条件、分析竞争对手情况等）。施工组织设计的编制程序，如图 3-2-1 所示。

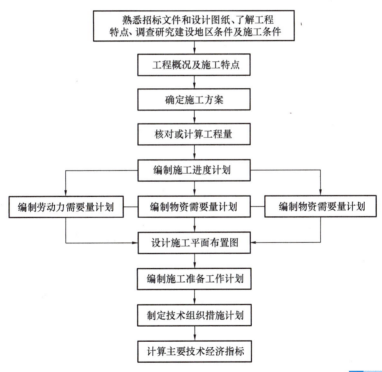

图 3-2-1　施工组织设计编制程序

四、编制建设工程投标报价

建设工程投标报价（又称经济标或商务标）是指投标人计算和确定承包该项工程的投标总价格。它是工程投标文件的重要组成部分，是整个投标工作的核心环节，也是投标人能否中标的关键因素，而且在很大程度上决定着中标后的盈利多少。

3-4

投标报价的概述

投标报价应根据工程的性质、规模、结构特点、技术复杂难易程度、施工现场实际情况、当地市场技术经济条件及竞争对手情况等，确定经济合理报价。在国际招标投标中，一般都采用最低标价优先中标的原则；在我国最低标价不意味着必然中标，但价格指标在评标中占有较大权重。

我国建筑工程计价模式有传统的定额计价模式和现在国内外普遍采用的工程量清单计价模式。

（一）投标报价编制依据和程序

1. 投标报价编制依据

（1）《建设工程工程量清单计价规范》GB 50500—2013；

（2）国家或省级、行业建设主管部门颁发的计价办法；

（3）企业定额，国家或省级、行业建设主管部门颁发的计价定额；

（4）招标文件，招标工程量清单及其补充通知、答疑纪要；

（5）建设工程设计文件及相关资料；

（6）施工现场情况、工程特点及投标时拟定的施工组织设计或施工方案；

（7）与建设项目相关的标准、规范等技术资料；

（8）市场价格信息或工程造价管理机构发布的工程造价信息；

（9）投标策略、投标技巧和盈利期望；

（10）其他的相关资料。

2. 投标报价程序

当潜在投标人通过投标资格预审后，可领取建设工程招标文件，并按以下程序（如图 3-2-2 所示）编制和确定投标报价。

（二）定额计价模式费用构成和计算

定额计价模式是采用各省市颁发的综合预算定额编制施工图预算确定建设工程造价。即根据预算定额规定计算各分项工程量，再分别乘以相应定额基价即为分项直接工程费，按分部工程汇总即为分部直接工程费；然后计算措施项目费、企业管理费、利润、其他项目费、规费及税金等；最后汇总以上各项费用即为单位工程造价。定额计价模式适用于非国有资金投资的建筑安装工程。

3-5

投标报价的
编制方法

建筑安装工程投标报价按定额计价模式主要由直接费、间接费、利润、其他和税金构成，如图 3-2-3 所示。

1. 直接费

直接费由直接工程费和措施费组成。

（1）直接工程费。是指施工工程中耗费的构成工程实体的各项费用，包括人工费、材料费和施工机械使用费。

1）人工费。是指直接从事建筑安装工程施工的生产工人开支的各项费用。它包括基本工资、工资性补贴、生产工人辅助工资、职工福利费、生产工人劳动保护费。

开支范围内包括现场内水平、垂直运输的辅助工人和现场附属生产单位（非独立经济核算）的工人。但不包括材料采购和材料保管人员、材料到达施工现场前的装卸工人、驾驶施工机械和运输机械的工人，以及由现场管理费支付工资的人员的工资，这些人员的工

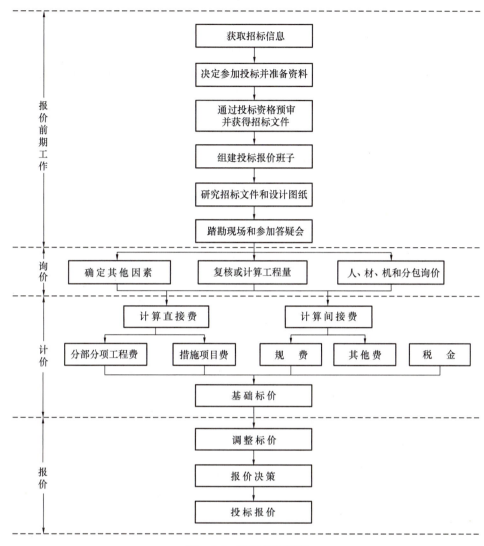

图 3-2-2 投标报价程序

资只能在相应的材料费、机械费和现场管理费中支出。其计算公式如下：

$$分项工程人工费＝分项工程量×单位产品定额人工费 \tag{3-2-1}$$

或　　$$分项工程人工费＝分项工程量×单位产品定额工日消耗量×日工资单价 \tag{3-2-2}$$

$$单位工程人工费＝\sum（分项工程人工费） \tag{3-2-3}$$

2）材料费。是指施工过程中耗用的构成工程实体的原材料、辅助材料、构配件、零件、半成品的费用。它包括材料原价（或供应价）、材料运杂费（指材料自来源地运至工地仓库或指定地点所发生的全部费用）、运输损耗费（指材料在运输过程中不可避免的损耗）、采购及保管费（指组织采购、供应和保管材料过程中所需要的各项费用，包括采购费、仓储费、工地保管费、仓储损耗等）、检验试验费（指对建筑材料、构件和建筑安装物进行一般检测、检查所发生的费用，包括自设试验室进行试验所耗用的材料和化学药品等费用。但不包括对新结构、新材料的试验费和构件破坏性试验及其他特殊要求检验试验

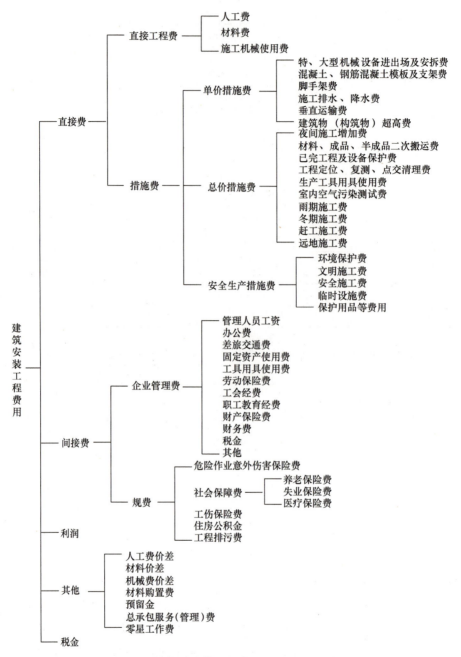

图 3-2-3 定额计价模式的建筑安装工程费用构成

的费用）。材料费中不包括施工机械修理与使用所需的燃料和辅助材料、冬雨期施工所需的材料、搭设临时设施的材料，这些材料费用应列入机械费、措施费用中。其计算公式如下：

$$分项工程材料费＝分项工程量×单位产品定额材料费 \quad (3-2-4)$$

或　　$$分项工程材料费＝分项工程量×\sum（单位产品定额材料用量×材料基价）\quad (3-2-5)$$

$$材料基价＝[(材料原价＋运杂费)×(1＋运输损耗率)]×(1＋采购保管费率)$$

(3-2-6)

$$单位工程材料费＝\sum(分项工程材料费)＋检验试验费$$

(3-2-7)

$$检验试验费＝\sum(单位材料量检验试验费×检验材料消耗量)$$

(3-2-8)

或
$$检验试验费＝\sum(分项工程材料费)×检验系数$$

(3-2-9)

注：检验系数按地方工程造价行政主管部门规定执行。

3）机械费。是指使用施工机械作业所发生的机械使用费以及机械安拆费和场外运费。它包括折旧费、大修理费、经常修理费、中小型机械安拆费及场外运费、人工费（包括机上司机和其他操作人员的工作日人工费及上述人员在施工机械规定的年工作台班以外的人工费）、燃料动力费、养路费及车船使用税。机械费中不包括材料到达工地仓库或露天堆放地点以前的装卸和运输、材料检验试验、搭设临时设施所需的机械费用。这些机械费应列入材料费、检验试验费和临时设施费中。其计算公式如下：

$$分项工程机械费＝分项工程量×单位产品定额机械费$$

或 $分项工程机械费＝分项工程量×\sum(单位产品定额机械台班数量×机械台班价格)$

(3-2-10)

$$单位工程机械费＝\sum(分项工程机械费)$$

(3-2-11)

4）直接工程费计算方法。直接工程费可根据工程量和定额基价计算，也可按上述的人工费、材料费、机械费之和计算。其计算公式如下：

$$分项直接工程费＝分项工程量×单位产品定额基价$$

(3-2-12)

或 $分项直接工程费＝分项工程人工费＋分项工程材料费＋分项工程机械费$ (3-2-13)

$$单位工程直接工程费＝\sum(分项直接工程费)$$

(3-2-14)

或 　单位工程直接工程费＝单位工程人工费＋单位工程材料费＋单位工程机械

(3-2-15)

（2）措施费。是指为完成工程项目施工，发生于该工程施工前和施工过程中技术、生活、安全等方面的非工程实体项目所需的费用。包括单价措施费、总价措施费及安全生产措施费。

1）单价措施费（又称定额措施费）主要内容：

① 特、大型机械设备进出场及安拆费。是指机械整体或分体自停放场地运至施工现场或由一个施工地点运至另一个施工地点，所发生的机械进出场运输转移费用及机械在施工现场进行安装、拆卸所需的人工费、材料费、机械费、试运转费和安装所需的辅助设施的费用。

② 混凝土、钢筋混凝土模板及支架费。是指混凝土施工过程中需要的各种模板、支架等的支、拆、运输费用及模板、支架的摊销（或租赁）费用。

③ 脚手架费。是指施工需要的各种脚手架搭、拆、运输费用及脚手架的摊销（或租赁）费用。

④ 施工排水、降水费。是指为确保工程在正常条件下施工，采取各种排水、降水措施所发生的各项费用。

⑤ 垂直运输费。是指施工需要的垂直运输机械的使用费用。

⑥ 建筑物（构筑物）超高费。是指檐高超过 20m（6 层楼高）时需要增加的人工和机械降效等费用。

⑦《建设工程工程量清单计价规范》GB 50500—2013 规定的各专业定额列项的各种措施（现场施工围栏除外）费用。

单价措施费根据预算定额规定的相应单价按下式计算：

$$单价措施费 = \sum（工程量 \times 相应定额单价）\tag{3-2-16}$$

2）总价措施费（又称一般措施费）主要内容：

① 夜间施工增加费。是指按规范、规程正常作业所发生的夜班补助费、夜间施工降效、夜间施工照明设备摊销及照明用电等费用。

② 材料、成品、半成品（不包括混凝土预制构件和金属构件）二次搬运费。是指因施工场地狭小等特殊情况而发生的二次搬运费用。

③ 已完工程及设备保护费。是指竣工验收前，对已完工程及设备进行保护所需费用。

④ 工程定位、复测、点交清理费。是指工程的定位、复测、场地清理及交工时垃圾清除、门窗洗刷等费用。

⑤ 生产工具用具使用费。是指施工生产所需不属于固定资产的生产工具及检验用具等的购置、摊销和维修费，以及支付给工人自备工具的补贴费用。

⑥ 室内空气污染测试费。是指按规范对室内环境质量的有关含量指标进行检测所发生的费用。

⑦ 雨期施工费。是指在雨期施工所增加的费用。包括防雨措施、排水、工效降低等费用。

⑧ 冬期施工费。是指在冬期施工时，为确保工程质量所增加的费用。包括人工费、人工降效费、材料费、保温设施（包括炉具设施）费、人工室内外作业临时取暖燃料费、建筑物门窗洞口封闭等费用；不包括暖棚法施工而增加的费用及越冬工程基础的维护、保护费。

⑨ 赶工施工费。是指发包人要求按照合同工期提前竣工而增加的各种措施费用。

⑩ 远地施工费。是指施工地点与承包单位所在地的实际距离超过 25km（不包括 25km）承建工程而增加的费用。包括施工力量调遣（大型施工机械搬迁费按实际发生计算）费、管理费。

A. 施工力量调遣费：调遣期间职工的工资，施工机具、设备以及周转性材料的运杂费；

B. 管理费：调遣职工往返差旅费，在施工期间因公、因病、探亲、换季而往返于原驻地之间的差旅费和职工在施工现场食宿增加的水电费、采暖及主副食运输费等。

总价措施费根据各省费用定额规定的相应费率按下式计算：

$$总价措施费 = \sum（单位工程人工费 \times 相应费率）\tag{3-2-17}$$

总价措施费中的各单项计费基础和费率按各地区建设行政造价主管部门规定执行。

3）安全生产措施费。是指按照国家有关规定和建筑施工安全规范、施工现场环境与卫生标准，购置施工安全防护用具、落实安全施工措施以及改善安全生产条件所需的费用。其内容主要包括：

① 环境保护费。包括主要道路及材料场地的硬化处理，裸露的场地和集中堆放的土方采取覆盖、固化或绿化等措施，土方作业采取的防止扬尘措施，土方（渣土）和垃圾运输采取的覆盖措施，水泥和其他易飞扬的细颗粒建筑材料密闭存放或采取的覆盖措施，现场混凝土搅拌场地采取的封闭降尘措施，现场设置排水沟及沉淀池所需费用，现场存放的油料和化学溶剂等物品的库房地面应做的防渗漏处理费用，食堂设置的隔离池费用，化粪池的抗渗处理费用，上下水管线设置的过滤网费用，以及降低噪声措施所需费用等。

② 文明施工费。包括"五板一图"，现场围挡的墙面美化（指内外粉刷、标语等）和压顶装饰，其他临时设施的装饰装修美化措施，符合卫生要求的饮水设备、淋浴、消毒等设施，防煤气中毒和防蚊虫叮咬等措施及现场绿化费用。

③ 安全施工费。包括定额项目中的垂直防护架、垂直封闭等防护；"四口"（指楼梯口、电梯口、通道口、预留口）的封闭、防护栏杆；高处作业悬挂安全带的悬索或其他设施，施工机具安全防护而设置的防护棚、防护门（栏杆）、密目式安全网封闭；起重机、塔吊等起重设备（含井架、门架）及外用电梯的安全防护措施；施工安全防护通道的费用。

④ 临时设施费。是指企业为进行建筑工程施工所必须搭设的生活和生产用的临时建筑物、构筑物和其他临时设施费用等。

A. 临时建筑物、构筑物：包括办公室、宿舍、食堂（包括制作间灶台及其周边贴瓷砖、地面的硬化和防滑处理、排风设施和冷藏设施）、厕所（包括水冲式或移动式及地面的硬化处理）、诊疗所、淋浴间、开水房、盥洗设施、文体活动室（场地）、仓库、加工场、搅拌站、密闭式垃圾站（或容器）、简易水塔等。

B. 其他临时设施：包括施工现场临时道路、供电管线（包括施工安全用电设置的漏电保护器、保护接地装置、配电箱等）、供水管道、排水管道；施工现场采用彩色、定型钢板、砖及混凝土砌块等围挡及灯箱式安全门、门卫室。

C. 临时设施费用：包括临时设施的搭设、维修、拆除费或摊销费用。

临时设施全部或部分由发包人提供时，承包人仍计取临时设施费，但应向发包人支付使用租金，各种库房和临时房屋租金标准按本定额规定或双方合同约定。

⑤ 防护用品等费用。包括扣件、起重机械安全检验检测费用；配备必要的应急救援器材、设备的购置费及摊销费用；防护用品的购置费及修理费、防暑降温措施费用；重大危险源、重大事故隐患的评估、整改、监控费用；安全生产检查与评价费用；安全技能培训及进行应急救援演练费用以及其他与安全生产直接相关的费用。

安全生产措施费根据各省费用定额规定的相应费率按下式计算：

$$\text{安全生产措施费} = \sum [(\text{直接工程费} + \text{单价措施费} + \text{总价措施费} + \text{企业管理费} + \text{利润} + \text{其他}) \times \text{相应费率}]$$

(3-2-18)

2. 间接费

间接费由企业管理费和规费组成。

(1) 企业管理费。是指企业组织施工生产和经营管理所需费用。其内容包括：

1) 管理人员工资。是指管理人员的基本工资、工资性补贴和职工福利费等。

2）办公费。是指企业管理办公用的文具、纸张、账表、印刷、邮电、书报、会议、水电、烧水和集体取暖（包括现场临时宿舍取暖）用燃料等费用。

3）差旅交通费。是指职工因公出差或调动工作的差旅费、住勤补助费、市内交通费和误餐补助费，职工探亲路费，劳动力招募费，职工离退休、退职一次性路费，工伤人员就医路费，工地转移费以及管理部门使用的交通工具的油料、燃料、养路费及牌照费。

4）固定资产使用费。是指管理和试验部门及附属生产单位使用的属于固定资产的房屋、设备仪器等的折旧、大修、维修或租赁费。

5）工具用具使用费。是指管理使用的不属于固定资产的工具、器具、家具、交通工具和检验、试验、测绘用具等的购置、维修和摊销费。

6）劳动保险费。是指支付离退休职工的易地安家补助费、职工退职金、六个月以上的病假人员工资、职工死亡丧葬补助费、抚恤费和按规定支付给离休干部的各项经费。

7）工会经费。是指企业按职工工资总额计提的工会经费。

8）职工教育经费。是指企业为职工学习先进技术、提高文化水平，按职工工资总额计提的费用。

9）财产保险费。是指施工管理用财产和车辆保险费用。

10）财务费。是指企业为筹集资金而发生的各项费用。

11）税金。是指企业按规定缴纳的房产税、车船使用税、土地使用税及印花税等。

12）其他。包括技术转让费、技术开发费、业务招待费、广告费、公证费、法律顾问费、审计费和咨询费等。

企业管理费可按下式计算：

$$企业管理费＝单位工程人工费×企业管理费率 \quad (3-2-19)$$

企业管理费的计费基础和费率按各地区建设行政造价主管部门规定执行。

（2）规费。根据国家法律、法规规定，由省级人民政府或省级有关权力部门规定施工企业必须缴纳的，应计入建筑安装工程造价的费用。其内容包括：

1）危险作业意外伤害保险费：是指按照《中华人民共和国建筑法》规定，企业为从事危险作业的建筑安装施工人员支付的意外伤害保险费。

2）工程定额测定费。是指按规定支付工程造价管理部门的定额测定费。

3）社会保险费。其内容包括：

① 养老保险费：是指企业按规定标准为职工缴纳的基本养老保险费。

② 失业保险费：是指企业按规定标准为职工缴纳的失业保险费。

③ 医疗保险费：是指企业按规定标准为职工缴纳的基本医疗保险费。

4）工伤保险费。是指企业按规定标准为职工缴纳的工伤保险费。

5）住房公积金。是指企业按规定标准为职工缴纳的住房公积金。

6）工程排污费。是指企业按规定标准缴纳的工程排污费。

规费可按下式计算：

$$规费＝\sum[(直接工程费＋定额措施费＋一般措施费＋安全生产措施费$$
$$＋企业管理费＋利润＋其他)×相应费率] \quad (3-2-20)$$

规费费率按各地区建设行政造价主管部门规定执行。

3. 利润

利润是指施工企业完成承包工程所获得的盈利。在社会主义商品经济中，利润是劳动者为社会创造的新增价值，是组成建筑产品价格的一部分。

施工企业通过计取利润，一方面可以衡量企业为社会创造的新增价值多少，另一方面也为企业扩大再生产、增添技术设备和改善职工的生活福利创造了条件，而且它也是社会财富的积累和社会消费基金的主要来源之一。因此，施工企业实行利润制度，有利于调动企业和职工的积极性，也有利于企业改善经济管理，加强经济核算和提高企业的经济效益。

利润的计算方法见下式：

$$利润＝单位工程人工费×利润率 \tag{3-2-21}$$

利润的计费基础和费率按各地区建设行政造价主管部门规定执行。

4. 其他

其他主要包括以下内容：

(1) 人工费价差。是指人工费信息价格（包括地、林区津贴、工资类别差等）与本定额规定标准的差价。其计算方法见下式：

$$人工费价差＝单位工程工日消耗量×（发承包双方商定的人工单价－定额人工单价） \tag{3-2-22}$$

(2) 材料价差。是指材料实际价格（或信息价格、价差系数）与省定额中材料价格的差价。其计算方法主要有以下两种：

1) 综合系数调差法。当材料价格调整面很大，而且又不是主要材料时，可由各地工程造价主管部门测算一个综合调整系数，按百分率计算，其计算方法见下式：

$$材料价差＝单位工程材料费×综合调差系数 \tag{3-2-23}$$

综合调差系数按各地区建设行政造价主管部门规定执行。

2) 单项材料调差法。当材料价格调整的种类不多时，一般采用单项材料调差方法计算，其计算方法见下式：

$$材料价差＝\sum[材料用量×（实际材料单价－定额材料单价）] \tag{3-2-24}$$

(3) 机械费价差。是指机械费实际价格（或信息价格、价差系数）与省定额中机械费价格的差价。其计算方法见下式：

$$机械费价差＝\sum[机械台班用量×（实际机械台班单价－定额机械台班单价）] \tag{3-2-25}$$

(4) 总承包服务（管理）费。是指总承包人为配合协调发包人进行的工程分包、自行采购的设备、材料等进行管理、服务以及施工现场管理（包括分包的工程与主体发生交叉施工）、竣工资料汇总整理等服务所需的费用。该项费用应根据招标人提出的要求所发生的费用确定。其计算方法见下式：

$$总承包服务费＝分包专业工程的（直接工程费＋定额措施费＋一般措施费 \\ ＋企业管理费＋利润）×总承包服务费率 \tag{3-2-26}$$

总承包服务费率按各地区建设行政造价主管部门规定执行，一般不大于 3%。

（5）零星工作费。是指完成发包人提出的，工程量暂估的零星工作项目所需的费用。

5. 税金

税金是指国家税法规定的应计入建筑安装工程造价内增值销项税额。由于税金是计入工程造价的一种税款，它是工程造价中盈利的一个组成部分。因此，税金的计费基础应是构成造价的全部费用，即以直接费、间接费、利润三项之和为基数计算税金。其计算方法见下式：

$$税金 = （直接费 + 间接费 + 利润）× 税率 \tag{3-2-27}$$

税金的计费基础和税率按各地区建设行政造价主管部门规定执行。

（三）工程量清单计价模式费用构成和计算

工程量清单计价是一种国际上通用的工程造价计价方式，是在工程招标投标过程中，招标人按照国家工程量清单计价规范的工程量计算规则，计算并提供工程数量。由投标人依据工程量清单、施工图纸、企业定额、各省费用定额标准和市场价格自主报价，并经评审后合理低价中标的工程造价计价方式。根据国家现行《建设工程工程量清单计价规范》GB 50500—2013 规定，使用国有资金投资的建设工程发承包，必须采用工程量清单计价。非国有资金投资的建设工程，宜采用工程量清单计价。

工程量清单计价模式的费用构成，是根据工程施工的实际情况和特点，将定额计价模式中的直接费、间接费、利润、其他及税金进行分解、整合，按国家现行《建设工程工程量清单计价规范》GB 50500—2013 规定，建筑安装工程造价由分部分项工程费、措施项目费、其他项目费、规费及税金构成，如图 3-2-4 所示。

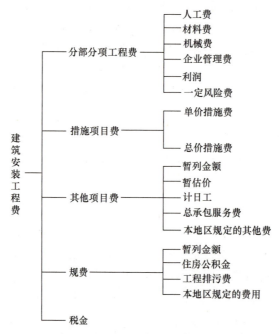

图 3-2-4　工程量清单计价模式的费用构成

工程量清单的造价确定，首先由投标人依据招标文件中提供的分项工程量清单乘以相应分项工程综合单价即为分项工程费，按分部工程汇总即为分部工程费；然后计算措施项目费、其他项目费、规费及税金等；最后汇总以上各项费用即为工程造价。其计算公式如下：

$$建筑工程造价 = \sum(分部分项工程清单工程量 \times 综合单价)$$
$$+ 措施项目费 + 其他项目费 + 规费 + 税金 \quad (3-2-28)$$

1. 分部分项工程费

分部分项工程费是指完成分部分项工程量清单项目所需的工程费用。投标人应根据企业自身的技术水平、管理水平、工程特点和现场实际情况及市场技术经济情况，填报分部分项工程量清单计价表中每个分项工程的综合单价，每个分项工程的工程量与综合单价的乘积即为分项工程费，再将分项工程费汇总就是分部工程费。分部分项工程费的计算公式如下：

$$分部分项工程费 = \sum(分项工程清单工程量 \times 综合单价) \quad (3-2-29)$$

综合单价是指完成一个规定计量单位的分部分项工程量清单项目或措施清单项目所需的人工费、材料费、施工机械使用费、企业管理费、利润及一定范围内的风险费用。

综合单价中的人工费、材料费、施工机械使用费、企业管理费及利润的计算方法，同定额计价模式。

一定范围内的风险费用是指隐含于已标价工程量清单综合单价中，用于化解发承包双方在工程合同中约定内容和范围内的市场价格波动风险的费用。其风险费计算按各省规定结合招标文件规定执行。

2. 措施项目费

措施项目费是指为完成工程项目施工，发生于该工程施工准备和施工过程中的技术、生活、安全、环境保护等方面的非工程实体项目所需的费用。措施项目费由单价措施费（定额措施费）和总价措施费组成。该项费用应根据拟建工程的施工组织设计或施工方案、施工特点、现场实际情况和综合单价，按本地区建筑安装工程费用定额的有关规定计算。其计算公式如下：

$$单价措施项目费 = \sum(措施项目清单工程量 \times 综合单价) \quad (3-2-30)$$
$$总价措施项目费 = \sum(本地区规定的计费基础 \times 费率) \quad (3-2-31)$$
$$措施项目费 = 单价措施费 + 总价措施费 \quad (3-2-32)$$

3. 其他项目费

其他项目费是指分部分项工程费和措施项目费以外的，在工程项目施工过程中可能发生的其他费用。其他项目清单包括招标人部分和投标人部分。

（1）招标人部分包括暂列金额、暂估价等，这是招标人按照估算金额确定的。

1）暂列金额。是指招标人在工程量清单中暂定并包括在合同价款中的一笔款项。用于施工合同签订时尚未确定或者不可预见的所需材料、设备、服务的采购，施工中可能发生的工程变更、合同约定调整因素出现时的工程价款调整以及发生的索赔、现场签证确认等的费用。其计算方法由招标人（建设单位）根据工程特点，按有关计价规定估算，在招标投标过程中，作为不可竞争费用，各投标单位均按招标文件给定数额列入投标总价中。施工过程中由建设单位掌握使用暂列金额，扣除所增加的设计变更等费用，如有余额，归建设单位。其计算公式如下：

$$暂列金额＝分项工程费×费率 \qquad (3\text{-}2\text{-}33)$$

费率按工程所在地区规定执行。

2）暂估价。是指招标人在工程量清单中提供的用于支付必然发生，但暂时不能确定价格的材料、工程设备的单价以及专业工程的金额。其计算方法由招标人（建设单位）根据材料特点或者设备特点，按市场行情进行估算。招标投标过程中，作为不可竞争费用，各投标单位均按招标文件给定估算价计价。结算时，甲乙双方按双方认定的价格计价。

（2）投标人部分包括计时工、总承包服务费等。

计时工是在施工过程中，承包人完成发包人提出的工程合同范围以外的零星项目或工作，按合同约定的单价计价。其计算方法由招标人（建设单位）和投标人（施工企业）按施工过程中的签证计价。

总承包服务费是指总承包人为配合协调发包人进行的专业工程分包，发包人自行采购的材料、工程设备等进行保管以及施工现场管理、竣工资料汇总整理等服务（如分包人使用总包人的脚手架、水电接驳等）所需的费用。其计算方法由建设单位在招标控制价中根据总包服务范围和有关计价规定编制，施工企业投标时自主报价，结算时按合同约定执行。其计算公式如下：

$$总承包服务费＝专业分包工程造价×费率 \qquad (3\text{-}2\text{-}34)$$

费率按工程所在地区规定执行。

4. 规费

根据国家法律、行政法规规定，由省级人民政府或省级有关权力部门规定施工企业必须缴纳的，应计入建筑安装工程造价的费用。其计算公式如下：

$$规费＝（分项工程费＋措施项目费＋其他项目费）×费率 \qquad (3\text{-}2\text{-}35)$$

费率按工程所在地区规定执行。

5. 税金

税金是指国家税法规定的应计入建筑安装工程造价内增值销项税额。由于税金是计入工程造价的一种税款，它是工程造价中盈利的一个组成部分。其计算公式如下：

$$税金＝（分部分项工程费＋措施项目费＋其他项目费＋规费）×税率 \qquad (3\text{-}2\text{-}36)$$

税率按工程所在地区规定执行。

（四）按定额计价模式编制投标报价

按定额计价模式编制投标报价，是根据定额规定的分部分项工程子目逐项计算工程量，套用预算定额基价或当地的市场价格计算直接工程费，然后再套用本地区建筑安装工程费用定额计取各项费用，最后汇总形成基础标价。

1. 定额计价模式投标报价文件的编制步骤

（1）收集投标报价文件编制的依据资料。主要包括工程所在地区工程造价文件、工程招标文件、工程施工图纸、施工组织设计、各类定额、市场询价信息等。

（2）熟悉招标文件、施工图纸、施工组织设计及各类定额。尤其是对定额的项目划分、子目工作内容、计算规则等，以便防止缺项漏项问题。

（3）根据施工图纸、预算定额，确定工程量计算项目。

（4）编制分部分项工程量计算表（见表 3-2-16），计算各分项工程量。

（5）编制单价措施项目工程量计算表（参照表 3-2-16），计算各单价措施项目的工程量。

（6）编制直接工程费计算表（见表 3-2-12），确定各分项工程直接工程费，然后汇总确定各分部工程直接工程费。

（7）编制单价措施费计算表（参照表 3-2-12），确定单价措施费。

（8）编制分部分项工程工料分析（参照表 3-2-15），确定各分部分项工程人工、材料用量。

（9）编制单价措施项目工料分析（参照表 3-2-15），确定各单价措施项目人工、材料用量。

（10）编制单位工程人工、材料汇总表，确定单位工程人工、材料用量：

1）编制单位工程人工分析汇总表（见表 3-2-13），确定单位工程人工用量；

2）编制单位工程材料分析汇总表（见表 3-2-14），确定单位工程材料用量；

（11）编制建筑安装工程费计算表（见表 3-2-11），计算总价措施项目费、企业管理费、利润、其他费用、规费和税金，汇总上述各项费用，确定单位工程造价。

（12）编制单项工程费汇总表（见表 3-2-10），确定单项工程造价。

（13）编制工程投标报价汇总表（见表 3-2-9），确定工程投标报价。

（14）编制工程计价总说明（参照工程量清单计价总说明）。

（15）编制投标报价封面（参照工程量清单计价封面）。

（16）将上述各表装订成册，签字盖章。

2. 定额计价模式投标报价的表格格式

定额计价模式的投标报价表通常包括：投标报价汇总表、单项工程费汇总表、设备报价表、建筑安装工程费用计算表、直接工程费计算表、单位工程人工分析汇总表、单位工程材料分析汇总表及工料分析表等。其表格格式见表 3-2-9～表 3-2-16。

表 3-2-9　工程投标报价汇总表

工程名称：　　　　　　　　　　　　　　　　　　　　　　　　　　　第　页　共　页

序号	单项工程名称	金额(元)
	合计	

投标单位：（盖章）

法定代表人：（签字、盖章）

表 3-2-10　单项工程费汇总表

工程名称：　　　　　　　　　　　　　　　　　　　　　　　　　　　第　页　共　页

序号	单位工程名称	金额(元)
	合计	

投标单位：（盖章）

法定代表人：（签字、盖章）

表 3-2-11 建筑安装工程费计算表

序号	费用名称	计费基础	费率（%）	金额（元）	备注

表 3-2-12 直接工程费计算表

序号	定额编号	分项工程名称	工程量		价值（元）		其中					
			定额单位	数量	定额基价	金额	人工（元）		材料费（元）		机械费（元）	
							单价	金额	单价	金额	单价	金额

表 3-2-13 单位工程人工分析汇总表

序号	人工名称	单位	数量	备注

表 3-2-14 单位工程材料分析汇总表

序号	材料名称	规格	单位	数量	备注

表 3-2-15　分部分项工程工料分析表

序号	定额编号	分项工程名称	单位	工程量	定额	数量	定额	数量	定额	数量

表 3-2-16　分部分项工程量计算表

序号	定额编号	定额项目名称	计算式	计量单位	工程量合计

（五）按工程量清单计价模式编制投标报价

工程量清单由招标人或受其委托具有工程造价资质的中介机构，按国家规定的《建设工程工程量清单计价规范》GB 50500—2013 规定，结合《房屋建筑和市政工程标准施工招标文件》及招标文件的有关要求，根据施工设计图纸及施工现场实际情况，将拟建招标工程的全部分部分项工程项目、内容和工程量，按工程部位、性质等列在清单上作为招标文件的组成部分，供投标单位逐项编制投标报价文件。

3-6

工程量清单
报价的组成

1. 工程量清单计价模式投标报价文件的编制步骤

（1）投标报价文件编制的依据准备齐全。主要包括《建设工程工程量清单计价规范》GB 50500—2013、《房屋建筑和市政工程标准施工招标文件》、工程所在地区工程造价文件、工程招标文件、工程施工图纸、施工组织设计、使用的各类定额及市场询价信息等。

（2）熟悉招标文件、施工图纸、施工组织设计及使用的各类定额。尤其是对定额的项目划分、子目工作内容、计算规则等与清单的规定进行比较，以便防止缺项漏项问题。

（3）审查核实招标人提供的各分部分项清单项目和工程量。

（4）计算计价工程量（又称定额施工工程量）。

根据以上文件和依据，计算各分项工程的计价工程量，要注意与清单工程量的区别：

① 同一项目名称的分项工程，清单规则里包括的工作项目往往是多个定额项目的综合（如土方工程、砌筑工程等），要注意结合定额的项目划分和施工组织设计，将项目列全，防止漏算项目。

② 在罗列分项工程的计价工程量项目时，要注意定额子目中的工作内容，防止漏项。

③ 计价工程量是依据所使用的定额计算规则进行计算，要注意定额某些分项工程的计算规则与清单工程量计算规则的不同。

（5）编制综合单价分析表，确定各分项工程综合单价：

① 根据定额（指企业定额或工程所在地区预算定额），确定各清单分项工程相对应定额子目单位产品的人工、材料和机械台班消耗量；

② 根据市场询价或参考工程所在地区造价主管部门发布的工料机造价指数，确定定额子目人工、材料和机械台班单价；

③ 根据市场和本企业实际情况，确定企业管理费率、利润率及一定风险费率；

④ 根据各清单分项工程相对应定额子目单位产品的人工、材料、机械台班消耗量和单价及企业管理费率、利润率及一定风险费率，计算各定额子目单位产品人工费、材料费、施工机械费、企业管理费、利润及一定范围风险费。

⑤ 根据各分项工程的计价工程量，编制工程量清单综合单价分析表（见表 3-2-22），确定各清单分项工程单位产品的综合单价。

（6）编制分部分项工程量清单与计价表（见表 3-2-21），计算各清单分项工程费，然后汇总确定分部工程费。

（7）编制措施项目表，确定措施项目费：

① 编制措施项目清单与计价表（一）（见表 3-2-23），计算总价措施费；

② 编制单价措施项目综合单价分析表（参照表 3-2-22）和措施项目清单与计价表（二）（见表 3-2-24），计算单价措施费。

③ 汇总总价措施费和单价措施费，确定措施项目费。

（8）编制其他项目清单与计价汇总表，确定其他项目费：

① 编制暂列金额明细表（见表 3-2-26），确定暂列金额；

② 编制材料和工程设备暂估单价表（见表 3-2-27），确定各材料和工程设备暂估单价；

③ 编制专业工程暂估价表（见表 3-2-28），确定各专业工程暂估价；

④ 编制计日工表（见表 3-2-29），确定计日工费用；

⑤ 编制总承包服务费计价表（见表 3-2-30），确定总承包服务费；

⑥ 编制其他项目清单与计价汇总表（见表 3-2-25），确定其他项目费。

（9）编制规费、税金项目清单与计价表（见表 3-2-31），确定规费和税金。

（10）编制单位工程投标报价汇总表（见表 3-2-20），确定单位工程造价。

（11）编制单项工程投标报价汇总表（见表 3-2-19），确定单项工程造价。

（12）编制工程项目投标报价汇总表（见表 3-2-18），确定建设项目总造价。

（13）编制工程总说明（见表 3-2-17）。

（14）编制投标总价表（见附式 17）。

（15）编制投标报价工程量清单封面（见附式 16）。

（16）将上述各表装订成册，签字盖章。

2. 工程量清单计价模式投标报价的表格格式

工程量清单计价模式的投标报价表通常包括：工程量清单封面、投标总价、总说明、汇总表、分部分项工程量清单表、措施项目清单表、其他项目清单表、规费和税金项目清单与计价表等，详见附式 16、附式 17、表 3-2-17～表 3-2-34。

附式 16：

_____工程

工程量清单

招标人：_____　　工程造价咨　询　人：_____
　　　　　（单位盖章）　　　　　　　　　　　　　　　（单位资质专用章）

法定代表人
或其授权人：_____　　法定代表人
或其授权人：_____
　　　　　（签字或盖章）　　　　　　　　　　　　　　（签字或盖章）

编制人：_____　　复核人：_____
　（造价人员签字盖专用章）　　　　　　　　　（造价工程师签字盖专用章）

编制时间：　年　月　日　　　　复核时间：　年　月　日

附式 17：

投标总价表

招　标　人：＿＿＿＿＿＿＿＿＿＿＿＿＿＿＿＿＿＿＿

工程名称：＿＿＿＿＿＿＿＿＿＿＿＿＿＿＿＿＿＿＿

投标总价(小写)：＿＿＿＿＿＿＿＿＿＿＿＿＿＿＿＿

　　　　(大写)：＿＿＿＿＿＿＿＿＿＿＿＿＿＿＿＿

投　标　人：＿＿＿＿＿＿＿＿＿＿＿＿＿＿＿＿＿＿＿

　　　　　　　　　　　　(单位盖章)

法定代表人

或其授权人：＿＿＿＿＿＿＿＿＿＿＿＿＿＿＿＿＿＿

　　　　　　　　　　　　(签字或盖章)

编制人：＿＿＿＿＿＿＿＿＿＿＿＿＿＿＿＿＿

　　　　　　　　(造价人员签字盖专用章)

编制时间：　　　年　　　月　　　日

表 3-2-17　工程总说明

工程名称：　　　　　　　　　　　　　　　　　　　　第　页　共　页

表 3-2-18 工程项目投标报价汇总表

工程名称：　　　　　　　　　　　　　　　　　　　　　　　　　　　　　　第 页 共 页

序号	单项工程名称	金额（元）	其中：		
			暂估价（元）	安全文明施工费(元)	规费（元）
	合计				

表 3-2-19 单项工程投标报价汇总表

序号	单位工程名称	金额（元）	其中：		
			暂估价（元）	安全文明施工费(元)	规费（元）
	合计				

表 3-2-20 单位工程投标报价汇总表

工程名称：　　　　　　　　　　　　　　　　　　　　　　　　　　　　　　第 页 共 页

序号	汇总内容	金额(元)	其中:暂估价(元)
1	分部分项工程		
1.1			
1.2			
1.3			
2	措施项目		—
2.1	安全文明施工费		—
3	其他项目		—
3.1	暂列金额		—
3.2	专业工程暂估价		—
3.3	计日工		—
3.4	总承包服务费		—
4	规 费		—
5	税 金		—
	投标报价合计＝1＋2＋3＋4＋5		

表 3-2-21　分部分项工程量清单与计价表

工程名称：　　　　　　　　　　　　标段：　　　　　　　　　　　　第　页　共　页

序号	项目编码	项目名称	项目特征描述	计量单位	工程量	金额（元）		
						综合单价	合价	其中：暂估价
本页合计								
合计								

注：根据《建筑安装工程费用项目组成》的规定，为计取规费等的使用，可在表中增设其中："直接费"、"人工费"或"人工费＋机械费"。

表 3-2-22　工程量清单综合单价分析表

工程名称：　　　　　　　　　　　　标段：　　　　　　　　　　　　第　页　共　页

项目编码		项目名称		计量单位		工程量	
清单综合单价组成明细							
定额编号	定额名称	定额单位	数量	单价（元）				合价（元）			
				人工费	材料费	机械费	管理费和利润	人工费	材料费	机械费	管理费和利润
人工单价		小计									
元/工日		未计价材料和工程设备费									
清单项目综合单价											

材料费明细	主要材料和工程设备名称、规格、型号	单位	数量	单价（元）	合计（元）	暂估单价（元）	暂估合价（元）
	其他材料费						
	材料费小计						

注：1. 如不使用省级或行业建设主管部门发布的计价定额，可不填定额项目、编号等；
　　2. 招标文件提供了暂估单价的材料，按暂估的单价填入表内"暂估单价"栏及"暂估合价"栏。

表 3-2-23　措施项目清单与计价表（一）

工程名称：　　　　　　　　　　标段：　　　　　　　　　　　第　页　共　页

序号	项目名称	计算基础	费率(%)	金额(元)
1	安全文明施工费			
2	夜间施工费			
3	二次搬运费			
4	冬、雨期施工费			
5	大型机械设备进出场及安拆费			
6	施工排水、降水			
7	地上、地下设施、建筑物的临时保护设施			
8	已完工程及设备保护			
9	各专业工程的措施项目			
10				
合计				

注：1. 本表适用于以"项"计价的措施项目；

　　2. 根据建设部、财政部发布的《建筑安装工程费用项目组成》（建标［2003］206 号）的规定，"计算基础"可为"直接费"、"人工费"或"人工费＋机械费"。

表 3-2-24　措施项目清单与计价表（二）

工程名称：　　　　　　　　　　标段：　　　　　　　　　　　第　页　共　页

序号	项目编码	项目名称	项目特征描述	计量单位	工程量	金额(元)	
						综合单价	合价
本页小计							
合计							

注：本表适用于以综合单价形式计价的措施项目。

表 3-2-25　其他项目清单与计价汇总表

工程名称：　　　　　　　　　　　　　标段：　　　　　　　　　　　　　第 页 共 页

序号	项目名称	计量单位	金额(元)	备注
1	暂列金额			明细详见表 3-2-26
2	暂估价			
2.1	材料暂估价			明细详见表 3-2-27
2.2	专业工程暂估价			明细详见表 3-2-28
3	计日工			明细详见表 3-2-29
4	总承包服务费			明细详见表 3-2-30
5				
	合计			

注：材料和工程设备暂估单价进入清单子目综合单价，此处不汇总。

表 3-2-26　暂列金额明细表

工程名称：　　　　　　　　　　　　　标段：　　　　　　　　　　　　　第 页 共 页

序号	项目名称	计量单位	暂定金额(元)	备注

注：此表由招标人填写，不包括计日工。暂列金额项目部分如不能详列明细，也可只列暂列金额项目总金额，投标人应将上述暂列金额计入投标总价中。

表 3-2-27 材料和工程设备暂估单价表

工程名称：　　　　　　　　　　　　　标段：　　　　　　　　　　　　　第 页 共 页

序号	材料和工程设备名称、规格、型号	计量单位	暂估单价（元）	备注

注：1. 此表由招标人填写，并在备注栏说明暂估价的材料和工程设备拟用在哪些清单项目中，投标人应将上述材料、工程设备暂估单价计入工程量清单综合单价报价中；达到规定的规模标准的重要设备、材料以外的其他材料、设备约定采用招标方式采购的，应当同时注明；

2. 投标人应注意，这些材料和工程设备暂估单价中不包括投标人的企业管理费和利润，组成相应清单子目综合单价时，应避免重复计取；

3. 材料、工程设备包括原材料、燃料、构配件以及按规定应计入建筑安装工程造价的设备。

表 3-2-28 专业工程暂估价表

工程名称：　　　　　　　　　　　　　标段：　　　　　　　　　　　　　第 页 共 页

序号	工程名称	工程内容	金额（元）	备注

注：1. 此表由招标人填写，投标人应将上述专业工程暂估价计入投标总价中；

2. 备注栏中应当对未达到招标规模标准的是否采用分包做出说明，采用分包方式的应当由发包人和承包人依法招标选择分包人。

表 3-2-29　计日工表

工程名称：　　　　　　　　　　　标段：　　　　　　　　　　　第　页　共　页

编号	项目名称	单位	暂定数量	综合单价（元）	合价（元）
一	劳务（人工）				
1					
2					
	人工小计				
二	材料				
1					
2					
	材料小计				
上述材料表中未列出的材料设备，投标人计取的包括企业管理费、利润（不包括规费和税金）在内的固定百分比：					
三	施工机械				
1					
2					
	施工机械小计				
	总计				

注：1. 此表暂定项目、数量由招标人填写，编制招标控制价时，单价由招标人按有关计价规定确定；
　　2. 投标时，子目和数量按招标人提供数据计算，单价由投标人自主报价，计入投标总价中。

表 3-2-30　总承包服务费计价表

工程名称：　　　　　　　　　　　标段：　　　　　　　　　　　第　页　共　页

序号	工程名称	项目价值（元）	服务内容	费率（%）	金额（元）
1	发包人发包专业工程				
2	发包人供应材料和工程设备				
	合计				

表 3-2-31 规费、税金项目清单与计价表

工程名称： 标段： 第 页 共 页

序号	项目名称	计算基础		费率(%)	金额(元)
1	规费				
1.1	工程排污费				
1.2	社会保障费				
(1)	养老保险费				
(2)	失业保险费				
(3)	医疗保险费				
1.3	住房公积金				
1.4	危险作业意外伤害保险费				
1.5	工程定额测定费				
……	……				
2	税金	分部分项工程费＋措施项目费＋其他项目费＋规费			
		合计			

注：规费根据建设部、财政部发布的《建筑安装工程费用项目组成》的规定，"计算基础"可为"直接费"、"人工费"或"人工费＋机械费"。

表 3-2-32 措施项目报价组成分析表

工程名称： 标段： 第 页 共 页

子目编码	措施项目名称	拟采取主要方案或投入资源描述	实际成本详细计算表	报价构成分析			报价金额
				实际成本	管理费	利润	

表 3-2-33　费率报价表

工程名称：　　　　　　　　　　　　标段：　　　　　　　　　　　　　第　页　共　页

序号	费用名称	取费基数	报价费率(%)
A	建筑工程		
1	企业管理费		
2	利润		
B	装饰和装修工程		
3	企业管理费		
4	利润		
C	机电安装工程		
5	企业管理费		
6	利润		
D	市政/园林绿化工程		
7	企业管理费		
8	利润		

注：本报价表中的费率应与分部分项工程清单综合单价分析表中的费率一致。

表 3-2-34　主要材料和工程设备选用表

工程名称：　　　　　　　　　　　　标段：　　　　　　　　　　　　　第　页　共　页

序号	材料和工程设备名称	单位	单价(元)	数量	品牌/厂家	规格型号	备注

注：本表中所列材料设备应仅限于承包人自行采购范围内的材料设备。本表格可以按照同样的格式扩展。

3. 工程量清单投标报价编制注意事项

（1）在编制投标报价前应调查现场，了解项目所在地的周围环境、自然条件、生产和生活条件、人材机市场行情等，尽量避免出现不必要的风险。

（2）投标人要认真审查核实工程量。工程量清单模式下招标文件的工程量计算，是图纸上标注的工程量。投标人要认真熟悉招标文件和施工图纸，考虑施工方案中的工程量增减，当招标文件和设计图纸有不合理之处，应及时提出修改意见，引起发包人的重视。针对已发现的漏洞，在报价时相应压低报价，以便在施工过程中利用这些漏洞进行索赔，提高获利的机会。

（3）在导入招标人提供的工程量清单电子版时，要注意清单的格式是否发生变化，若发生变化，应按招标人给出的纸质工程量清单格式调整。如顺序、序号、项目编码、项目名称、项目特征描述、工程量等，要与招标人给出的工程量清单格式一致（尤其要注意分部分项工程量清单计价表、措施项目清单计价表）。

（4）招标人提供的工程量清单项目，作为投标报价的共同基础，投标报价时工程量清单所列的工程量不能改动。投标人中标后按招标文件的规定核对和确认。

（5）按照《建设工程工程量清单计价规范》GB 50500—2013 第 6.1.4 条规定："投标人必须按招标工程量清单填报价格。项目编码、项目名称、项目特征、计量单位、工程量必须与招标工程量清单一致。"

（6）投标报价应根据招标文件提供的工程量清单和有关要求、施工现场实际情况及投标拟定的施工组织设计或施工方案，依据企业定额或参照建设行政主管部门发布的消耗量定额和市场价格信息，并按照国务院和省、自治区、直辖市人民政府建设行政主管部门发布的工程造价计价办法进行编制。

（7）在投标报价中，工程量清单中的每一子目须填入单价和合价，没有填写单价和合价的项目费用将不予支付，视为已综合在工程量清单的其他单价或合价之中，因此投标人应仔细填写每一单项的单价和合价，做到报价时不漏项不缺项。

（8）工程量清单中标价的单价或金额，应包括所需人工费、材料费、施工机械使用费、管理费和利润，以及一定范围内的风险费用。

（9）管理费应由投标人在保证不低于其成本的基础上做竞争性考虑；利润由投标人根据自身情况和综合实力做竞争性考虑。

（10）由于工程有施工周期长、体型庞大、露天作业多等特点，不可预见因素较多。因此，投标报价必须充分考虑到风险因素，其风险主要考虑工程量变化及工程内容变化，合同单价是否允许调整，材料价格涨幅到什么幅度合同单价才允许调整等。

（11）措施项目清单计价应根据投标人的施工组织设计进行报价。可以计量工程量的措施项目，应按分部分项工程量清单的方式采用综合单价计价；其余的措施项目可以"项"为单位的方式计价。投标人所填报价格应包括除规费、税金外的全部费用。

（12）总承包服务费根据招标文件中列出的内容和要求，按"总承包服务费计价表"所列格式自主报价。

（13）工程暂定价材料由招标人采购的，招标人提供的单价是暂定价，供投标人报价；承包商采购的，须经招标人认可，单价按招标人签证单价结算，投标时单价不得改动。

（14）措施项目清单中的安全文明施工费、规费和税金，应按国家、省级或行业建设主管部门的规定列项和计算，不得作为竞争性费用。

（15）除招标文件有强制性规定以及不可竞争部分以外，投标报价由投标人自主确定，但不得低于其成本。

（16）"投标报价汇总表"中的投标总价由分部分项工程费、措施项目费、其他项目费、规费和税金组成，并且"投标报价汇总表"中的投标总价应当与构成已标价工程量清单的分部分项工程费、措施项目费、其他项目费、规费和税金的合计金额一致。

（17）投标总价为投标人在投标文件中提出的各项支付金额的总和，是实施、完成招标工程并修补缺陷以及履行招标文件中约定的风险范围内的所有责任和义务所发生的全部费用。

（18）在投标报价中，不能超出招标人给出的招标控制价、投标总价、措施项目费、安全文明施工费及规费，否则作为废标处理。

（19）若需编制技术标及相应报价，应避免技术标报价与商务标报价出现重复，尤其是技术标中已经包括的措施项目，投标时应注意区分。

（20）投标报价必须与施工组织设计紧密结合。施工组织设计是投标文件中不可缺少的组成部分，包括组织技术措施、安全文明施工措施、施工方案、施工平面布置、施工进度计划等。如果施工组织设计不合理，与投标报价的分部分项清单项目和措施清单项目不一致，降低成本的技术措施不切实可行，过低的投标报价就有可能被判为废标。

（21）投标人应认真研究国家现行《建设工程工程量清单计价规范》GB 50500—2013的各项规定，明确各清单项目所包含的工作内容和要求、各项费用的组成等，投标时仔细研究清单项目的描述，真正把自身的管理优势、技术优势、资源优势等落实到细微的清单项目报价中。

（22）投标人要熟悉国家、省、自治区、直辖市人民政府建设行政主管部门发布的工程造价计价办法，掌握一定的投标报价策略和技巧，根据各种影响因素和工程具体情况灵活机动地调整报价，提高企业的市场竞争力。

（23）要掌握知己知彼的原则，了解招标人和竞争对手。要了解招标人发包工程的目的、资金来源及筹备情况、资金支付方法等。了解竞争对手承揽工程的目的，熟悉对手的投标技巧与策略。

（24）投标人要根据本企业的经营管理水平、经济实力、企业定额等，确定适合自己的经营报价策略，同时根据企业发展需求为了打开市场、着眼于发展等情况，制定出投标时可能使用的投标报价调整系数。

（25）施工企业应编制企业内部定额，提高自主报价能力。企业定额是根据本企业施工技术和管理水平以及有关工程造价资料制定的，是供本企业使用的人工、材料和机械台班消耗量标准。通过制定企业定额，施工企业可以清楚地计算出完成项目所需耗费的成本与工期，从而可以在投标报价时做到心中有数，避免盲目报价导致降低利润或亏损现象的发生。

复习思考题 🔍

1. 投标文件由哪些内容组成？其编制程序有哪些？

2. 为什么要制定投标截止时间和投标有效期？国家法律法规对投标截止时间和投标有效期有何规定？

3. 国家法律法规对投标文件的编制有何规定？

4. 编制投标文件应注意哪些事项？

5. 编制施工组织设计应遵循哪些原则？编制依据包括哪些内容？

6. 编制施工组织设计（技术标）主要包括哪些内容？

7. 技术标中应编制哪些技术组织措施计划？

8. 投标报价的编制依据有哪些？

9. 投标报价的编制程序是什么？

10. 我国工程造价计价模式有哪几种？各自的适用范围？二者有何区别？

11. 定额计价模式由哪些费用构成？各项费用如何计算？

12. 工程量清单计价模式由哪些费用构成？各项费用如何计算？

13. 如何编制定额计价模式的投标报价？

14. 如何编制工程量清单计价模式的投标报价？

15. 编制工程量清单投标报价应注意哪些事项？

任务 3.3　建设工程施工投标实务

引导问题

1. 潜在投标人参加建设工程投标主要做哪些工作？
2. 异地企业到本地投标需要做哪些准备工作？
3. 潜在投标人如何熟悉和研究招标文件？
4. 潜在投标人如何进行工程现场勘察和参加标前会议？
5. 工程开标前如何办理投标担保？
6. 潜在投标人如何运用投标决策、策略和技巧，增大中标的概率？
7. 投标人如何进行投标风险防范？
8. 投标人如何递交投标文件和参加开标会议？
9. 中标人如何办理履约担保？

工作任务

主要介绍投标报名和参与资格预审、办理注册手续、领取和研究招标文件、调查投标环境和参加标前会议、办理投标担保、建设工程投标决策、策略和技巧、投标风险与防范、递交投标文件和参加开标会议、领取中标通知书和签订工程施工合同、相互串通投标的违法行为及案例等内容。

本工作任务要了解建设工程施工投标实务的内容，了解办理异地投标登记注册的手续；掌握如何研究招标文件，如何踏勘施工现场和参加标前会议，如何办理投标担保；能与投标机构共同调查、研究、分析招标项目，防范与规避投标风险，能科学、合理地做出投标决策方案，运用适当的投标策略和投标技巧进行投标文件编制，及时递交投标文件和参加开标会议；如果中标，能及时办理履约担保手续，能在中标通知书发出之日起30天内与招标人签订施工合同；重点是在招标投标活动中如何规避相互串通投标的违法行为。

学习参考资料

1.《中华人民共和国招标投标法》；
2.《工程建设项目施工招标投标办法》（九部委［2013］第23号令）；
3.《中华人民共和国招标投标法实施条例》（国务院令第613号）；
4.《房屋建筑和市政基础设施工程施工招标投标管理办法》（住房和城乡建设部令第47号）；
5. 其他有关招标投标资料。

一、投标报名和参与资格预审

1. 投标报名

投标人（承包商）获得招标信息后，应认真研究招标公告或投标邀请书的内容，准确了解有关招标工程的各种信息，如工程规模、性质、工程地点、报名资质条件、报名时间和地点及报名所需携带的证明材料等要求。

投标人还应根据工程招标信息进行调研工作，重点调研工程项目及项目所在地的社会情况、经济环境、自然环境、市场情况、业主情况及工程项目的基本概况等。根据掌握的工程信息并结合投标人自身的实际情况和需要，便可确定是否参与投标。如果决定参加投标，则应按招标公告的要求进行投标报名，并准备投标资格预审材料。

2. 投标人参与资格预审应注意问题

投标资格预审能否通过，是承包商投标过程中的第一关。因此，在参与投标资格预审时承包商应注意以下问题：

（1）投标申请人不得以其他形式对同一标段再次申请资格预审；

（2）承包商应注意平时对一般资格预审的有关资料的积累工作。如果平时不积累资料，完全靠临时匆忙准备，容易达不到业主要求而失去投标机会；

（3）填写资格预审表时，要认真分析预审表的有关内容和要求。既要针对项目的特点，填写好重点部分，又要反映出自身的施工经验、水平和组织管理能力；

（4）投标资格预审文件必须在招标人规定的截止时间以前递交到招标人指定的地点，超过截止时间递交的资格预审文件将不被接受；

（5）投标资格预审文件一般应递交正本一份，副本三份（通常在投标资格预审文件中作规定），并分别密封。在密封外包装封面上要写明"某某标段投标资格预审文件"，还应写明潜在投标人的名称、地址和联系电话；

（6）所有投标资格预审文件的有关表格都要由法定代表人签字和盖章，或由法定代表人授权的委托代理人签字和盖章，同时要附授权委托书。

二、办理注册手续

（一）我国异地投标登记注册

我国建筑企业跨越省、自治区、直辖市范围，去其他地区投标，须持企业所在地县级以上人民政府建设行政主管部门出具的证明及企业营业执照、资质等级证书和开户银行资信证明等证件，到工程所在地建设行政主管部门登记，领取投标许可证。中标后须办理注册手续；注册期限按承建工程的合同工期确定；注册期满，工程未能按期完工的，须办理注册延期手续。

（二）国际工程投标注册

外国承包商进入招标工程项目所在国开展业务活动，必须按该国的规定办理注册手续，取得合法地位。有的国家要求外国承包商在投标之前注册，才准许进行业务活动；有的国家则允许先进行投标活动，待中标后再办理注册手续。

外国承包商向招标工程项目所在国政府主管部门申请注册，必须提交规定的文件。各国对这些文件的规定大同小异，主要为下列各项：

1. 企业章程。包括企业性质（独资，合伙，股份公司或合资公司）、宗旨、资本、业务范围、组织机构、总管理机构所在地等；

2. 营业证书。我国对外承包工程公司的营业证书由国家或省、自治区、直辖市的工商行政管理局签发；

3. 承包商在世界各地的分支机构清单；

4. 企业主要成员（公司董事会）名单；

5. 申请注册的分支机构名称和地址；

6. 企业总管理处负责人（总经理或董事长）签署的分支机构负责人的委任状；

7. 招标工程项目业主与申请注册企业签订的承包工程合同、协议或有关证明文件。

三、领取和研究招标文件

（一）领取招标文件

在公开招标中，经资格预审合格且有投标意向的投标人，接到招标人发出的资格预审合格通知书后，可在指定时间到指定地点购买招标文件。

在邀请招标中，对有意向参加投标的投标人，进行事先考查，对考查合格者发出投标邀请书，在指定时间到指定地点购买招标文件。

（二）研究招标文件

领取招标文件后，投标人应认真细致地阅读招标文件，仔细地进行分析和研究。因为招标文件具有法律法规性、全面性，体现了业主的意愿，它是投标和报价的主要依据。通过全面研究招标文件，对工程的实际内容和招标人的要求有了基本了解之后，投标人才能安排好投标工作，制定投标工作计划，以争取中标为目标，有秩序地开展工作。同时还要发现、找出应提请招标单位予以澄清的疑点和问题。

1. 熟悉投标须知和总则

熟悉投标须知和总则，目的在于了解对工程投标的有关规定和要求，以便提高投标效率，避免造成投标被否决。在熟悉投标须知和总则时，主要了解工程项目概况、招标人的资金来源和落实情况、招标范围、计划工期、工程质量要求等；弄清在投标过程中各环节的有关要求（如踏勘现场、投标预备会、工程分包、投标截止时间、投标有效期、投标保证金、投标文件的装订和份数、递交投标文件地点和开标时间等）。

2. 研究和熟悉工程设计图纸

研究和熟悉工程设计图纸，目的在于了解工程技术设计的细节和具体要求，以便投标人制定科学合理的施工组织设计或施工方案。对于设计图纸，重点要熟悉和了解建筑与结构的形式、基础类型、结构特征、屋面保温和防水要求、室内外装饰方法、建筑安装工程的技术特点和要求、各分部分项工程部位和节点的尺寸及做法、主要材料品种的规格和要求、各专业工程之间是否配套和存在矛盾等。如果发现不清楚或相互矛盾之处，要提请招标人给予解释和澄清。

3. 研究和熟悉工程量清单

研究和熟悉招标文件中工程量清单的分项工程、项目特征、计量单位、工程量等内容。工程量的计算必须从工程实际情况出发，特别是对于综合多个子项目的分项工程和施工工序，审查核实工程量准确与否，以便准确编制投标报价。同时，若发现不清楚或矛盾处，要提请招标单位解释。

4. 研究合同主要条款

包括了解采用何种标准合同条件、投标函及其附件；工程承包方式；合同内容、范围和项目规模；发承包双方承担的义务、责任及应享有的权利；技术质量标准和使用的规范；工程预付款的支付；材料供应及物价调整方式；工程价款支付方式和结算办法；工程变更、索赔和违约的处理；工期和质量奖罚要求；发承包双方发生争端的解决方式（包括争端调解、评审意见和仲裁方式）；完工和保修的有关规定。对于国际招标的工程项目，还应研究支付工程款所用的货币种类，不同货币所占比例及汇率。以上这些因素对投标报价都有直接的影响，所以投标人必须认真研究，以便减少工程风险。

四、调查投标环境和参加标前会议

投标环境是指工程施工的自然、经济和社会条件。这些条件是工程施工的制约因素，必然影响工程施工进度、质量和成本，故要尽可能了解清楚。

一般情况下由招标人和工程师组织投标人进行项目现场的考察，但招标人不得组织单个或者部分潜在投标人踏勘项目现场。其目的是使投标人进一步了解项目所在地的社会与经济状况，了解自然环境、建筑材料、劳务市场、进场条件和手段、工程地质地貌和地形、当地气象和水文情况、实施条件、住宿条件和医疗条件等因素，以及收集场地布置和编制投标文件所需要的资料等，为合理编制投标报价和投标文件奠定基础。

（一）调查投标环境

1. 对施工现场进行勘察

投标人在投标过程中必须充分研究招标、勘察现场，尽量避免承担风险。一般招标文件会提醒潜在投标人在提交投标文件之前，应对施工现场和其周围环境，以及与之相关的可用资料进行勘察。

研究招标单位提供的地质勘探报告资料，了解场地的地理位置、地上和地下有无障碍物、地基土质及其承载力、地下水位等；对生产和生活条件的调查应着重施工现场周围情况，如道路、供电、给水排水、通信是否便利；了解材料堆放场地的最大可容量，是否需二次搬运，土方临时堆放场地及弃土运距；了解进入施工现场的手段以及承包商可能需要的临时设施条件。

选择现场考察的时间不宜过早，过早会使投标人没有充足时间研究招标文件，无法就招标文件提出问题；然而也不宜过晚，过晚会使现场考察后没有足够的时间完成投标文件的编制。

2. 调查环境

潜在投标人不仅要勘察施工现场，在报价前还应详尽了解项目所在地的环境，包括政治形势、经济形势、法律法规和风俗习惯、自然条件、生产和生活条件等；对自然条件的调查应着重工程所在地的水文、地质情况、交通运输条件、是否多发自然灾害、风、雨、气温等气候情况；了解工程所在地的劳务与材料资源是否丰富，生活物资的供应与生活费用价格等；了解工程所在地的周围居民情况，是否会出现"扰民"问题。

3. 调查发包人和潜在竞争对手

（1）对发包人调查应着重以下几个方面：

1）首先资金来源是否可靠，避免承担过多的资金风险；

2）项目开工手续是否齐全，提防有些发包人以招标为名，让投标人免费为其估价；

3）是否有明显的授标倾向，招标是否仅仅是出于法律、行政法规的压力而不得不采取的形式。

（2）对竞争对手调查应着重以下几个方面：

1）参加投标的竞争对手数量：

① 有威胁的竞争对手有几个；

② 了解工程所在地的投标人的数量及情况；

③ 了解是否有工程所属系统内的投标人参加投标。

2）竞争对手竞争性分析：

① 对手的现状分析。如任务量、现有可用于招标工程上的资源、资金状况；

② 在以往类似工程上的投标策略分析。

3）竞争对手与发包人过去有无合作经历等。

（二）参加标前会议（投标预备会）

招标文件一般均规定在投标前召开标前会议。投标人应在参加标前会议之前把招标文件中存在的问题及疑问整理成书面文件，按照招标文件规定的方式、时间和地点要求，送到招标人或招标代理机构处。在接到招标人的书面澄清文件后，将其内容考虑进投标文件中。有时招标人允许投标人以现场口头提问，但投标人一定以接到招标人的书面文件为准。

提出疑问时，应注意提问的方式和时机，特别注意不要对招标人的失误和不专业进行攻击和嘲笑。并考虑存在的问题，对承包商履行合同的影响。同时投标人就招标文件和现场考察提出的问题，招标人和工程师先以口头方式答复，再以书面方式正式解答和澄清。书面通知应发给所有购买招标文件，并参加了现场考察的投标人。

五、办理投标担保

投标担保是指由担保人为投标人向招标人提供保证投标人按照招标文件的规定参加招标活动的担保。

（一）投标担保方式

投标担保主要有保证金担保、银行保函、担保公司担保、同业担保等方式，具体方式由招标人在招标文件中规定。任何单位和个人不得干涉投标人按照招标文件自主选择投标担保方式。

1. 保证金担保

投标保证金是指投标人在投标活动中，按照招标文件的要求与投标文件一起向招标人提交的一定形式和一定金额的投标责任担保。其实质是为了避免因投标人在投标有效期内随意撤回、撤销投标文件，中标后无正当理由不能提交履约保证金和签订合同，或在签订合同时向招标人提出附加条件等违规行为而给招标人造成损失，若出现上述情形，招标人有权不退还其提交的投标保证金。

投标保证金主要有现金、银行汇票、银行本票、银行电汇、支票等形式。

（1）现金。对于数额较小的投标保证金，通常可以采用现金方式提交；但对于数额较大（如万元以上）的投标保证金，采用现金方式提交则不太合适。因为现金不易携带，不方便递交，在开标会上清点大量的现金不仅浪费时间，操作手段也比较原始，既不符合我国的财务制度，也不符合现代的交易支付习惯。

（2）银行汇票。这是一种由银行开出的汇款凭证，交由汇款人转交给异地收款人，异地收款人再凭银行汇票在当地银行兑取汇款。采用由银行开出的银行汇票作为投标保证金，交由投标人递交给招标人，招标人再凭银行汇票在自己的开户银行兑取汇款。

（3）银行本票。本票是出票人签发的，承诺自己在见票时无条件支付确定的金额给收款人或者持票人的票据。采用由银行开出的银行本票作为投标保证金，交由投标人递交给招标人，招标人再凭银行本票到银行兑取资金。

（4）银行电汇。是指银行以电报、电传或环球银行间金融电讯网络方式指示代理行将款项支付给指定收款人的汇款方式。电汇是一种汇款速度快捷，在实际业务中应用最为广泛的支付方式。但银行收费相对票汇较高，除汇款手续费之外，还需收取相应的电讯费用。

（5）支票。支票是出票人签发的，委托办理支票存款业务的银行或者其他金融机构在见票时无条件支付确定的金额给收款人或者持票人的票据。支票可以支取现金（即现金支票），也可以转账（即转账支票）。采用由投标人开出的支票作为投标保证金，并由投标人交给招标人，招标人再凭支票在自己的开户银行支取资金。

银行本票与银行汇票、转账支票的区别，银行本票是见票即付，而银行汇票、转账支票等则是从汇出、兑取到资金实际到账有一定时间间隔。

2. 银行保函

银行保函是由投标人申请银行开立的保证函，保证投标人在中标人确定之前不得撤销投标，中标后根据招标文件和投标文件与招标人签订合同。如果投标人违反规定，开立保证函的银行将根据招标人的通知，支付银行保函中规定数额的资金给招标人。

3. 担保公司担保

投标人与专业担保公司达成协议，由专业担保公司开具投标保函，保证投标人在中标人确定之前不得撤销投标，中标后根据招标文件和投标文件与招标人签订合同。如果投标人违反规定，开具投标保函的担保公司将根据招标人的通知，支付投标保函中规定数额的资金给招标人。

4. 同业担保

同业担保是指投标人与某同行业人达成协议，以同行业人为自己进行投标行为的担保。其目的与担保公司担保所承担的担保责任相同。

投标保证金是以现金、银行汇票、银行本票、银行电汇、支票等形式担保，属于广义的现金担保。由于建设工程项目投标保证金的数额较大，为减轻投标人的负担，简化招标人财务管理手续，鼓励更多的投标人参与投标竞争，同时为防止投标保证金被挪用、滥用，投标保证金一般优先选用银行保函或专业担保公司的保证为担保方式。招标人应在招标文件中载明对投标保函或保证担保的要求，投标人要严格按招标文件的规定准备和提交。

 案例3-3-1

某招标工程项目，在招标文件中规定潜在投标人只能以现金的形式提交投标保证金，其他的形式担保招标人不受理。

案例分析：《工程建设项目施工招标投标办法》第三十七条规定："招标人可以在招标文件中要求投标人提交投标保证金。投标保证金除现金外，可以是银行出具的银行保函、保兑支票、银行汇票或现金支票。"该项目招标要求只能以现金的形式提交投标保证金，违反了国家的法律、法规的规定。

（二）投标保证金数额和递交时间

1. 投标保证金数额

根据《房屋建筑和市政基础设施工程施工招标投标管理办法》第二十六条规定："招标人可以在招标文件中要求投标人提交投标担保。投标担保可以采用投标保函或者投标保证金的方式。投标保证金可以使用支票、银行汇票等，一般不得超过投标总价的 2%，最高不得超过 50 万元。投标人应当按照招标文件要求的方式和金额，将投标保函或者投标保证金随投标文件提交招标人。"

2. 投标保证金递交时间

投标保证金递交的时间，应是投标文件递交截止开标时间前的时点，即投标人在递交投标文件之前或同时，具体递交时间按招标文件规定执行。按投标人须知前附表规定的金额、担保形式和本项目任务 3.2 中投标保证金格式（见附式 14）递交投标保证金，并作为其投标文件的组成部分。联合体投标的，其投标保证金由牵头人递交，并应符合投标人须知前附表的规定。投标人不按要求提交投标保证金的，其投标文件应予否决。

 案例3-3-2

某招标项目的招标文件规定，4 月 15 日早上 9 点开标，即 15 日早上 9 点钟投标截止。但招标文件规定缴纳投标保证金的截止时间是 4 月 13 日下午的 3 点。

问题提出：该工程招标文件规定缴纳投标保证金的截止时间早于递交投标文件的截止时间，是否符合国家规定？

案例分析：投标保证金是投标文件的组成部分，根据国家《房屋建筑和市政基础设施工程施工招标投标管理办法》第二十六条规定："投标人应当按照招标文件要求的方式和金额，将投标保函或者投标保证金随投标文件提交招标人。"投标保证金缴纳截止日期是不能提前的，因为还有正在准备资金以及准备参加投标的投标人未缴纳保证金，如果要求其提前递交投标保证金，很容易使潜在投标人发生纠纷。

（三）投标保证金退还

1. 退还投标保证金规定

投标保证金有效期应当与投标有效期一致，招标人不得挪用投标保证金。

根据《中华人民共和国招标投标法实施条例》第三十五条第一款规定："投标人撤回已提交的投标文件，应当在投标截止时间前书面通知招标人。招标人已收取投标保证金的，应当自收到投标人书面撤回通知之日起 5 日内退还。"

《工程建设项目施工招标投标办法》第六十三条规定："招标人最迟应当在与中标人签订合同后五日内，向中标人和未中标的投标人退还投标保证金及银行同期存款利息。"

2. 不退还投标保证金的情形

有下列情形之一的，投标保证金将不予退还：

（1）《工程建设项目施工招标投标办法》第四十条规定："在提交投标文件截止时间后到招标文件规定的投标有效期终止之前，投标人不得撤销其投标文件，否则招标人可以不退还其投标保证金。"

（2）《工程建设项目施工招标投标办法》第八十一条中规定："中标通知书发出后，中标人放弃中标项目的，无正当理由不与招标人签订合同的，在签订合同时向招标人提出附加条件或者更改合同实质性内容的，或者拒不提交所要求的履约保证金的，取消其中标资格，投标保证金不予退还。"

（3）《房屋建筑和市政基础设施工程施工招标投标管理办法》第四十六条第二款规定："中标人不与招标人订立合同的，投标保证金不予退还并取消其中标资格，给招标人造成的损失超过投标保证金数额的，应当对超过部分予以赔偿；没有提交投标保证金的，应当对招标人的损失承担赔偿责任。"

（4）中标人在收到中标通知书后，按招标文件要求中标人提交履约担保的，中标人应当提交；未按招标文件规定提交履约担保，招标人可以不退还其投标保证金。

六、建设工程投标决策、策略和技巧

投标决策与投标策略是相互关联的，但阶段又有所不同的两个范畴。投标策略贯穿在投标决策之中，投标决策是对投标策略的选择和确定。

3-7

投标报价策略

（一）投标决策

投标决策是指投标企业为实现其生产经营目标，针对发包项目，为了达到既能中标，又能满足最大预期利润的投标目的，对投标竞争各方面的问题设计多种方案，应用优化方法，选择和确定最佳投标项目行动方案的过程。承包商通过投标取得建设工程项目，是市场经济条件下的必然，但建筑市场招标项目较多，投标企业并不是逢标必投。因为投标人既要考虑如何投标获胜（中标），获得承包工程，又要考虑如何承包工程获得较大利润，这就需要研究投标决策的问题。

1. 投标决策的重要性

承包商的投标决策，就是解决投标过程中的对策问题，是建设工程经营决策的重要组成部分，是建设工程投标过程中的一个十分重要的问题。投标决策正确与否，以及投标过程中的适时决策和技巧运用，对于能否中标、能否取得更多利润起着举足轻重的作用，关系到施工企业的发展前景和职工的经济利益。因此，承包商必须高度重视投标决策。

投标决策贯穿竞争的全过程，对于招标投标过程的各个主要环节，都必须及时做出正确的决策，才能取得竞争的全胜，达到中标的目的。

2. 投标决策的内容

投标决策是承包商决策的组成部分，贯穿在投标整个过程中。影响投标决策的因素很多，且又十分复杂，每个项目均有所不同。投标决策主要包括：从若干投标项目中决策出最佳投标项目；决策是否参加某项工程的投标，主要考虑企业经营状况和投标目标，以及是否具有参加该项招标工程的投标条件等因素。

（1）决定是否投标的原则

1）要考虑企业目前的经营状况和发展战略。如本企业工程任务是否饱和，经济状况如何，参与这次投标的目的，以及该项目对企业的发展会带来多大效益等；

2）要看承包招标工程的可行性与可能性。如本企业是否有能力，竞争对手是否有明显的优势等进行全面分析；

3）招标工程的可靠性。如建设工程的审批程序是否已经完成、资金是否已经落实等；

4）招标工程的承包条件。如果承包条件苛刻，本企业无力完成施工任务，则应放弃投标。

（2）确定企业投标的积极性

作为承包商投标与否的选择余地很小，一般情况下能够获得发包人的投标邀请，都应做出积极的响应，并应考虑以下内容：

1）投标的次数多，中标的概率大；

2）达到宣传自身的目的；

3）积累投标经验，掌握竞争对手的投标策略；

4）防止失去今后参与市场竞争的机会。

（3）判断投标资源的投入

由于建筑市场投标竞争的激烈性，承包商一般很少拒绝参加投标。但有时承包商同时收到多个投标邀请，而可投入的资源有限，不能对邀请项目做出合理的判断，将现有资源平均分配，这样既可能影响投标质量，又可能影响合同的履约。因而承包商应针对各个项目的调查、分析，合理分配投标资源，以保证关键项目的投标质量和中标率。

基于上述投标决策内容的考虑，承包商可以在调查投标信息基础上，对发包项目做出合理的判断。对于优质项目，采取竞争性的进攻策略；对于风险大的项目，应表面积极、态度认真，但实际采取保守的投标策略。对于是否参加投标，承包人应全面考虑，综合平衡，有时一个细微的条件未得到满足，都可能导致投标和承包的失败。

3. 投标决策阶段划分

投标决策可分为前期和后期两个阶段，主要包括：针对招标项目、项目的专业性等确定是否投标；倘若参与投标，投什么性质的标；投标中如何采用以长制短、以优胜劣的策略和技巧，达到中标的目的。

（1）前期阶段

投标决策的前期阶段必须在购买投标人资格预审文件前完成，决策的主要依据是招标广告，以及投标人对招标工程、业主的情况调研和了解的程度。如果是国际工程，还应对工程所在国和工程所在地的情况调研和了解。前期阶段主要任务是针对招标项目是否投标作出论证和决策。通常对于下列招标项目应放弃投标：

1）本施工企业主管和兼营能力之外的项目；

2）工程规模、技术要求超过本施工企业技术等级的项目；

3）本施工企业生产任务饱满，而招标工程的盈利水平较低或风险较大的项目；

4）本施工企业技术等级、信誉、施工水平明显不如竞争对手的项目。

（2）后期阶段

若决定投标，即进入投标决策的后期阶段。它是指申报资格预审至投标报价（封送投标书）前完成的决策研究阶段。主要研究若参与投标，是投什么性质的标，以及在投标中采取的投标策略问题。

4. 影响投标决策的因素

投标与否，要考虑的因素很多，需要投标人广泛、深入地调查研究，系统地积累资料，并作出全面的分析论证，才能使投标人作出正确决策。只有知己知彼，方能百战不殆，工程投标决策研究就是知己知彼的研究过程。"己"是影响投标决策的主观因素，"彼"是影响投标决策的客观因素。主客观因素很多，重点是要从企业自身的各方面情况考虑，并要掌握业主、竞争对手、市场、招标工程、工程现场等大量信息。特别是投标的效益，投标人应对承包工程的成本、利润进行预测，以供投标决策之用。若影响投标决策的因素，分析地全面、客观、合理，具有可操作性，对决定是否投标将起到重要的参考依据。

（1）影响投标决策的主观因素

投标决策的主观因素，主要是企业自身的管理实力、技术和设备实力、经济实力及业绩信誉实力等。

1）企业施工管理实力。是指能否抽出足够的、水平相当的管理人员参加该工程项目的实施和管理。管理人员的水平、经验和资质往往对项目实施的成败起决定作用。若发包项目采用经评审的最低投标价法为评标办法时，承包商有无与低报价、低利润中标相适应的成本控制能力和管理水平；若以低报价甚至低利润获得中标（不得低于成本），承包商就要在成本控制上下功夫，向管理要效益。如缩短工期，要进行定额管理，辅以奖罚制度，减少管理人员，工人一专多能；节约材料，要采用先进的施工方法不断提高技术水平等。

2）企业技术、设备实力。指本企业的技术水平和技术工人的工种、数量能否满足该工程项目对技术的要求。若发包项目中存在比较复杂的技术工程，本企业有无与其施工要求相适应的技术人员；所具有的施工机械设备的品种、数量能否满足该工程项目对设备的要求。主要包括：有精通本行业的估算师、建筑师、工程师、会计师和管理专家组成的组织机构；有工程项目设计、施工专业特长，以及解决技术难度大和各类工程施工中技术难题的能力；有国内外与招标项目同类型工程的施工经验；有一定技术实力的合作伙伴，如实力强的分包商、合营伙伴和代理人。

3）企业经济实力。指本企业的资金来源及额度对项目的实施是否有充足的保障。主要包括：对于发包人提出的按完成部位支付工程进度款的额度要求，本企业在资金上是否有承受能力，或有垫付资金的能力；有一定固定资产和机具设备及投入所需的资金，如大型施工机械的投入、有一定的周转材料（如模板、脚手架等）；有一定的资金周转支付施工所需；有支付各种担保的能力；有财力承担不可抗力带来的风险；承担国际工程有筹集承包工程所需外汇等。

4）企业业绩信誉实力。企业有无与招标项目同类或相似工程施工的业绩、经验。企业具有良好的社会信誉，这是投标中标的重要条件。要建立良好的社会信誉，就必须遵守法律、行政法规；认真履约，保证工程的施工安全、工期和质量。

（2）影响投标决策的客观因素

投标决策的客观因素，主要是招标人情况、招标代理机构情况、监理单位情况、招标项目基本情况、竞争对手情况、分析风险情况等。

1）招标人情况。投标人进行投标决策时，应分析招标人是否具备合法资格、支付能力、以往履约的信誉、管理项目的能力等。

2）招标代理机构情况。调查招标代理机构的职业道德、专业水平、处事的公正性、合理性，以及与其他投标人的关系等。

3）监理单位情况。对监理单位的调查除上述与招标代理机构相同的内容外，还包括承包商与监理单位在以往工程上的交往关系。

4）招标项目基本情况。对招标项目的工期要求及交工条件，本企业现有条件能否满足要求。对承包难度大，风险大，技术设备、资金不到位的工程和边勘察、边设计、边施工的特殊工程要主动放弃投标；否则，若中标将陷入工期拖长，成本加大的困境，企业的信誉、效益就会受到损害，严重者可能导致企业亏损甚至破产。

5）竞争对手情况。包括竞争对手的数量、实力以及与业主的关系等。要注意竞争对手的实力、优势及投标环境的优劣情况。还需了解竞争对手在建工程情况，若对手的在建工程即将完工，可能急于获得新承包项目心切，投标报价不会很高；若对手在建工程规模大、工期长，如仍参与投标，则标价可能高。从总的竞争形势来分析，承包大型工程的施工企业技术水平高，善于管理大型复杂工程，其适应性强，中标的概率较大；对于中小型工程，当地的中小型施工企业在当地有自己熟悉的材料、劳动力供应渠道，管理人员相对较少，有自己惯用的特殊施工方法等优势，故由中小型施工企业或当地施工企业承包的可能性较大。

6）分析风险情况。风险指的是损失的不确定性。决定是否投标前，要对影响投标的各种风险因素进行评价，对风险的程度和概率作出合理预测和估计，对回避风险的对策和措施进行充分的考虑。分析的风险因素包括：组织方面、经济方面、技术方面、管理方面和环境方面等。对于国内的招标工程，其风险相对小一些；对于国际的招标工程，则风险要大得多。

5. 投标决策分类

通过对投标决策的影响因素进行全面分析后得出的结论是：招标工程项目既是本企业的强项，又是竞争对手的弱项，或业主意向明确，对可以预见的情况，如技术、资金等重大问题都有解决的对策，就应坚决参加投标。若决定投标，主要研究的是投什么性质的标，是风险标还是保险标；是投盈利标、投保本标还是亏损标；以及在投标中采取的投标策略问题。

（1）按投标性质分类

1）风险标。是指发包工程技术复杂，施工难度大，周期长，工程存在的风险因素多。明知工程承包难度大、风险大，且承包商在技术、设备、资金等方面还存在一些问题。但由于发包工程预计盈利丰厚，而且承包商的施工任务不饱满或处于无活停工状态，或承包商为了开拓新技术领域、占领新施工市场，决定参加投标。投这种标，要求承包商必须根据本企业的实际情况，想方设法解决自身存在的各种困难和问题，详细分析工程可能存在的风险因素和解决的办法。这样中标既能获取较大的利润，又能达到锻炼队伍的目的。否则，将使企业的信誉、效益受到很大的伤害和损失，因此投风险标要谨慎行事。

2）保险标。是指承包商对可以预见的情况如技术、设备、资金等问题都有了解决的对策之后再参与投标，称之为保险标。对于承包商而言，如果技术、管理、资金等方面的实力较弱，禁不住投标失误的打击，为稳妥起见，可投保险性质的标。

（2）按投标效益分类

1）盈利标。根据本企业的技术、设备、资金及管理等各方面的实力均比竞争对手强，或招标人要求的条件对本企业有利，或本企业工程任务饱满、利润丰厚，且该招标工程能否中标对本企业影响不大，可采取高投标报价（简称高标）的策略投标，称为盈利标。

2）保本标。根据本企业的技术、设备、资金及管理等各方面的实力都不比竞争对手强，且企业的工程任务不饱满，考虑让企业进一步挖潜、增效，且投标项目又利润丰厚，可采取保本投标或薄利投标的方式。

3）亏损标（不得低于成本）。在投标报价中不考虑企业利润，而且考虑一定的亏损后提出的投标报价。这种标在报价中不考虑风险费用，是一种冒险行为。如果风险不发生，即意味着投标人的报价成功；如果风险发生，则意味着投标人要承担极大的损失。这是一种特殊情况下的投标，若没有下述四种情况，不要盲目采用亏损标的方式投标。

① 本企业的技术、设备、资金及管理等各方面的实力都不比竞争对手强，且本企业后继无活，大部分施工项目部息工待命，出现大量窝工情况，亏损严重。若中标至少能使部分人工、机械运转，减少亏损，缓解部分施工队伍燃眉之急，故而以低价亏损标方式投标。

② 本企业的技术、设备、资金及管理等各方面的实力均比竞争对手强，为打入新市场，取得拓宽市场的立足点，使本企业在该地的建筑市场能长期占有优势地位，可以以低价投标的方式挤垮竞争对手。

③ 为了在对手林立的竞争中夺得头标，不惜下血本压低标价（不得低于成本）。

④ 招标项目属于分期建设工程，对第一期工程以低价中标，且中标人有能力施工达到优质工程，获得建设单位信任，有希望后期工程继续承包，补偿第一期工程的低价损失。

投标人投亏损标时应注意：一是招标人肯定是按最低价确定中标单位；二是亏损报价方法不违规，属于正当的商业竞争行为。

（二）投标策略

投标策略是指承包商在投标竞争中的指导思想与系统工作部署，以及参与投标竞争的方式和手段。影响投标成败全局的关键，是指导思想和系统工作部署的管理决策。投标策略贯穿于投标竞争的始终，包含十分丰富的内容。在投标与否的决策、投标积极性的决策、投标报价、投标取胜等方面，都包含着投标策略。因此，承包商投标策略的运用，决定着企业做出的投标报价是否合理，也直接影响着企业的中标结果。

1. 投标策略意义

投标策略对承包商有着十分重要的意义和作用。目前，在国内建筑市场竞争的白热化阶段下，选择正确的投标策略，显得尤为重要，主要体现三个方面：

（1）中标的基础投标策略是承包商在投标竞争中成败的关键。在正确的投标策略指导下，能够扬长避短，以己之长胜人之短，从而在竞争中取得主动和先机。

（2）预期利润的预控措施投标策略是影响承包商经济效益的重要因素之一。承包商运用投标策略，找出一个既能中标又能获得利润的合理报价的结合点。

（3）实现企业经营目标的投标策略，能够保证承包商实现企业的发展战略，提高市场占有率，达到规模经济的效果。

2. 投标策略常用方法

（1）全面分析招标文件

招标文件所确定的内容，是承包人制定投标书的依据。

1）对于招标文件已确定的不可变更的内容，应测量分析有无实现的可能，以及实现的途径、成本等。

2）对于有些要求，如银行开具保函，应由承包人与其他单位协作完成，则需分析其他承包人有无配合的可能。

3）特别注意招标文件中存在的问题，如文件内容是否有不确定、不详细、不清楚的地方；是否还缺少其他文件、资料或条件；对合同签订和履行中可能遇到的风险作出分析。

（2）确定科学合理的项目实施方案

确定合理的实施方案，是发包人选择承包人的重要因素。因此，投标人确定的实施方案应务求合理、规范且可行。

（3）投标报价要合理

投标报价是承包人全面完成建设工程施工所需的全部费用。特别要注意工程量的核算或计算、分项工程综合单价或定额单价的确定、各项费用的计取等是否正确。

（4）制定科学合理的技术标

施工组织设计是指导拟建工程施工的技术、经济、组织的综合性文件，是工程投标文件的重要组成部分（即技术标）。通过选择科学合理的施工方案，编制符合工程实际的施工进度计划及施工现场平面布置，制定和实施有效的各项技术组织措施，达到既能完成优质的建设工程产品，又能获得较大经济效益的目的。

（5）靠缩短工期取胜

在满足招标文件要求工期的基础上，采取各种缩短工期的有效措施，致使工程提前若干天或若干月竣工、交付使用，使发包人早投产、早收益。采取缩短工期的方法，是吸引业主的有效投标策略。

（6）靠改进工程设计取胜

承包商要认真仔细地研究工程设计图纸，对于工程设计不合理之处，提出降低工程造价的合理化建议和措施，以提高承包商对业主的吸引力和信任，从而在投标竞争中获胜。

（7）注重施工索赔

对于工程技术复杂、施工难度大、工期紧、任务重的招标项目，可以利用设计图纸、技术说明书及合同条款中不明确之处寻找索赔机会，虽报低价，但也可能获取较高利润（通常施工索赔金额可达到标价的10%～20%）。

（8）低价薄利策略

企业的技术、设备、资金及管理等各方面的实力都不比竞争对手强，且企业的工程任务不饱满，甚至部分项目部出现息工待命状态；或者承包商为了打入新市场，达到拓宽市场的目的，上述情形下可以采取低价薄利策略参加投标。低价薄利策略适用于下述情况：

1）招标项目施工条件好、工程量大，工程施工简单，一般施工企业都可以完成的工程；

2）本企业目前急于打入某一市场、某一地区或在该地区面临工程结束，机械设备等无转移工地的情况；

3）本企业在附近有工程，而招标项目又可以利用该工程的设备、劳务或有条件短期内突击完成的工程；

4）投标对手多，竞争激烈的项目；

5）招标项目并非本企业急需的工程；

6）招标人工程支付款条件好。

（9）高价盈利策略

高价盈利是指投标报价以较大利润为目标的投标策略。该类投标策略应用较少，通常在下列情况采用：

1）施工条件差的工程；

2）专业性要求高的技术密集型工程，而本企业在这方面又有专长，且社会信誉较高；

3）总价低的小工程，以及本企业不愿做、又不便于拒绝投标的工程（特别是招标人邀请本企业投标）；

4）特殊工程，如港口码头、隧道、地下开挖工程等；

5）工期要求急的工程；

6）投标对手少的工程；

7）工程款支付条件不理想的工程。

（三）投标技巧

投标技巧是指为达到中标目的而采用的投标手法。投标人必须在保证满足招标文件各项要求的条件下，为了中标并取得期望的效益，掌握一定的投标技巧有助于提高中标率。研究和运用投标技巧，这种研究与运用贯穿在整个投标程序过程中。

1. 开标前投标技巧

开标前的投标技巧，通常投标方所熟悉并经常使用的有：扩大标价法、不平衡报价法、先亏后盈法、倒计时报价法、联合投标报价法、多方案报价法、推荐方案报价法等。

（1）扩大标价法

扩大标价法是指除按正常的已知条件编制标价外，对工程中变化较大或没有把握的分部分项工程项目，采用增加不可预见费的方法，扩大标价，回避风险。

（2）不平衡报价法

不平衡报价法是指投标工程的投标报价，在总价基本确定后，通过调整内部价格组成的各个子项目的报价，以期不提高总报价影响中标，在不影响经济效益的前提下，能有效地回避承包的风险，并在工程结算时能得到更理想的经济效益。通常可以在以下几方面考虑采用不平衡报价法。

1）发包人早期结账支付的项目（如土方工程、基础工程等）可以适当提高报价，以利资金周转；对于后期工程项目（如机电设备安装、装饰等）可适当降低。

2）经过对招标文件所附的工程量核算后，预计今后工程量会增加的项目，单价可以适当提高，这样在最终结算时可提高收益；而工程量可能会减少的项目，单价可以适当降低，工程结算时损失也不会大。

但是上述两种情况要统筹考虑，即对工程量有错误的早期工程，如果预计工程量会减少，也不能盲目抬高单价，要具体分析后再定。

3）招标设计图纸不明确，预计修改后工程量要增加的，可以提高单价；而工程内容不明确的，则可以降低一些单价。

4）暂定项目要做具体分析，因为这一类项目在开工后由业主研究决定是否实施，以及决定由哪一家承包商实施。如果工程不分标，只由一家承包商施工，填报的单价可高些；如果工程分标，该暂定项目也可能由其他承包商施工时，则不宜报高价，以免抬高总报价。

5）单价和包干混合制合同中，业主要求有些项目采用包干报价时，宜报高价。一则这类项目多半有风险，二则这类项目在完成后可全部按报价结账，即可以一次性全部结算。而其余单价项目则可适当降低。

6）有的招标文件要求投标者对工程量大的项目报"单价分析表"，投标时可将单价分析表中的人工费及机械设备费报得较高，而材料费算得较低。这主要是为了在今后补充项目报价时可以参考选用"单价分析表"中的较高的人工费和机械设备费，而材料则往往采用市场价，因而可获得较高的收益。

7）在议标时，承包商一般都要压低标价。这时应该首先压低那些工程量小的单价，这样即使压低了很多个单价，总的标价也不会降低很多，而给业主的感觉却是工程量清单上的单价大幅度下降，承包商很有让利的诚意。

8）如果是单纯报计日工或计台班机械单价，可以高些，以便在日后业主用工或用机械时可多营利。但如果计日工表中有一个假定的"名义工程量"时，则需要具体分析是否报高价，以免抬高总报价。

9）设备安装工程中，由于主材与综合单价存在分离，对于特殊设备、材料的报价，由于业主不一定精通、市场询价困难，可将主材单价报高，以获得高额利润；对常用材料、设备报低价，业主为保证质量往往对该类设备和材料指定品牌，承包商可将设备、材料品牌变更，向业主要求单价提高，来实现正常利润。

10）分包项目中，对于一些特殊分项工程必须由专业施工队伍进行施工的，可报高价；对于业主指定分包的，可报低价，而提高其他部分的利润。

11）另行发包项目中，配合人工和机械员，可提高单价，从而确保利润；而对于配合用材料，若漏报，可在实施中要求另外的承包商提供或要求业主补偿该部分费用。

不平衡报价一定要建立在对工程量表中工程量仔细核对风险的基础上，特别是对于报低单价的项目，否则工程量一旦增多将造成承包商的重大损失，同时一定要控制在合理幅度内（一般可在10％左右），以免引起业主反感，甚至予以否决。如果不注意合理幅度，有可能导致业主会挑选出报价过高的项目，要求投标者进行单价分析，而围绕单价分析中过高的内容进行压价，以致承包商得不偿失。

由于目前在招标中，发包人、招标代理机构以及评标专家对不平衡报价法比较了解，因而使用时要慎重，否则会引起发包人的反感。常见的不平衡报价法见表 3-3-1。

表 3-3-1　常见的不平衡报价法

序号	信息类型	变动趋势	不平衡结果
1	资金收入时间	早	单价高
		晚	单价低
2	工程量估算不准确	增加	单价高
		减少	单价低
3	报价图纸不明确	增加工程量	单价高
		减少工程量	单价低

序号	信息类型	变动趋势	不平衡结果
4	暂定工程	自己承包的可能性高	单价高
		自己承包的可能性低	单价低
5	单价和包干混合制的项目	固定包干价格项目	单价高
		单价项目	单价低
6	单价组成分析表	人工费和机械费	单价高
		材料费	单价低
7	议标时业主要求压低价格	工程量大的项目	单价小幅度降低
		工程量小的项目	单价较大幅度降低
8	报单价的项目	没有工程量	单价高
		有假定的工程量	单价适中
9	设备安装	特殊设备、材料	主材单价高
		一般设备、材料	主材单价低
10	分包项目	自己发包的	单价高
		业主指定分包的	单价低
11	另行发包项目	配合人工、机械费	单价高、工程量大
		配合用材料	漏报

（3）先亏后盈法

先亏后盈法也称低价（亏损）投标法，一般是承包商为了占领某一市场或在某一地区打开局面而采取的一种不惜一切代价只求中标的策略。企业采用这种方法投标，必须有十分雄厚的实力，或有国家或大财团作后盾，即为了想占领某一市场或为了争取未来的优势，宁可目前少盈利或不盈利，或采用先亏后盈法，先报低价，然后利用索赔扭亏为盈。采用这种方法应首先确认招标人是按照最低价确定中标单位，同时要求承包商拥有很强的索赔管理能力。

采用先亏后盈法应注意两点：一是根据承包商的企业发展战略，为进入一个新的市场或市场进入壁垒严重的领域时，一般会采用此方法；二是招标项目分期分批招标和实施，在一期工程投标时往往采用此方法。但二期项目遥遥无期时，或者发包人不允许一期工程的承包商承接后续工程的，要慎重使用此法。

在投标中碰上这种对手，应该对他们进行细致的研究，然后做出决策。先亏后盈法风险较大，通常应抛开这种对手而着力研究与其他对手的竞争。

（4）倒计时报价法（也称突然报价法）

由于投标竞争激烈，为迷惑竞争对手，投标人可在整个投标过程中，仍然按照一般情况进行投标，甚至有意泄露一些虚假情况（如对外宣扬自己对该工程投标兴趣不大，不打算参加投标或准备投高标），表现出无利可图、不想干等假象；到递送标书截止前几小时，突然前往投标，并压低投标价或加价，从而使竞争对手措手不及而败北。

（5）联合投标报价法

当招标工程规模大、高科技含量高、施工复杂且难度大（特别是国家重点大型工程），单凭一家施工企业实力不足或工程风险较大时，可由几家企业组成联合体并签订联合协议，由一家企业为牵头单位进行投标，中标后按照协议商定方案联合组织施工。例如，国家大剧院工程、国家体育场"鸟巢"工程等。

（6）多方案报价法

在投标书上报两个价格，一个是按照原招标文件给出的报价，另一个可提出："如果技术方案或招标文件中相关条款能够做适当改动时，则本报价人的报价可降低若干元"，从而给出一个较低价，吸引业主。

（7）推荐方案报价法

投标人为战胜业绩与自身相似的主要竞争对手，在按要求报价后，通常会根据本企业的以往同类工程经验，提出推荐方案，重点突出新方案在提高工程质量、缩短工期和节省投资等方面的优势吸引招标人，使自己区别于其他投标者。但推荐的技术方案不能提供得太具体，应该保留关键技术，防止招标人将此方案交给其他承包商，同时所推荐的方案一定要比较成熟，或过去有成功的业绩，否则易造成后患，带来不可估量的损失。

2. 开标后投标技巧

开标后的投标技巧，主要适用于招标人采用议标招标的工程。

（1）降低投标价格

投标价格不是中标的唯一因素，但却是中标的关键因素。招标人若采用议标招标，投标人适时提出降价要求，这是议标的主要手段。降低投标价格通常从三方面考虑：降低工程利润、降低经营管理费、降低预备系数。

（2）补充投标优惠条件

投标价格虽然是中标的关键因素，但在议标谈判的技巧中，还可以考虑其他许多重要因素，如缩短工期，提高工程质量，降低支付要求，提出新技术、新工艺、新施工方案，以及提供补充物资和设备等，以此优惠条件赢得招标人的赞许和信任，提高中标机会。

总之，需要强调的是在考虑和做出投标决策、策略和技巧时，必须牢记招标投标活动要遵守国家的法律、行政法规的各项规定，遵循公开、公平、公正和诚实信用的原则。在《招标投标法》第五章中规定了各种违法行为的法律责任与处理规定，如第五十四条："投标人以他人的名义投标或者以其他方式弄虚作假，骗取中标的，中标无效，给招标人造成损失的，依法承担赔偿责任；构成犯罪的，依法追究刑事责任。"

七、投标风险与防范

（一）工程风险类型

风险是指在从事某种特定活动中因不确定性而产生的经济或财务损失、自然破坏或损失的可能性。工程风险是指工程在设计、施工、设备调试、试运行及移交运行等项目寿命周期全过程中可能发生的风险。

1. 政治风险

政治风险是指由于政治方面的各种事件和原因给工程和企业带来的风险。一般包括：战争和动乱、国际关系紧张、国家政策变化及政府拖延审批等。

2. 社会风险

社会风险是指社会治安状况、宗教信仰的影响、风俗习惯及劳动者素质等形成的障碍或不利条件给项目施工带来的风险。

3. 经济风险

经济风险是指项目所在国或地区的经济领域出现或潜在的各种因素变化而导致工程和企业的经营遭受损害的风险。一般包括：经济政策的变化、产业结构的调整、市场供求变化带来的风险。

（1）社会性的经济风险。如商业周期、通货膨胀或通货紧缩、外汇政策及汇率浮动、制裁与禁运、地方保护、经济危机等。

（2）行业性的经济风险。如政府对建设工程投资的增减、房地产市场行情、原材料和劳务价格的涨落等。

（3）承包商的经济风险。如发包人的资金实力、支付工程款的方式与能力、压价的幅度、严重拖欠工程款，承包商垫资施工以及分包商的违约等。

4. 公共关系风险

公共关系风险是指由于公共关系带来的各种风险。公共关系风险包括：发包人履约不诚意、监理工程师信誉不好、招标代理机构职业道德不佳、设计师的专业水平较差、各方相互不配合或配合失当（如联合体、分包商或材料设备供应商等）以及政府行政监督部门的工作效率等。

5. 自然风险

自然风险是指工程自然条件不确定性变化给施工项目带来的风险，如地震、洪水、沙尘暴、复杂水文地质条件、不利的现场条件、恶劣的地理环境等，使交通运输受阻等。

6. 技术风险

技术风险是指技术难度高和对技术规范不了解等给承包商带来的风险。如科技进步、技术结构及相关因素的变动给施工项目技术管理带来的风险，由于项目所处施工条件或项目复杂程度带来的风险，施工中采用新技术、新工艺、新材料、新设备带来的风险等。

7. 管理风险

管理风险是指企业在经营活动中，因不能适应市场环境或者管理者对企业活动、事件处理的主观判断失误，又或者因对已发生的事件处理不当而带来的风险。常见的管理风险有：

（1）项目组织内部不协调。承包商公司管理部门对项目经理部提供的服务、控制、协调等方面应提供的支持、配合不力；

（2）项目经理以及项目经理部的人员不胜任；

（3）投标报价丢项、漏项，低估材料、设备、人工、分包商单价或合同价；

（4）投标决策、策略失误；

（5）工程合同条款缺陷；

（6）工程结算价款偏差、漏项等错误；

（7）技术创新能力弱。

（二）投标风险防范

工程风险的防范是贯穿项目全过程的，即从投标文件递交开始到工程完成、合同履约完毕为止。因此投标人应在投标组织机构中设立专门的组织负责风险管理的部门或小组，负责编制风险管理规划，协助制订投标策略和签订施工合同，以及在合同履行过程中进行风险控制与监视。

1. 风险防范方法

风险防范方法取决于风险的性质、承包商本身和决策者等情况。可以采用的方法有：回避风险、转移风险、保留风险和利用风险。

（1）回避风险

1）拒绝承担风险。承包商拒绝承担风险大致有几种情况：

① 对某些存在致命风险的工程拒绝投标；

② 利用合同保护自己，不承担应由发包人承担的风险；

③ 不接受实力差、信誉不好的分包商和设备材料供应商等。

2）承担小风险回避大风险。一般来说，承接工程项目建造不可能零风险，回避某种风险需要以承担另外一种风险或者多种风险为代价。承包商在投标报价时也常常采取这种策略。如采取不平衡报价法，评标专家评定时可能会发现，使招标人感觉不舒服。但中标后，一定程度上掌握了控制风险的主动权。

（2）转移风险。是指承包商不能回避风险，但是可以通过一定的方式将风险转移给其他人来承担。风险转移并非转嫁损失，有些承包商自身无法控制的风险因素，分包商和材料、设备供应商却可以控制。

1）转移给分包商或者材料、设备供应商。合同中的部分内容，承包商可以转移给分包商或者材料、设备供应商。例如，总承包商可在与分包商签订的合同中加入在发包人支付工程款后，总承包商在约定的时间内向分包商支付相应的工程款。这样将发包人拖欠工程款的风险部分转移给分包商。这就要求在选择分包商时，应考虑分包商的资信、资金状况、施工技术水平，即承受风险分担的能力。

2）购买保险或者要求发包人提供有关担保。购买保险或要求发包人提供有关担保，是承包商非常有效的转移风险的手段，可将他们面临的风险转移给保险公司或者保证担保公司。如招标文件要求承包商提供履约保函，承包商可在合约谈判时，要求发包人提供支付保函，防止出现发包人在工程款支付方面出现拖欠的风险。

（3）承包商保留风险（或自留风险）。承包商保留风险，有以下几种情况：

1）对风险的程度估计不足，认为这种风险不会发生；

2）这种风险无法回避或转移；

3）经过慎重考虑而决定自己承担风险，可能风险微不足道或者保留风险比转移更加经济。

（4）利用风险。在风险的防范和管理过程中，承包商应注意到风险因素不只是会造成经济损失，如果预测准确、预控措施有针对性，是可以将风险合理利用的。并且风险的合理利用，有可能还会带来盈利。在工程承包过程中，合理地预留索赔，就是典型的例子。

2. 常见工程风险防范策略和措施（见表 3-3-2）

表 3-3-2　常见工程风险防范策略和措施

风险类型	风险内容	风险防范策略	风险防范措施
政治风险	战争、内乱、恐怖袭击、国际关系紧张等	转移风险	保　险
		回避风险	放弃投标
	政策法规的不利变化	自留风险	索　赔

续表

风险类型	风险内容	风险防范策略	风险防范措施
政治风险	没收	自留风险	援引不可抗力条款索赔
	禁运	损失控制	降低损失
	污染及安全规则约束	自留风险	采取环保措施、制定安全计划
	权力部门专制腐败	自留风险	适应环境利用风险
社会风险	宗教节假日影响施工	自留风险	合理安排进度 留出损失费
	相关部门工作效率低	自留风险	留出损失费
	社会风气腐败	自留风险	留出损失费
	现场周边单位或居民干扰	自留风险	遵纪守法,沟通交流,搞好关系
经济风险	商业周期	利用风险	扩张时抓住机遇,紧缩时争取生存
	通货膨胀通货紧缩	自留风险	合同中列入价格调整条款
	汇率浮动	自留风险	合同中列入汇率保值条款
		转移风险	投保汇率险套汇交易
		利用风险	市场调汇
	分包商或供应商违约	转移风险	履约保函
		回避风险	对进行分包或供应商资格预审
	业主违约	自留风险	索赔
		转移风险	严格合同条款
	项目资金无保证、回避风险、放弃承包		
	标价过低	转移风险	分包
		自留风险	加强管理控制成本,做好索赔
	支付工程款的方式与能力	转移风险	严格合同条款
	严重拖欠工程款,承包商垫资施工		
	原材料和劳务价格的涨落		
公共关系风险	发包人履约不诚意	转移风险	严格合同条款
	监理工程师信誉不好		
	招标代理机构职业道德不佳	风险控制	预防措施
	各方相互不配合或配合失当	自留风险	预防措施
	政府行政监督部门的工作效率	自留风险	预防措施
自然风险	对永久结构的损坏	转移风险	保险
	对材料设备的损坏	风险控制	预防措施
	造成人员伤亡	转移风险	保险
	火灾、洪水、地震	转移风险	保险
	塌方	转移风险	保险
		风险控制	预防措施

续表

风险类型	风险内容	风险防范策略	风险防范措施
技术风险	科技进步、技术结构及相关因素的变动	转移风险	严格合同条款
	项目复杂程度		
	施工中采用新技术、新工艺、新材料、新设备	自留风险	预防措施
管理风险	设计错误、内容不全、图纸不及时	自留风险	索　赔
	工程项目水文地质条件复杂	转移风险	合同中分清责任
	恶劣的自然条件	自留风险	索赔预防措施
	劳务争端内部罢工	自留风险损失控制	预防措施
	施工现场条件差	自留风险	加强现场管理，改善现场条件
	工作失误、设备损毁、工伤事故	转移风险	保　险
		转移风险	保　险

八、递交投标文件和参加开标会议

（一）递交投标文件

1. 投标文件的密封和标识

（1）投标文件的正本与副本应分开包装，加贴封条，并在封套的封口处加盖投标人单位章。

（2）投标文件的封套上应清楚地标记"正本"或"副本"字样，封套上应写明的其他内容见投标人须知前附表。

（3）未按（1）项或（2）项要求密封和加写标记的投标文件，招标人不予受理。

2. 投标文件的递交

（1）投标人应在招标文件规定的投标截止时间前递交投标文件，如：××××年××月××日××时××分。招标人要给投标人合理编制投标文件的时间，从招标文件发售之日起至投标人递交投标文件截止之日应不少于 20 天，重大项目、特殊项目时间还应更长。

（2）投标人要按招标文件中的投标人须知前附表规定，详细填写投标文件的递交地点，包括街道、门牌号、楼层、房间号等。

（3）除投标人须知前附表另有规定外，投标人所递交的投标文件不予退还。如确需退还的，只退副本，并在本项对应的前附表中明确退还时间、方式和地点。

（4）《招标投标法》第二十八条："投标人应当在招标文件要求提交投标文件的截止时间前，将投标文件送达投标地点。招标人收到投标文件后，应当签收保存，不得开启。投标人少于三个的，招标人应当依照本法重新招标。在招标文件要求提交投标文件的截止时间后送达的投标文件，招标人应当拒收。"

（5）《中华人民共和国招标投标法实施条例》第三十六条："未通过资格预审的申请人提交的投标文件，以及逾期送达或者不按照招标文件要求密封的投标文件，招标人应当拒收。招标人应当如实记载投标文件的送达时间和密封情况，并存档备查。"

（6）招标人收到投标文件后，须向投标人出具签收凭证，记录投标文件的外封装密封情况和标识，以便在开标时查验，通常采用"投标文件接收登记表"并记录相关情况等。

（7）未送达指定地点的投标文件，招标人不予受理。

3. 投标文件的送达方式

投标文件的送达方式有三种：

（1）直接送达，即投标人派代表将投标文件送达到招标文件规定的接收地点；

（2）委托送达，即投标人委托他人将投标文件送达到招标文件规定的接收地点；

（3）邮寄送达，即投标人通过邮局或快递公司将投标文件送达到招标文件规定的接收地点。

4. 投标文件的修改与撤回

《招标投标法》第二十九条规定："投标人在招标文件要求提交投标文件的截止时间前，可以补充、修改或者撤回已提交的投标文件，并书面通知招标人。补充、修改的内容为投标文件的组成部分。"

（1）在招标文件规定的投标截止时间前，投标人可以修改或撤回已递交的投标文件，但应以书面形式通知招标人。

（2）投标人修改或撤回已递交投标文件的书面通知，应按招标文件规定的要求签字或盖章。招标人收到书面通知后，向投标人出具签收凭证。

（3）修改的内容为投标文件的组成部分。修改的投标文件应按招标文件规定进行编制、密封、标识和递交，并标明"修改"字样。

投标文件补充、修改和撤回情况，应在开标时公布。

 案例3-3-3

　　某建设工程项目招标，招标文件对投标文件密封的要求为"投标文件分为投标函、商务标文件和技术标文件三类分别密封，并在封套上加盖投标人法人印章"。有A、B、C、D、E、F、G 7家投标人递交了投标文件，投标情况如下：

（1）A的投标文件采用传真方式，在投标截止时间前传真给招标人；

（2）B的投标函、商务文件和技术文件封装在一个文件箱内；

（3）C的投标文件密封符合招标文件要求，但其上的盖章为其分公司（非法人）印章；

（4）D、E、F的投标文件递交和密封符合招标文件规定；

（5）G的投标文件在招标文件规定的投标截止时间后5分钟送到。

　　问题提出：本工程招标，哪些投标文件应依法接收，哪些投标文件应拒收？

　　案例分析：A、B、C的投标文件应当拒收，因为A采用传真方式递交投标文件，属于未密封的投标文件；B的投标文件封在了一个文件箱内，不符合招标文件要求的投标函、商务标文件和技术标文件分别密封；C的投标文件封套盖章为其分公司印章（非法人章），不符合招标文件要求；D、E、F的投标文件符合招标文件的密封要求和递交时间；G的投标文件在招标文件规定的投标截止时间后5分钟递交，而不是投标截止时间前送达，依法应当拒收。

　　综上所述，本项目招标人依法只能接收投标人D、E、F的投标文件。

（二）参加开标会议

1. 开标时间和地点

招标人按招标文件规定的投标截止时间（开标时间）和投标人须知前附表规定的地点公开开标，并邀请所有投标人的法定代表人或其委托代理人准时参加。

《招标投标法》第三十五条规定："开标由招标人主持，邀请所有投标人参加。"招标人可以在投标人须知前附表中对此作进一步说明，同时明确投标人的法定代表人或其委托代理人不参加开标的法律后果，例如投标人的法定代表人或其委托代理人不参加开标的，视同该投标人承认开标记录，不得事后对开标记录提出任何异议。招标人不应以投标人不参加开标为由将其投标应予否决。开标地点需要详细填写，包括街道、门牌号、楼层、房间号等。

2. 开标程序

主持人应按下列程序进行开标：

（1）宣布开标纪律；

（2）公布在投标截止时间前递交投标文件的投标人名称，并点名确认投标人是否派人到场；

（3）宣布开标人、唱标人、记录人、监标人等有关人员姓名；

（4）按照投标人须知前附表规定检查投标文件的密封情况；

（5）按照投标人须知前附表的规定确定并宣布投标文件开标顺序；

（6）设有标底的，应公布标底；

（7）按照宣布的开标顺序当众开标，公布投标人名称、标段名称、投标保证金的递交情况、投标报价、质量目标、工期及其他内容，并记录在案；

（8）投标人代表、招标人代表、监标人、记录人等有关人员在开标记录上签字确认；

（9）开标结束。

开标时，由投标人或者其推选的代表检查投标文件的密封情况，也可以由招标人委托的公证机构检查并公证等；可以按照投标文件递交的先后顺序开标，也可以采用其他方式确定开标顺序。

九、领取中标通知书和签订工程施工合同

（一）中标通知

《招标投标法》第四十五条规定："中标人确定后，招标人应当向中标人发出中标通知书，并同时将中标结果通知所有未中标的投标人。中标通知书对招标人和中标人具有法律效力。中标通知书发出后，招标人改变中标结果的，或者中标人放弃中标项目的，应当依法承担法律责任。"

（二）履约担保

《房屋建筑和市政基础设施工程施工招标投标管理办法》第四十七条规定："招标文件要求中标人提交履约担保的，中标人应当提交。招标人应当同时向中标人提供工程款支付担保。"

1. 在签订合同前，中标人应按投标人须知前附表规定的金额、担保形式和招标文件中"合同条款及格式"规定的履约担保格式向招标人提交履约担保；联合体中标的，其履

约担保由牵头人递交，并应符合投标人须知前附表规定的金额、担保形式和招标文件中"合同条款及格式"规定的履约担保格式要求。

2. 履约担保的形式主要有现金、支票、履约担保书和银行保函等，可以选择其中的一种作为招标项目的履约担保，一般采用银行保函或履约担保书。履约担保金额一般为中标价的 10％，招标人不得擅自提高履约保证金。

3. 中标人不能按招标文件要求提交履约担保的，视为放弃中标，其投标保证金不予退还；给招标人造成的损失超过投标保证金数额的，中标人还应当对超过部分予以赔偿。

（三）签订合同

1.《招标投标法》和《房屋建筑和市政基础设施工程施工招标投标管理办法》第四十六条第一款规定："招标人和中标人应当自中标通知书发出之日起三十日内，按照招标文件和中标人的投标文件订立书面合同。招标人和中标人不得再行订立背离合同实质性内容的其他协议。"中标人无正当理由拒签合同的，招标人应取消其中标资格，其投标保证金不予退还；给招标人造成的损失超过投标保证金数额的，中标人还应当对超过部分予以赔偿；没有提交投标保证金的，应当对招标人的损失承担赔偿责任。

2. 发出中标通知书后，招标人无正当理由拒签合同的，招标人向中标人退还投标保证金；给中标人造成损失的，招标人应当给予赔偿。

十、相互串通投标的违法行为及案例

（一）招标人和投标人串通的常见表现

1. 招标人将一个既定标段拆分成多个标段，然后将意向的中标人分别安排在不同的标段，同时商定由中标人支付其他投标人一定数额的补偿费用，让各方利益均沾；

2. 招标公告、资格审查文件以及招标文件，为特定的投标人"量身定做"；

3. 招标前已经内定，组织投标人串通或者指使代理机构为内定的中标单位提供帮助；

4. 招标人或招标代理机构标前私下组织仅几家公司参加的现场勘察；

5. 双方在开标前进行实质性地沟通，商定压低或者抬高报价，中标后再相互额外补偿；

6. 规定的提交投标文件截止时间之后，招标人授意投标人补充、修改、撤换投标文件及报价；

7. 招标人或招标代理机构与投标人之间约定给予未中标人一定的费用补偿；

8. 招标人直接或者间接地向投标人泄露、标记评标委员会成员等信息；

9. 招标人明示或者暗示投标人压低或者抬高投标报价；

10. 招标人明示或者暗示投标人为特定投标人中标提供方便；

11. 招标人在开标之前开启投标文件，或者将有关信息泄露给其他人；

12. 评标时，招标人代表对评标委员会进行倾向性引导或干扰正常评标秩序；

13. 招标人指使、暗示或强迫评标委员会推荐的中标候选人放弃中标；

14. 电子招标投标在开标前，公共资源交易中心的工作人员和驻场软件公司的技术人员泄露有关投标人的信息。

案例3-3-4

某工程项目采用电子招标投标，公共资源交易中心的工作人员和驻场软件公司的工程师、技术人员串通，在 A 投标人的利益驱动下，在电子交易平台通过技术手段解密了投标人递交的电子投标文件，了解有哪些投标人递交了投标文件，甚至通过技术手段把投标人的电子投标文件打开，并把这些投标文件的内容一览无余地呈现给他们进行利益输送的 A 投标人。

案例分析：为了规范电子招标投标活动，促进电子招标投标健康发展，国家发展和改革委员会等八部委联合制定了《电子招标投标办法》，自 2013 年 5 月 1 日起施行。自此我国的招标投标活动既可以采用传统的纸质招标投标，也可以采用电子化招标投标。先进的电子化技术应用为招标投标工作带来了很大的便利，但如果使用不当，它的危害性也很大。《电子招标投标办法》第十五条规定："电子招标投标交易平台运营机构不得以任何手段限制或者排斥潜在投标人，不得泄露依法应当保密的信息，不得弄虚作假、串通投标或者为弄虚作假、串通投标提供便利。"根据《电子招标投标办法》第五十四条规定，案例中这种串通招标的行为，可依照《招标投标法》第五十一条规定，处罚行为人一万元以上五万元以下罚款。

（二）投标人和投标人串通围标的常见表现

1. 不同投标人的法定代表人、委托代理人、项目负责人均在同一单位工作，按照该组织的要求协同投标；

2. 不同投标人的投标文件，由同一台电脑编制或者同一台附属设备打印；

3. 投标人之间协商投标文件、报价等实质性内容；

4. 投标人之间相互约定中标人，给予未中标的投标人以经济补偿；

5. 不同投标文件的内容有明显的雷同或者错漏一致，如格式相同、字体一样、表格颜色相同等；

6. 不同投标文件的装订形式、厚薄、封面等类似，甚至相同；

7. 递交投标文件截止时间前，多家投标人几乎同时发出撤回投标文件的声明；

8. 投标人既有主动也有被动的串通，例如出借资质证书、将印章给他人用于串通；

9. 串通的主体不仅仅是正式的投标人，也有可能是从中赚取佣金的中间人；

10. 串通不局限于具体的项目，投标人之间可能结成伙伴关系；

11. 串通有可能发生在投标的准备阶段、开评标和中标结果的公示阶段；

12. 不同投标人的总报价相近，各个分项报价、综合单价分析表的内容混乱，又没有办法做出合理的解释；

13. 不同投标人投标文件的售后服务承诺表述异常一致；

14. 同一公司的多家子公司参加投标，投标文件内容惊人地一致，且故意漏掉法人代表的签字或者签字出自同一人之手；

15. 开标点名的时候，针对同一企业，多位代表应答；

16. 投标人之间约定部分投标人放弃投标或者中标。

案例3-3-5

某招标工程项目，中标公告公示 A 投标人排名第一（即为中标人），B 投标人排名第二。中标人与招标人签订合同前，A 投标人提出放弃中标。

案例分析：通常排名第一的投标人主动放弃中标，招标人可以选排名第二的投标人中标。案例中中标结果公示阶段 B 投标人找到 A 投标人，让他放弃中标，并答应给他某些优厚的好处，于是他们串通后 A 投标人放弃了中标。并且两者之间的报价相差特别大，A 投标人放弃中标后，B 投标人（高报价）顺应中标，这对招标人无疑是一个非常大的损失。按照《招标投标法》第五十四条第一款规定："投标人以他人名义投标或者以其他方式弄虚作假，骗取中标的，中标无效，给招标人造成损失的，依法承担赔偿责任；构成犯罪的，依法追究刑事责任。"根据国家的法律、法规，对 A、B 投标人进行了处罚。

17. 陪标常见的表现：

（1）技术需求的倾向性比较强，招标人的意向投标人来唱主角，其他竞争对手若不愿意参加，就由这家找两个以上的来当配角；

（2）主角很积极，配角相对比较冷淡，配角提供的资料信息不齐全，投标文件质量差；

（3）配角不重视评审的过程，因为它不是以中标为目的；

（4）配角的报价一般都比较高；

（5）招标的结果公布之后，很少出现异议和投诉。

 案例3-3-6

某招标工程项目，在中标公告投标人的排名表中，中标人的投标报价（非低于成本）明显低于排名第二、第三的投标人；中标人的技术标明显高于排名第二、第三的投标人。

案例分析：显然排名第二、第三的投标人是陪标的。查阅三家投标人的投标文件有部分内容、措辞很相似，排名第二、第三的技术标编制很粗糙，导致技术标得分相差很多。因为陪标的角色不是以中标为目的，只要保证资格审查、商务标符合性通过即可。

（三）招标代理机构的工作人员为谋私利销毁投标材料

 案例3-3-7

某招标工程项目开标时，招标代理机构的工作人员王某在现场负责拆标书、整理文件材料等工作。案例中的李某挂靠一家公司参加了投标。共十家公司入围，A 公司排第一，李某挂靠的公司名列第二。代理机构要求入围的十家公司交竞标的资料原件由评标委员会进行评审。这时李某在开标现场示意王某把 A 公司投标文件袋中的无拖欠农民工工资证明交给他。王某明知道此行为严重违规，仍然将 A 公司的材料全部抱出会场，将投标文件中的无拖欠农民工工资证明取出交给李某，随后李某将此证明文件销毁，导致 A 公司的投标被否决。评标结束，A 公司对结果不服，提起异议和投诉，并向公安机关报案。

　　案例分析：《招标投标法》第五十条规定："招标代理机构违反本法规定，泄露应当保密的与招标投标活动有关的情况和资料的，或者与招标人、投标人串通损害国家利益、社会公共利益或者他人合法权益的，处五万元以上二十五万元以下的罚款；对单位直接负责的主管人员和其他直接责任人员处单位罚款数额百分之五以上百分之十以下的罚款；有违法所得的，并处没收违法所得；情节严重的，禁止其一年至二年内代理依法必须进行招标的项目并予以公告，直至由工商行政管理机关吊销营业执照；构成犯罪的，依法追究刑事责任。给他人造成损失的，依法承担赔偿责任。前款所列行为影响中标结果的，中标无效。"本案最终，该项目的中标结果被修正，王某因为犯串通投标罪得到了判刑、罚金、没收非法所得等惩罚。

（四）评标专家和投标人串通的常见表现

1. 评标专家与投标人有利害关系而不主动回避；
2. 发现投标文件中存在不符合招标文件的规定不指出；
3. 发现明显不合理的投标报价不指出；
4. 发现投标人的技术部分存在明显不合理或者内容的缺陷不指出；
5. 理由不充分的情况下，有意给某一投标人最高分值而压低其他投标人的分值，或者不按照招标文件的规定来进行打分。

复习思考题

1. 投标人参加投标资格预审时应注意哪些问题？
2. 投标人到异地参加投标，如何办理投标登记注册手续？
3. 投标人如何熟悉招标文件？
4. 投标为什么要踏勘施工现场？调查投标环境主要包括哪些内容？
5. 投标人如何参加标前会议？
6. 如何办理投标担保？投标保证金的形式有几种？我国对投标保证金的数额和有效期有何规定？
7. 对于招标人如何退还中标和未中标单位的投标保证金？我国法律、行政法规对不退还投标保证金的情形有何规定？
8. 投标决策和投标策略有何区别？投标决策的内容和阶段划分？
9. 影响投标决策的因素主要有哪些？如何对投标决策的主客观因素进行调查分析？
10. 如何对投标决策分类？如何确定按投标性质或投标效益投标？
11. 投标策略常用方法有哪些？如何运用投标策略的方法？
12. 开标前的投标技巧有哪些方法？如何运用投标技巧？
13. 开标后的投标技巧适用于什么类型的招标？

14. 工程风险的类型有哪些？如何防范投标风险？

15. 常见的工程风险防范策略和措施有哪些？

16. 如何对投标文件进行密封和标识？

17. 递交投标文件有什么要求？

18. 国家法律、行政法规对投标文件的修改与撤回有何规定？

19. 通常的开标程序有哪些内容？

20. 履约担保有何规定？如何办理履约担保手续？

21. 招标人和中标人应自中标通知书发出之日起多长时间内签订工程合同？

模块 2

建设工程合同管理实务

项目4

合同法律基础

任务 4.1　合同一般规定

引导问题

1. 合同的基本概念是什么？合同主体是什么？
2. 《中华人民共和国民法典》"第三编合同"由哪几部分构成？
3. 《中华人民共和国民法典》"第三编合同"的"合同通则"主要包括了哪些内容？
4. 在合同中民事权利能力和民事行为能力主要意义是什么？
5. 在民事活动中合同主要有什么作用？
6. 合同具备哪些法律特征？合同应遵循哪些原则？

工作任务

主要介绍合同概述、合同当事人主体资格、合同作用、特点及法律特征、合同基本原则和类型等内容。

本工作任务要了解《中华人民共和国民法典》的产生背景和实施的重要性，了解《民法典》中"合同"的有关条款；理解合同的基本概念、作用、法律特征及合同类型划分；清楚《民法典》对合同当事人主体资格的规定；了解民事权利能力和民事行为能力在合同中的意义；掌握民事主体从事民事活动中，签订、履行合同过程中应遵循的基本原则。

学习参考资料

1. 《中华人民共和国民法典》；
2. 其他有关合同的法律法规文件及书刊。

一、合同概述

（一）合同基本概念

合同是民事主体的自然人、法人和非法人组织之间设立、变更、终止民事法律关系的协议。合同是市场经济中广泛进行的民事法律行为，各国合同法都是以规范债权合同为主，它是市场经济条件下规范财产流转关系的基本依据。为更好地适应中国特色社会主义市场经济的需要，消除市场交易规则的分歧，中华人民共和国第十三届全国人民代表大会第三次会议于 2020 年 5 月 28 日通过了《中华人民共和国民法典》（以下简称《民法典》），这是新中国第一部以法典命名的法律（共 7 编，1260 条），"合同"是该法典中的一编。《民法典》自 2021 年 1 月 1 日起施行，《中华人民共和国合同法》同时废止。

合同作为一种协议，其本质是一种合意，必须是当事人之间意思表示一致的民事法律行为。因此合同的缔结必须由双方或多方当事人协商一致才能成立。合同当事人作出的意思表示必须合法，这样才能具有法律约束力。建设工程合同也是如此，即使在建设工程合同的订立中承包人一方存在着激烈的竞争，仍需双方或多方当事人协商一致，发包人不能将自己的意志强加给承包人。双方订立的合同即使是协商一致的，也不能违反法律、行政法规，否则合同是无效的，如施工单位超越资质等级许可的业务范围订立施工合同，该合同就没有法律约束力。

合同中所确立的权利和义务，必须是当事人依法可以享有的权利和应当承担的义务，这是合同具有法律效力的前提。在建设工程合同中，发包人必须有已经合法立项的项目，承包人必须具有承担承包任务的相应能力。如果在订立合同的过程中有违法行为，当事人不仅达不到预期的目的，还应根据违法情况承担相应的法律责任。如在建设工程合同中，当事人是通过欺诈、胁迫等手段订立的合同，则应当承担相应的法律责任。

（二）合同制度与构成

合同制度是市场经济的基本法律制度。为维护合同主体的契约、平等交换、公平竞争，促进商品和要素自由流动，在《民法典》的第三编"合同"中制定了通则、典型合同和准合同 3 个分编（共计 29 章、526 条），完善了合同制度。并且合同"通则"中包括：一般规定、合同的订立、合同的效力、合同的履行、合同的保全、合同的变更和转让、合同的权利义务终止及违约责任。

二、合同当事人主体资格

合同主体是参加合同法律关系，享有相应权利、承担相应义务的当事人。合同法律关系的主体可以是自然人、法人和非法人组织。《民法典》第三条规定："民事主体的人身权利、财产权利以及其他合法权益受法律保护，任何组织或者个人不得侵犯。"

（一）自然人

自然人是指基于出生而成为民事法律关系主体的有生命的人。《民法典》第十三条规定："自然人从出生时起到死亡时止，具有民事权利能力，依法享有民事权利，承担民事义务"。作为合同法律关系主体的自然人必须具备相应的民事权利能力，同时还要具备相应的民事行为能力。

1. 自然人的民事权利能力

民事权利能力是民事主体依法享有民事权利和承担民事义务的资格。自然人的民事权利能力始于出生，终于死亡。《民法典》第十四条规定："自然人的民事权利能力一律平等。"

2. 自然人的民事行为能力

民事行为能力是民事主体通过自己的行为取得民事权利和履行民事义务的资格。《民法典》第十七条规定："十八周岁以上的自然人为成年人。不满十八周岁的自然人为未成年人。"根据自然人的年龄和精神健康状况，可以将自然人分为完全民事行为能力人、限制民事行为能力人和无民事行为能力人。

（1）完全民事行为能力人。《民法典》第十八条规定："成年人为完全民事行为能力人，可以独立实施民事法律行为。十六周岁以上的未成年人，以自己的劳动收入为主要生活来源的，视为完全民事行为能力人。"

（2）限制民事行为能力人。《民法典》第十九条、第二十二条规定："八周岁以上的未成年人为限制民事行为能力人，实施民事法律行为由其法定代理人代理或者经其法定代理人同意、追认；但是，可以独立实施纯获利益的民事法律行为或者与其年龄、智力相适应的民事法律行为。""不能完全辨认自己行为的成年人为限制民事行为能力人，实施民事法律行为由其法定代理人代理或者经其法定代理人同意、追认；但是，可以独立实施纯获利益的民事法律行为或者与其智力、精神健康状况相适应的民事法律行为。"

（3）无民事行为能力人。《民法典》第二十条、第二十一条规定："不满八周岁的未成年人为无民事行为能力人，由其法定代理人代理实施民事法律行为。""不能辨认自己行为的成年人为无民事行为能力人，由其法定代理人代理实施民事法律行为。八周岁以上的未成年人不能辨认自己行为的，适用前款规定。"

（二）法人

1. 法人概念

法人是具有民事权利能力和民事行为能力，依法独立享有民事权利和承担民事义务的组织。法人是与自然人相对应的概念，是法律赋予社会组织具有人格的一项制度。这一制度为确立社会组织的权利、义务，便于社会组织独立承担责任提供了基础。《民法典》第五十九条、第六十一条第一款第二款、第六十七条第一款规定："法人的民事权利能力和民事行为能力，从法人成立时产生，到法人终止时消灭。""依照法律或者法人章程的规定，代表法人从事民事活动的负责人，为法人的法定代表人。法定代表人以法人名义从事的民事活动，其法律后果由法人承受。""法人合并的，其权利和义务由合并后的法人享有和承担。"法人以其主要办事机构所在地为住所。

2. 法人应具备的条件

（1）依法成立。法人不能自然产生，它的产生必须经过法定的程序。法人的设立目的和方式必须符合法律的规定，设立法人必须经过政府主管机关的批准或者核准登记。

（2）有自己的名称组织机构和场所。法人的名称是法人相互区别的标志和法人进行活动时使用的代号。法人的组织机构是指对内管理法人事务、对外代表法人进行民事活动的机构。法人的场所则是法人进行业务活动的所在地，也是确定法律管辖的依据。

（3）有必要的财产或者经费。有必要的财产或者经费是法人进行民事活动的物质基础，它要求法人的财产或者经费必须与法人的经营范围或者设立目的相适应，否则不能被批准设立或者核准登记。

（4）能够独立承担民事责任。法人必须能够以自己的财产或者经费承担在民事活动中的债务，在民事活动中给其他主体造成损失时能够承担赔偿责任。

3. 法人分类

法人分为营利法人、非营利法人和特别法人。

（1）营利法人是以取得利润并分配给股东等出资人为目的成立的法人。营利法人包括有限责任公司、股份有限公司和其他企业法人等。

（2）非营利法人为公益目的或者其他非营利目的成立，不向出资人、设立人或者会员分配所取得利润的法人。非营利法人包括事业单位、社会团体、基金会、社会服务机构等。

（3）特别法人是指机关法人、农村集体经济组织法人、城镇农村的合作经济组织法人及基层群众性自治组织法人。

（三）非法人组织

非法人组织是指不具有法人资格，但是能够依法以自己的名义从事民事活动的组织。非法人组织包括个人独资企业、合伙企业、不具有法人资格的专业服务机构等。《民法典》第一百零三条第一款规定："非法人组织应当依照法律的规定登记。"

三、合同作用、特点及法律特征

合同是调整平等主体的自然人、法人和非法人组织之间在设立、变更、终止合同时所发生社会关系的法律规范总称。

（一）合同的作用

在市场经济中，财产的流转主要依靠合同。建设工程合同由于工程项目繁杂，标的大、履行时间长、协调关系多，故而合同尤为重要。因此，建筑市场中的各方主体，包括建设单位、勘察设计单位、施工单位、监理单位、材料设备供应单位等，都要依靠合同确立相互之间的关系。如建设单位与勘察设计单位订立勘察设计合同、建设单位与监理单位订立监理合同、建设单位与施工单位订立施工合同等。这些合同的当事人均应依据《民法典》的法律规定订立和履行合同，其作用主要包括：

1. 依法成立的合同，对当事人具有法律约束力，受法律保护，当事人权益受损时，可以依照法律规定请求对方承担违约责任。

2. 签订合同能够保障当事人的权益，可以明确约定双方的权利义务，便于双方协调配合，确保合同的顺利实施。

3. 约束当事人共同履行责任和义务。合同是当事人之间在经济交往中必须遵守的基本规则与准绳，有利于保护合同当事人的合法权益，维护社会经济秩序。

4. 阐明当事人需要在期限内进行工作，为履约解决争议提供依据，防范可能存在的风险，是合同当事人权利保护的法律利器。

5. 合同当事人之间一旦发生违约事件，应当如何去处理，处理的依据是什么，走什么样的法律程序，均按合同约定的条款执行。

6. 通过合同的设立，有利于企业加强经济核算和经营管理，提高经济效益。

7. 当事人之间订立合同，有利于企业专业化生产的发展协作和经济联合，促进经济技术交流合作。

8. 依据法律订立和履行合同，有利于国家对企业的管理和监视，是国家管理社会主义市场经济的有力法宝。

（二）合同的特点

合同具有合法性、平等性、一致性及约束性的特点。

1. 合法性。是指合同的当事人必须具备法人资格；合同的内容应当符合国家法律、行政法规的规定，不得扰乱社会经济秩序，损害社会公共利益；合同的形式要符合有关法律规定、要求，书写要规范。

2. 平等性。作为合同的双方当事人，在法律面前的地位是平等的。其中包括平等地享受权利、履行义务以及承担违约责任等。

3. 一致性。合同的订立必须贯彻自愿互利，协商一致的原则；合同中的条款是当事人协商一致的结果，任何未经协商的内容，不得写入合同当中；任何组织或个人不得以任何形式非法干预。

4. 约束性。合同一经订立，就具备了严格意义上的法律效力；当事人双方必须严格遵守合同的条款规定，任何一方不得擅自变更或解除合同；如果违反了合同中的规定，将要承担相应的法律责任。

（三）合同法律特征

1. 合同是一种民事法律行为。指当事人依法表示自己的意思，产生权利义务关系的行为；当事人之间形成的合同法律关系，受到合同法规所调整；不履行合同约定的义务要承担法律责任。

2. 合同是当事人之间的法律行为。合同的订立必须要经过双方或者多方当事人协商，达成一致意见。

3. 合同是当事人之间意思表示的外部表现。主要是指合同的订立、变更、终止民事权利义务关系为基本内容或目的的协议。

4. 合同是当事人合法的行为，合同内容合法是合同有效的条件。

5. 合同当事人所处的法律地位是平等的，享有同等的权利。

6. 合同是一种民事法律事实。合同是能发生民事法律效力的事实，能引起法律关系的发生、变更、消灭。

四、合同基本原则和类型

（一）合同基本原则

1. 平等原则

合同当事人的法律地位平等，即享有民事权利和承担民事义务的资格是平等的，一方不得将自己的意志强加给另一方。在订立建设工程合同中，双方当事人的意思表示必须是完全自愿的，不能是在强迫和压力下所作出的非自愿的意思表示。因为建设工程合同是平等主体之间的法律行为，发包人与承包人的法律地位平等，只有订立建设工程合同的当事人平等协商，才有可能订立意思表示一致的协议。

2. 自愿原则

合同当事人依法享有自愿订立合同的权利，不受任何单位和个人的非法干预。民事主体在民事活动中享有自主的决策权，其合法的民事权利可以抗御非正当行使的国家权力，也不受其他民事主体的非法干预。自愿原则有以下含义：

（1）合同当事人有订立或者不订立合同的自由；

（2）当事人有权选择合同相对人；

（3）合同当事人有权决定合同内容；

（4）合同当事人有权决定合同形式的自由。即合同当事人有权决定是否订立合同、与谁订立合同，有权拟定或者接受合同条款，有权以书面或口头的形式订立合同等。

合同自愿原则要受到法律的限制，这种限制对于不同的合同而有所不同。相对而言，由于建设工程合同的重要性，导致法律法规对建设工程合同的干预较多，对当事人的合同自愿的限制也较多。如建设工程合同内容中的质量条款，必须符合国家的质量标准，因为这是强制性的；建设工程合同的形式，则必须采用书面形式，当事人也没有选择的权利。

3. 公平原则

合同当事人应当遵循公平原则确定各方的权利和义务。在合同的订立和履行中，合同当事人应当正当行使合同权利和履行合同义务，兼顾他人利益，使当事人的利益能够均衡。在双务合同中，一方当事人在享有权利的同时，也要承担相应义务，取得的利益要与付出的代价相适应。建设工程合同作为双务合同也不例外，如果建设工程合同显失公平，则属于可变更或者可撤销的合同。

4. 诚实信用原则

建设工程合同当事人行使权利、履行义务应当遵循诚实信用原则。这是市场经济活动中形成的道德规则，它要求人们在交易活动（订立和履行合同）中讲究信用，恪守诺言，诚实不欺。不论是发包人还是承包人，在行使权利时都应当充分尊重他人和社会的利益，对约定的义务要忠实地履行。

（1）在合同订立阶段，如招标投标时，在招标文件和投标文件中应当如实说明自身和项目的情况；

（2）在合同履行阶段应当相互协作，如发生不可抗力时，应当相互告知，并尽量减少损失。

（二）合同类型

1. 合同基本分类

根据《民法典》第三篇合同、第二分篇典型合同的规定，按照合同标的的特点将合同分为19类：买卖合同；供用电、水、气、热力合同；赠与合同；借款合同；保证合同；租赁合同；融资租赁合同；保理合同；承揽合同；建设工程合同；运输合同；技术合同；保管合同；仓储合同；委托合同；物业服务合同；行纪合同；中介合同；合伙合同。这是《民法典》对合同的基本分类，并对每一类合同都作了较为详细的规定。

对于广义合同，如劳动合同等，是由其他法律进行规范，不属于《民法典》中规范的合同。

2. 其他分类

（1）计划与非计划合同。计划合同是依据国家有关计划签订的合同。非计划合同则是当事人根据市场需求和自己的意愿订立的合同。

（2）双务合同与单务合同。双务合同是当事人双方相互享有权利和相互负有义务的合同。大多数合同都是双务合同，如建设工程合同等。单务合同是指合同当事人双方并不相互享有权利、负有义务的合同，如赠与合同等。

（3）诺成合同与实践合同。诺成合同是当事人意思表示一致即可成立的合同。实践合同则要求在当事人意思表示一致的基础上，还必须交付标的物或者其他给付义务的合同。在现代经济生活中，大部分合同都是诺成合同。这种合同分类的目的在于确立合同的生效时间。

（4）主合同与从合同。主合同是指不依赖其他合同而独立存在的合同。从合同是以主合同的存在为存在前提的合同。主合同的无效、终止将导致从合同的无效、终止，但从合同的无效、终止不能影响主合同。担保合同是典型的从合同。

（5）有偿合同与无偿合同。有偿合同是指合同当事人双方任何一方均须给予另一方相应权益方能取得自己利益的合同。而无偿合同的当事人一方无须给予相应权益即可从另一方取得利益。在市场经济中，绝大部分合同都是有偿合同。

（6）要式合同与不要式合同。如果法律要求必须具备一定形式和手续的合同，称为要式合同。反之，法律不要求具备一定形式和手续的合同，称为不要式合同。

复习思考题

1. 《中华人民共和国民法典》是在何时开始实施的？
2. 什么是合同？《民法典》第三篇"合同"由哪几部分构成？
3. 《民法典》的合同"通则"中包括哪些内容？
4. 什么是合同主体？掌握合同主体的类型及概念？
5. 什么是民事权利能力？《民法典》对自然人的民事权利能力有何规定？
6. 什么是民事行为能力？《民法典》对自然人的民事行为能力有何规定？
7. 法人应具备哪些条件？法人分为哪些类型？
8. 非法人组织主要指的是哪些机构？
9. 民事主体从事民事活动中，合同主要起到什么作用？
10. 合同主要有哪些特点和法律特征？
11. 合同应遵循哪些原则？
12. 合同主要分为哪些类型？

任务 4.2　合同的订立

引导问题

1. 通常合同采用的订立形式有哪些？
2. 通常订立合同主要包括哪些内容？
3. 当事人订立合同的要约和承诺的含义是什么？
4. 合同对要约和承诺的生效规定是什么？
5. 合同的成立和地点有何规定？

工作任务

主要介绍合同的形式、合同的内容、合同的订立、合同成立时间和地点等内容。

本工作任务要了解订立合同的形式及适用范围；明确合同的主要内容；掌握要约、承诺的概念和生效的条件；掌握如何订立合同。

学习参考资料

1.《中华人民共和国民法典》；
2. 其他有关合同的法律法规文件及书刊。

一、合同的形式

合同的形式是当事人意思表示一致的外在表现形式。

（一）合同的订立形式

《民法典》第四百六十九条第一款规定："当事人订立合同，可以采用书面形式、口头形式或者其他形式。"

1. 书面形式

书面形式是指合同书、信件和数据电文（包括电报、电传、传真、电子数据交换和电子邮件）等可以有形地表现所载内容的形式。其中以电子数据交换、电子邮件等方式能够有形地表现所载内容的合同，视为书面形式。其特点是可以随时调取查用的数据电文。

2. 口头形式

口头形式是以口头语言表现合同内容的形式。

3. 其他形式

其他形式包括公证、审批、登记等形式。

（二）合同形式按产生依据分类

按合同形式的产生依据划分，合同形式则可分为法定形式和约定形式。

1. 合同的法定形式

合同的法定形式是指法律直接规定合同应当采取的形式。如《民法典》规定建设工程合同应当采用书面形式，则当事人不能对合同形式加以选择。

2. 合同的约定形式

合同的约定形式是指法律没有对合同形式作出要求，由民事主体的当事人约定合同采用何种订立形式。

二、合同的内容

合同的内容由当事人约定，这是合同自由的重要体现。《民法典》规定了合同一般应当包括的条款，但具备这些条款不是合同成立的必备条件。

（1）当事人的姓名或者名称和住所。明确合同主体，对了解合同当事人的基本情况，合同的履行和确定诉讼管辖具有重要的意义。自然人的姓名是指经户籍登记管理机关核准登记的正式用名；自然人的住所是指自然人有长期居住的意愿和事实的处所，即经常居住地；法人、非法人组织的名称是指经登记主管机关核准登记的名称，如公司的名称以企业营业执照上的名称为准；法人和非法人组织的住所是指它们的主要营业地或者主要办事机构所在地。当然，建设工程合同作为一种国家干预较多的合同，国家对其当事人有一些特殊的要求，如要求施工企业作为承包人时必须具有相应的资质等级。

（2）标的。是指合同当事人双方权利和义务共同指向的对象。标的的表现形式为物、财、行为、智力成果等。没有标的的合同是空的，当事人的权利义务无所依托；标的不明确的合同无法履行，合同也不能成立。所以，标的是合同的首要条款，签订合同时，标的必须明确、具体，必须符合国家法律和行政法规的规定。

（3）数量。是指衡量合同标的多少的尺度，以数字和计量单位表示。没有数量或数量的规定不明确，则当事人双方权利义务的多少，合同是否完全履行都无法确定。数量必须严格按照国家规定的法定计量单位填写，以免当事人产生不同的理解。施工合同中的数量主要体现的是工程量的大小。

（4）质量。是指标的的内在品质和外观形态的综合指标。签订合同时，必须明确质量标准。合同对质量标准的约定应当是准确而具体的，对于技术上较为复杂的和容易引起歧义的词语、标准，应当加以说明和解释。对于国家的强制性标准，当事人必须执行，合同约定的质量不得低于强制性标准；对于推荐性的标准，国家鼓励采用。当事人没有约定质量标准的，如果有国家标准，则依国家标准执行；如果没有国家标准，则依行业标准执行；没有行业标准，则依地方标准执行；没有地方标准，则依企业标准执行。由于建设工程中的质量标准大多是强制性的质量标准，当事人的约定不能低于这些强制性的标准。

（5）价款或者报酬。是指当事人一方向交付标的的另一方支付的货币。标的物的价款由当事人双方协商，但必须符合国家的物价政策，劳务酬金也是如此。合同条款中应写明有关银行结算和支付方法的条款。价款或者报酬在勘察、设计合同中表现为勘察、设计费，在监理合同中则体现为监理费，在施工合同中则体现为工程款。

（6）履行期限、地点和方式。履行期限是当事人各方依照合同规定全面完成各自义务的时间。履行地点是指当事人交付标的和支付价款或酬金的地点，包括标的的交付、提取地点；服务、劳务或工程项目建设的地点；价款或劳务的结算地点。施工合同的履行地点是工程所在地。履行方式是指当事人完成合同规定义务的具体方法，包括标的的交付方式和价款或酬金的结算方式。履行期限、地点和方式是确定合同当事人是否适当履行合同的依据。

（7）违约责任。是指任何一方当事人不履行或者不适当履行合同规定的义务而应当承担的法律责任。当事人可以在合同中约定，一方当事人违反合同时，向另一方当事人支付一定数额的违约金；或者约定违约损害赔偿的计算方法。

（8）解决争议的方法。在合同履行过程中不可避免地会产生争议，为使争议发生后能够有一个双方都能接受的解决办法，应当在合同条款中对此作出规定。如果当事人希望通过仲裁作为解决争议的最终方式，则必须在合同中约定仲裁条款，因为仲裁是以自愿为原则的。

通常合同包括上述内容，但由于建设工程合同往往比较复杂，合同中的内容并不全部在狭义的合同文本中，如有些内容反映在工程量表中，有些内容反映在当事人约定采用的质量标准中。因此，建设工程合同可以参照国家《建设项目工程总承包合同（示范文本）》确定合同内容。

三、合同的订立

《民法典》第四百七十一条规定："当事人订立合同，可以采取要约、承诺方式或者其他方式。"合同的成立需要经过要约和承诺两个阶段，这是民法学界的共识，也是国际合同公约和世界各国合同立法的通行做法。建设工程合同的订立同样需要通过要约和承诺两个步骤。

（一）要约

1. 要约概念和条件

要约是希望和他人订立合同的意思表示。提出要约的一方为要约人，接受要约的一方为受要约人。要约应当符合以下条件：

（1）内容具体确定；

（2）表明经受要约人承诺，要约人即受该意思表示约束。

要约必须是特定人的意思表示，必须是以缔结合同为目的。要约必须是对相对人发出的行为，必须由相对人承诺，虽然相对人的人数可能为不特定的多数人。另外，要约必须具备合同的一般条款。

2. 要约邀请

要约邀请是希望他人向自己发出要约的意思表示。要约邀请并不是合同成立过程中的必经过程，它是当事人订立合同的预备行为，在法律上无须承担责任。这种意思表示的内容往往不确定，不含有合同得以成立的主要内容，也不含相对人同意后受其约束的表示。比如拍卖公告、招标公告、招股说明书、债券募集办法、基金招募说明书、商业广告和宣传、寄送的价目表等为要约邀请。但商业广告和宣传的内容符合要约条件的，构成要约。

3. 要约撤回和撤销

（1）要约撤回。是要约在发生法律效力之前，欲使其不发生法律效力而取消要约的意思表示。要约人可以撤回要约，撤回要约的通知应当在要约到达受要约人之前或同时到达受要约人。

（2）要约撤销。是要约在发生法律效力之后，要约人欲使其丧失法律效力而取消该项要约的意思表示。要约可以撤销，撤销要约的通知应当在受要约人发出承诺通知之前到达受要约人。但有下列情形之一的，要约不能撤销：

1）要约人以确定承诺期限或者其他形式明示要约不可撤销；

2）受要约人有理由认为要约是不可撤销的，并已经为履行合同做了合理准备工作。

（二）承诺

1. 承诺概念和条件

承诺是受要约人作出的同意要约的意思表示。承诺应当以通知的方式作出，但根据交易习惯或者要约表明可以通过行为作出承诺的除外。承诺应符合以下条件：

（1）承诺必须由受要约人作出。非受要约人向要约人作出的接受要约的意思表示是一种要约而非承诺。

（2）承诺只能向要约人作出。非要约对象向要约人作出的完全接受要约意思的表示也不是承诺，因为要约人根本没有与其订立合同的意愿。

（3）承诺的内容应当与要约的内容一致。但是近年来，国际上出现了允许受要约人对要约内容进行非实质性变更的趋势。受要约人对要约的内容作出实质性变更的，视为新要约。有关合同标的、数量、质量、价款和报酬、履行期限和履行地点和方式、违约责任和解决争议方法等的变更，是对要约内容的实质性变更。承诺对要约的内容作出非实质性变更的，除要约人及时反对或者要约表明承诺不得对要约内容作任何变更以外，该承诺有效，合同以承诺的内容为准。

（4）承诺必须在承诺期限内发出。超过期限，除要约人及时通知受要约人该承诺有效外，为新要约。

在建设工程合同的订立过程中，招标人发出中标通知书的行为是承诺。因此，作为中标通知书必须由招标人向投标人发出，并且其内容应当与招标文件、投标文件的内容一致。

2. 承诺期限

承诺必须以明示的方式，在要约规定的期限内作出。要约没有规定承诺期限的，视要约的方式而定：

（1）要约以对话方式作出的，应当即时作出承诺，但当事人另有约定的除外；

（2）要约以非对话方式作出的，承诺应当在合理期限内到达。

这样的规定主要是表明承诺的期限应当与要约相对应。"合理期限"要根据要约发出的客观情况和交易习惯确定，应当注意双方的利益平衡。要约以信件或者电报作出的，承诺期限自信件载明的日期或者电报交发之日开始计算；信件未载明日期的，自投寄该信件的邮戳日期开始计算；要约以电话、传真等快速通信方式作出的，承诺期限自要约到达受要约人时开始计算。

受要约人在承诺期限内发出承诺，按照通常情形能够及时到达要约人，但因其他原因承诺到达要约人时超过承诺期限的，除要约人及时通知受要约人因承诺超过期限不接受该承诺的以外，该承诺有效。

3. 迟到承诺

超过承诺期限到达要约人的承诺，按照迟到的原因不同，对承诺的有效性进行不同的区分。

（1）受要约人超过承诺期限发出的承诺。除非要约人及时通知受要约人该承诺有效，否则该超期的承诺视为新要约，对要约人不具备法律效力。

（2）非受要约人责任原因延误到达的承诺。是指受要约人在承诺期限内发出承诺，按正常情况能够及时到达要约人，但因其他原因承诺到达要约人时超过了承诺期限。对于这种情况，除非要约人及时通知受要约人因承诺超过期限不接受该承诺，否则承诺有效。

4. 承诺撤回

承诺撤回是指承诺人阻止或者消灭承诺发生法律效力的意思表示。承诺可以撤回，撤回承诺的通知应当在承诺通知到达要约人之前或者与承诺通知同时到达要约人。

（三）要约和承诺的生效

对于要约和承诺的生效，世界各国有不同的规定，主要有投邮主义、到达主义和了解主义。目前，世界上大部分国家和《联合国国际货物销售合同公约》都采用了到达主义。我国也采用了到达主义。到达主义要求要约到达受要约人时生效，承诺到达要约人时生效。

《民法典》第一百三十七条规定："以对话方式作出的意思表示，相对人知道其内容时生效。以非对话方式作出的意思表示，到达相对人时生效。以非对话方式作出的采用数据电文形式的意思表示，相对人指定特定系统接收数据电文的，该数据电文进入该特定系统时生效；未指定特定系统的，相对人知道或者应当知道该数据电文进入其系统时生效。当事人对采用数据电文形式的意思表示的生效时间另有约定的，按照其约定。"承诺应当以通知的方式作出，根据交易习惯或者要约表明可以通过行为作出承诺的除外。承诺的通知送达给要约人时生效。

四、合同成立时间和地点

（一）要式合同的成立

要式合同是指法律、行政法规规定，或者当事人约定，必须采用法律规定形式的合同。当事人采用合同书形式订立合同的，自所有当事人均完成签名、盖章或者按指印时合同成立。在签名、盖章或者按指印之前，一方当事人已经履行主要义务，且另一方接受时，该合同成立。

当事人采用信件、数据电文等形式订立合同的，可以在合同成立之前要求签订确认书，签订确认书时合同成立。

（二）不要式合同的成立

不要式合同是指当事人订立的合同依法并不需要采取特定的形式，比如买卖合同、赠与合同、承揽合同、仓储合同、委托合同、行纪合同、中介合同等。不要式合同是法律没有强制性规定其形式，当事人可以采取口头方式，也可以采取书面方式。

不要式合同成立是指合同当事人对合同的标的、数量等内容协商一致。如果法律法规、当事人对合同的形式、程序没有特殊的要求，则承诺生效时合同成立。因为承诺生效即意味着当事人对合同的内容达成了一致，对当事人产生约束力。

（三）合同成立的地点

在一般情况下，合同双方签字、盖章生效的地点为合同成立的地点。采用数据电文形式订立合同的，收件人的主营业地为合同成立的地点；没有主营业地的，其经常居住地为合同成立的地点。当事人另有约定的，按照其约定。

复习思考题

1. 订立合同的形式有哪几种？建设工程合同必须采用哪种形式订立？
2. 合同的内容主要包括哪些？
3. 合同的要约和承诺的概念？各自应具备哪些条件？
4. 要约撤回和撤销有何规定？
5. 承诺的期限有何规定？
6. 迟到承诺和承诺撤回有何规定？
7. 要约和承诺的生效有何规定？
8. 合同成立时间和地点有何规定？

任务 4.3　合同的效力

引导问题

1. 合同必须构成哪些要件才具有法律效力？
2. 国家对各类合同的生效时间有何规定？
3. 哪些合同属于合同效力待定？
4. 在什么情形下合同无效？
5. 在什么情形下合同可以撤销？
6. 合同无效或被撤销合同的法律后果有何规定？

工作任务

主要介绍合同生效、合同效力待定、无效合同、可撤销合同、合同无效或被撤销合同的法律后果等内容。

本工作任务要了解合同效力的概念、合同生效要件和生效时间；理解合同效力待定的类型及有关规定；明确合同成立与合同生效的区别；了解无效合同和可撤销合同的概念；掌握无效合同和可撤销合同的各自情形；明确在何时间之前行使可撤销合同有效，不至于合同撤销权消灭；掌握合同无效或被撤销合同后，其产生的法律后果如何处理。

学习参考资料

1. 《中华人民共和国民法典》；
2. 其他有关合同的法律法规文件及书刊。

一、合同生效

（一）合同效力概述

合同效力即已经成立的合同的法律效力，其含义是指依法成立的合同，自成立时生效，对当事人具有法律约束力，并受法律保护。当事人应当按照约定履行自己的义务，不得擅自变更或者解除合同。具有法律效力的合同不仅表现为对当事人的约束，而且在合同有效的前提下，当事人可以通过法院获得强制执行的法律效果。

合同成立意味着当事人就合同的主要条款已经达成一致。合同生效意味着已经成立的合同在当事人之间产生法律约束力，也就是通常所说的法律效力。合同成立与合同生效是两个不同的概念，合同的成立是合同生效的前提。已经成立的合同如不符合法律规定的生效要件，仍不能产生法律效力。合同的效力制度体现了国家对当事人已经订立的合同的评价。这种评价若是肯定的，即合同能够发生法律效力；这种评价若是否定的，即合同不能发生法律效力。因此，合同的成立主要表现了当事人的意志，体现了自愿订立合同的原则，而合同效力制度则体现了国家对合同关系肯定或否定的评价，反映了国家对合同关系的干预。

（二）合同生效的要件

合同生效是指合同对双方当事人的法律约束力的开始。合同成立后，必须具备相应的法律条件才能生效，否则合同是无效的。合同生效应当具备下列条件：

1. 依法需要办理批准手续的合同

《民法典》第五百零二条第一款第二款规定："依法成立的合同，自成立时生效，但是法律另有规定或者当事人另有约定的除外。依照法律、行政法规的规定，合同应当办理批准等手续的，依照其规定。未办理批准等手续影响合同生效的，不影响合同中履行报批等义务条款以及相关条款的效力。应当办理申请批准等手续的当事人未履行义务的，对方可以请求其承担违反该义务的责任。"例如，双方当事人签订建设工程合同后，必须经当地建设行政主管部门批准后合同生效，否则合同不发生法律效力。

2. 当事人具有相应的民事权利能力和民事行为能力

订立合同的人必须具备一定独立表达自己意思和理解自己行为的性质及后果的能力，即合同当事人应当具有相应的民事权利能力和民事行为能力。对于自然人而言，民事权利能力始于出生，完全民事行为能力人可以订立一切法律允许自然人作为合同主体的合同。法人和非法人组织的权利能力就是它们的经营、活动范围，民事行为能力则与它们的权利能力相一致。

在建设工程合同中，合同当事人一般都应当具有法人资格，并且承包人还应当具备相应的资质等级，否则就不具有相应的民事权利能力和民事行为能力，订立的建设工程合同无效。

3. 意思表示真实

合同是当事人意思表示一致的结果。因此，当事人的意思表示必须真实。但是，意思表示真实是合同的生效条件而非合同的成立条件。意思表示不真实包括意思与表示不一致、不自由的意思表示两种。含有意思表示不真实的合同是不能取得法律效力的。如建设工程合同的订立，一方采用欺诈、胁迫的手段订立的合同，就是意思表示不真实的合同，这样的合同就欠缺生效的条件。

4. 不违反法律、行政法规的强制性规定，不违背公序良俗

不违反法律、行政法规的强制性规定，不违背公序良俗，是合同有效的重要条件。这是就合同的目的和内容而言的。合同的目的，是指当事人订立合同的直接内心原因；合同的内容，是指合同中的权利义务及其指向的对象。不违反法律、行政法规的强制性规定，不违背公序良俗，实际是对合同自由的限制。

5. 当事人订立合同不得超越经营范围

当事人订立合同不得超越经营范围，若超越经营范围订立的合同无效，不发生法律效力。

（三）合同生效时间

1. 合同生效时间一般规定

通常依法成立的合同，自成立时生效。对于口头合同自受要约人承诺时生效；书面合同自当事人双方签字或者盖章时生效；法律规定应当采用书面形式的合同，当事人虽然未采用书面形式，但已经履行全部或者主要义务的，可以视为合同有效。合同中有违反法律或社会公共利益的条款的，当事人取消或改正后，不影响合同其他条款的效力。

法律、行政法规规定应当办理批准、登记等手续生效的，依照其规定办理后生效。

2. 附条件和附期限合同生效时间

当事人可以对合同生效约定附条件或者约定附期限。附条件的合同，包括附生效条件的合同和附解除条件的合同两类。附生效条件的合同，自条件成就时生效；附解除条件的合同，自条件成就时失效。当事人为了自己的利益采取不正当行为阻止条件成就的，视为条件已经成就；采取不正当行为促成条件成就的，视为条件不成就。附生效期限的合同，自期限届至时生效；附终止期限合同，自期限届满时失效。

附条件合同的成立与生效不是同一时间，合同成立后虽然并未开始履行，但任何一方不得撤销要约和承诺，否则应承担缔约过失责任，赔偿对方因此而受到的损失；合同生效后，当事人双方必须忠实履行合同约定的义务，如果不履行或未正确履行义务，应按违约责任条款的约定追究其责任；一方不正当地阻止条件成就，视为合同已生效，同样要追究其违约责任。

二、合同效力待定

有些合同的效力较为复杂，不能直接判断是否生效，而与合同的一些后续行为有关，这类合同即为效力待定的合同。

1. 限制民事行为能力人订立的合同

无民事行为能力人不能订立合同，限制行为能力人一般情况下也不能独立订立合同。限制民事行为能力人订立的合同，经法定代理人追认以后，合同有效。限制民事行为能力人的监护人是其法定代理人。《民法典》第一百四十五条第二款规定："相对人可以催告法定代理人自收到通知之日起三十日内予以追认。法定代理人未作表示的，视为拒绝追认。民事法律行为被追认前，善意相对人有撤销的权利。撤销应当以通知的方式作出。"

2. 无代理权人订立的合同

行为人没有代理权、超越代理权或者代理权终止后以被代理人的名义订立的合同，未经被代理人追认，对被代理人不发生效力，由行为人承担责任。相对人可以催告被代理人在三十日内予以追认。被代理人未作表示的，视为拒绝追认。合同被追认之前，善意相对人有撤销的权利。撤销应当以通知的方式作出。行为人没有代理权、超越代理权或者代理权终止后以被代理人的名义订立的合同，相对人有理由相信行为人有代理权的，该代理行为有效。

3. 表见代理人订立的合同

"表见代理"是善意相对人通过被代理人的行为足以相信无权代理人具有代理权的代理。基于此项信赖，该代理行为有效。善意第三人与无权代理人进行的交易行为（订立合同），其后果由被代理人承担。表见代理的规定，其目的是保护善意第三人。在现实生活中，较为常见的表见代理是采购员或者推销员拿着盖有单位公章的空白合同文本，超越授权范围与其他单位订立合同。此时其他单位如果不知采购员或者推销员的授权范围，即为善意第三人，由此订立的合同有效。

表见代理一般应当具备以下条件：表见代理人并未获得被代理人的书面明确授权，是无权代理；客观上存在让相对人相信行为人具备代理权的理由；相对人善意且无过失。

有些情况下，表见代理与无权代理的区分是十分困难的。

4. 当事人超越权限订立的合同

《民法典》第五百零四条规定："法人的法定代表人或者非法人组织的负责人超越权限

订立的合同，除相对人知道或者应当知道其超越权限外，该代表行为有效，订立的合同对法人或者非法人组织发生效力。"

5. 无处分权人处分他人财产订立的合同

无处分权人处分他人财产订立的合同，一般情况下是无效的。但是，在下列两种情况下合同有效：

（1）无处分权人处分他人财产，经权利人追认，订立的合同有效；

（2）无处分权人通过订立合同取得处分权的合同有效。

如在房地产开发项目的施工中，施工企业对房地产是没有处分权的，如果施工企业将施工的商品房卖给他人，则该买卖合同无效。但是，如果房地产开发商追认该买卖行为，则买卖合同有效；或者事后施工企业与房地产开发商达成该商品房折抵工程款，则该买卖合同也有效。

三、无效合同

（一）无效合同概述

无效合同是指合同虽然已经成立，但因其在内容上违反了法律、行政法规的强制性规定和社会公共利益而无法律效力的合同。"法律"是指全国人民代表大会及其常务委员会颁布的法律；"行政法规"是指国务院颁布的规章、命令、条例等行政法规；"强制性规定"是指强制的法律规范，它与"任意性法律规范"相对应。

合同无效，是自始无效、确定无效、当然无效。自始无效是从合同成立时就无效；确定无效是确定无疑地无效，区别于效力待定合同的效力由权利人确定；当然无效是指合同无效不以任何人主张和法院、仲裁机构的确定为要件。

（二）无效合同情形

1. 无效合同主要情形

（1）当事人以欺诈、胁迫手段或者乘人之危订立的合同

"欺诈"是一方当事人故意欺骗他人，诱使对方当事人作出错误意思表示而订立合同的行为。欺骗他人的方法包括故意告知对方虚假情况或者故意隐瞒真实情况。如施工企业伪造资质等级证书与发包人签订施工合同。

"胁迫"是一方当事人以将来要发生的损害或者以直接施加损害相威胁，而使对方当事人产生恐惧，迫使对方作出违背真实意思表示而订立合同的行为。胁迫行为是指给对方当事人施加的一种威胁，这种威胁必须是非法的。如材料供应商以败坏施工企业名誉为要挟，迫使施工企业与其订立材料买卖合同。

"乘人之危"是一方当事人利用对方处于危困状态、缺乏判断能力等情形，致使对方订立合同的行为。

（2）恶意串通，损害国家、集体或第三人利益的合同

"恶意串通"是合同当事人在明知或者应当知道某种行为将会损害国家、集体或者第三人利益的情况下，而故意共同实施该行为。这种情况在建设工程领域中较为常见的是投标人串通投标或者招标人与投标人串通，损害国家、集体或第三人利益，投标人与招标人通过这样的方式订立的合同是无效的。

（3）以合法形式掩盖非法目的的合同

如果合同要达到的目的是非法的行为，或者当事人从事的行为在形式上是合法的，但在内容上是非法的，以此订立的合同是无效的。如企业之间为了达到借款的非法目的，即使设计了合法的形式也属于无效合同。

（4）违背公序良俗，损害社会公共利益

如果合同违反公共秩序和公序良俗，就损害了社会公共利益，这样的合同是无效的。例如，施工单位在劳动合同中规定雇员应当接受搜身检查的条款，或者在施工合同的履行中规定以债务人的人身作为担保的约定，都属于无效的合同条款。

（5）违反法律、行政法规的强制性规定的合同

违反法律、行政法规的强制性规定的合同是无效的。例如，建设工程的质量标准是《中华人民共和国标准化法》《中华人民共和国建筑法》规定的强制性标准，如果建设工程合同当事人约定的质量标准低于国家标准，则该合同是无效的。

2. 无效合同的免责条款

合同免责条款，是指当事人约定免除或者限制其未来责任的合同条款。当然，并不是所有的免责条款都无效，合同中的下列免责条款无效：

（1）造成对方人身伤害的；

（2）因故意或者重大过失造成对方财产损失的。

上述两种免责条款具有一定的社会危害性，双方即使没有合同关系也可追究对方的侵权责任。因此这两种免责条款无效。

（三）无效合同确认

无效合同的确认权归人民法院或者仲裁机构，合同当事人或其他任何机构均无权认定合同无效。

案例4-3-1

2010年投资建设某中学，建设单位、组织设计单位完成了工程勘察和初步设计，于2010年4月向项目审批、核准部门递交了项目申请报告。为尽快发挥效益，建设单位采用初步设计图纸，在向项目审批、核准部门递交项目申请报告的同时，组织了地下沟道、校内道路、主教学楼、办公楼、实验楼等工程的施工招标，并于2010年5月与中标人签订了发承包施工合同，签约合同工期为24个月。发承包双方在履行合同过程中，合同约定的某些内容争议协商不一致，向项目所在地人民法院起诉。

问题提出：如何处理该起纠纷？又如何主张当事人权益？

案例分析：法院经组织有关专家调查论证，结合该地区教育发展规划，以及国家有关政策，该项目是于2011年3月经项目审批、核准部门对该学校作出了不予核准立项的决定。但此时，中标人（承包人）已完成学校地下沟道、校内道路、主教学楼、办公楼和实验楼等大部分土建工程施工。该建设单位于2011年3月底向承包人下达了停工令，要求承包人撤出工地。故承包人提出条件，要求建设单位支付其已完成项目的款项，并弥补相关损失。2011年4月至6月，发包人与承包人多次协商结算价款未果，无法达成一致意见。

实际建设单位在本项目还未获得当地有关部门的批准就开始招标（项目未获批立项，便进行招标、签订合同和施工，其问题和责任在本案例不追究），违反了《招标投标法》第九条规定："招标项目按照国家有关规定需要履行项目审批手续的，应当先履行审批手续，取得批准。招标人应当有进行招标项目的相应资金或者资金来源已经落实，并应当在招标文件中如实载明。"因此，该项目所进行的招标、投标、中标是无效的，当事人所签订的合同属于违反法律、行政法规强制性规定的，人民法院确认合同无效。至于已完成的大部分土建工程施工，如何验收、结算等事宜，应交由项目所在地人民法院调解或判决。

四、可撤销合同

（一）可撤销合同概念

可撤销合同是指合同因欠缺一定的生效要件，意思表示不真实，其有效与否，取决于有撤销权的一方当事人是否行使撤销权的合同。可撤销合同的效力取决于当事人的意志，它是一种相对无效的合同，但又不同于绝对无效的无效合同。因此，可撤销合同是一种相对有效的合同，在有撤销权的一方行使撤销权之前，合同对双方当事人都是有效的。

如果合同当事人对合同的可撤销发生争议，只有人民法院或者仲裁机构有权撤销合同。可撤销的合同不同于无效合同，当事人提出请求是合同被撤销的前提，人民法院或者仲裁机构不得主动撤销合同；当事人如果只要求变更，人民法院或者仲裁机构不得撤销其合同。

（二）可撤销的合同

订立的合同有下列情形之一的，当事人一方有权请求人民法院或者仲裁机构撤销其合同：

1. 因重大误解而订立的合同

《民法典》第一百四十七条规定："基于重大误解实施的民事法律行为，行为人有权请求人民法院或者仲裁机构予以撤销。"重大误解是指由于合同一方当事人本身的原因，对合同主要内容发生误解，产生错误认识。因重大误解订立的合同的主要情形有：

（1）表意人因为误解作出了意思表示；

（2）表意人对合同的内容等发生了重大误解；

（3）误解是由误解方自己的过失造成的；

（4）误解是误解一方的非故意行为。

建设工程合同订立的程序较为复杂，当事人发生重大误解的可能性很小，但在建设工程合同的履行或者变更的具体问题上仍有发生重大误解的可能性，如在工程师发布的指令中，或者建设工程涉及的买卖合同中等。行为人因对行为的性质、对方当事人、标的物的品种、质量、规格和数量等的错误认识，使行为的后果与自己的意思相悖，并造成较大损失时，可以认定为重大误解。当然，这里的重大误解必须是当事人在订立合同时已经发生的误解，如果是合同订立后发生的事实，且一方当事人订立时由于自己的原因而没有预见到，则不属于重大误解。

2. 显失公平订立的合同

一方当事人利用优势或者利用对方没有经验，致使双方的权利与义务明显违反公平原则的，可以认定为显失公平。显失公平订立的合同的主要情形有：

（1）合同在订立时就显失公平；

（2）一方获得的利益超过了法律所允许的限度；

（3）受害的一方在订立合同时缺乏经验或情况紧迫。

3. 以欺诈手段订立的合同

当事人一方以欺诈手段或第三人实施欺诈行为，使对方在违背真实意思的情况下实施的民事法律行为，对方知道或者应当知道该欺诈行为的，受欺诈方有权请求人民法院或者仲裁机构予以撤销。如果只是单纯的欺诈行为，那就是可撤销的合同；如果不但有欺诈行为，还损害了国家利益，那就是无效合同。

4. 以胁迫手段订立的合同

《民法典》第一百五十条规定："一方或者第三人以胁迫手段，使对方在违背真实意思的情况下实施的民事法律行为，受胁迫方有权请求人民法院或者仲裁机构予以撤销。"因胁迫而订立的合同应符合的要件：

（1）胁迫人具有胁迫的故意；

（2）胁迫者实施了胁迫行为；

（3）受胁迫者在违背真实意思的情况下订立了合同；

（4）胁迫行为是非法的。

5. 因乘人之危订立的合同

《民法典》第一百五十一条规定："一方利用对方处于危困状态、缺乏判断能力等情形，致使民事法律行为成立时显失公平的，受损害方有权请求人民法院或者仲裁机构予以撤销。"

对于因欺诈、胁迫而订立的合同是可撤销合同，撤销后自始无效。其类型可分为：一是一方以欺诈、胁迫的手段订立的合同损害国家利益的，应作为无效合同；二是一方以欺诈、胁迫的手段订立的合同并没有损害国家利益，只是损害了集体或第三人的利益，对这类合同应按可撤销合同处理。

（三）合同撤销权消灭

由于可撤销的合同只是涉及当事人意思表示不真实的问题，因此法律对撤销权的行使有一定的限制。有下列情形之一的，撤销权消灭：

1. 当事人自知道或者应当知道撤销事由之日起一年内、重大误解的当事人自知道或者应当知道撤销事由之日起九十日内没有行使撤销权；

2. 当事人受胁迫，自胁迫行为终止之日起一年内没有行使撤销权；

3. 当事人知道撤销事由后明确表示或者以自己的行为表明放弃撤销权。

4. 当事人自民事法律行为发生之日起五年内没有行使撤销权的，撤销权消灭。

五、合同无效或被撤销合同的法律后果

合同被确认无效或被撤销合同后，合同规定的权利义务即为无效。履行中的合同应当终止履行，尚未履行的不得继续履行。对因履行无效合同而产生的财产后果应当依法进行处理。

（一）返还财产

由于无效合同或被撤销合同，自始没有法律约束力。因此，返还财产是处理无效合同

或被撤销合同的主要方式。合同被确认无效或被撤销后，当事人依据该合同所取得的财产，应当予以返还给对方；不能返还或者没有必要返还的，应当作价补偿。建设工程合同如果无效或被撤销，一般都无法返还财产，因为无论是勘察设计成果还是工程施工，承包人的付出都是无法返还的，因此，一般应当采用作价补偿的方法处理。

（二）赔偿损失

合同被确认无效或被撤销后，有过错的一方应当赔偿对方由此所受到的损失；如果双方都有过错，应当根据过错的大小各自承担相应的责任。

（三）追缴财产，收归国有

双方恶意串通，损害国家或者第三人利益的，国家采取强制性措施将双方取得的财产收归国库或者返还第三人。无效合同不影响善意第三人取得合法权益。

复习思考题

1. 什么是合同效力？
2. 合同成立与合同生效二者有何区别？
3. 合同生效应具备哪些条件？合同生效时间有何规定？
4. 什么是合同效力待定？哪些合同属于效力待定合同？
5. 什么是无效合同？哪些情形订立的合同属于无效合同？
6. 什么是可撤销合同？在什么情形下合同可以撤销？
7. 在什么情形下合同撤销权消灭？
8. 合同被确认无效或被撤销合同后，将产生哪些法律后果？如何处理法律后果？

任务 4.4　合同的履行

引导问题

1. 合同履行应遵循哪些原则？
2. 合同生效后当事人如何做好正常履行的义务？
3. 当合同约定的内容不明确时如何处理？
4. 当合同主体发生变动时，如何履行合同？
5. 为什么要规定合同履行的抗辩权？合同履行抗辩权有哪几种类型？
6. 各类合同履行抗辩权的构成要件是什么？
7. 如何确定合同履行期限、价格和地点？

工作任务

主要介绍合同履行概述、合同的履行、合同履行的抗辩权、合同履行期限、价格和地点等内容。

本工作任务要了解合同履行的概念、履行原则；掌握合同履行的方法和合同约定不明确内容的处理要点，以及合同主体变动的履行；掌握合同履行抗辩权的构成要件及应用；掌握合同履行期限、价格和地点的确定。

学习参考资料

1.《中华人民共和国民法典》；
2.《最高人民法院关于审理建设工程施工合同纠纷案件适用法律问题的解释（一）》（法释〔2020〕25 号）；
3. 其他有关合同的法律法规文件及书刊。

一、合同履行概述

（一）合同履行概念

合同履行是指合同各方当事人按照合同的规定，全面履行各自的义务，实现各自的权利，使各方的目的得以实现的行为。合同依法成立，当事人就应当按照合同的约定，全部履行自己的义务。签订合同的目的在于履行，通过合同的履行而取得某种权益。合同的履行以有效的合同为前提和依据，因为无效合同从订立之时起就没有法律效力，不存在合同履行的问题。合同履行是该合同具有法律约束力的首要表现。建设工程合同签订的目的也是履行，合同订立后同样应当严格履行各自的义务。

（二）合同履行的原则

合同的履行除应遵守平等、自愿、公平、诚实信用等原则外，还应遵循以下合同履行的特有原则，即适当履行原则、全面履行原则、协作履行原则、经济合理原则和情势变更原则。

1. 适当履行原则

适当履行是指当事人按照合同规定的标的及其质量、数量，由适当的主体在适当的履行期限、履行地点以适当的方式，全面完成合同义务的履行原则。适当履行既要求债务人实际履行，交付标的物或提供服务，也要求这些交付的标的物、提供的服务符合法律和合同的规定。

2. 全面履行原则

全面履行是指当事人应当按照约定全面履行自己的义务。即按合同约定的标的、价款、数量、质量、地点、期限、方式等全面履行各自的义务。按照约定履行自己的义务，既包括全面履行义务，也包括正确适当履行合同义务。建设工程合同订立后，双方应当严格履行各自的义务，如不按期支付预付款、工程款，不按照约定时间开工、竣工，都是违约行为。

3. 协作履行原则

协作履行是指当事人不仅应适当履行自己的合同债务，而且应协助对方当事人履行债务。正常的合同履行，只有债务人的给付行为，没有债权人的受领给付。但有些合同若正常履行是很难实现合同内容的。例如，在建设工程合同、技术开发合同、技术转让合同、提供服务合同等场合，债务人实施给付行为也需要债权人的积极配合，否则，合同的内容难以实现。

实践证明协助履行是债权人的义务，是诚实信用原则在合同履行方面的具体表现，只有双方当事人在合同履行过程中相互配合、相互协作，合同才会得到适当履行。因此，债务人与债权人在履行合同中应做到：债务人履行合同债务，债权人应适当受领给付；债务人履行债务，时常要求债权人创造必要的条件，提供方便；因故不能履行或不能完全履行时，应积极采取措施避免或减少损失，否则还要就扩大的损失自负其责；发生合同纠纷时，应各自主动承担责任，不得推诿。

4. 经济合理原则

经济合理原则是指在履行合同时，讲求经济效益，付出最小的成本，取得最佳的合同利益。具体表现为：债务人选择最经济合理的运输方式，选择履行期限履行合同义务，选择设备体现经济合理原则，变更合同，对违约进行补救也体现经济合理原则。

5. 情事变更原则

情事变更原则是指合同依法成立后，因不可归责于双方当事人的原因发生了不可预见的情事变更，致使合同的基础丧失或动摇，若继续维护合同原有效力则显失公平，从而允许变更或解除合同的原则。

二、合同的履行

（一）合同约定内容明确的履行

1. 当事人按合同约定履行义务

（1）当事人应根据合同性质、目的和交易习惯履行通知、协助等义务。

（2）当事人首先要保证自己全面履行合同约定的义务，并为对方履行义务创造必要的条件。

（3）当事人应关心合同履行情况，发现问题应及时协商解决，一方当事人在履行过程中发生困难，另一方当事人应在法律允许的范围内给予帮助。

（4）在合同履行过程中应信守商业道德，保守商业秘密。

2. 履行合同要保障资源生态环境

《民法典》第五百零九条第三款规定："当事人在履行合同过程中，应当避免浪费资源、污染环境和破坏生态。"这是《民法典》绿色原则对合同履行提出的具体要求，为防范环境风险和社会风险，为绿色经济、低碳经济、循环经济提供支持。因此，在履行合同过程中应始终注意保护环境，避免浪费资源、污染环境和破坏生态。

3. 合同生效后，当事人不得因姓名、名称的变更或者法定代表人、负责人、承办人的变动而不履行合同义务。

4. 不可预见情势发生

《民法典》第五百三十三条规定："合同成立后，合同的基础条件发生了当事人在订立合同时无法预见的、不属于商业风险的重大变化，继续履行合同对于当事人一方明显不公平的，受不利影响的当事人可以与对方重新协商；在合理期限内协商不成的，当事人可以请求人民法院或者仲裁机构变更或者解除合同。人民法院或者仲裁机构应当结合案件的实际情况，根据公平原则变更或者解除合同。"

（二）合同约定不明确内容的处理

1. 合同内容不明确的补充协议

合同约定不明确并不意味着合同无须全面履行或约定不明确部分可以不履行。《民法典》第五百一十条规定："合同生效后，当事人就质量、价款或者报酬、履行地点等内容没有约定或者约定不明确的，可以协议补充；不能达成补充协议的，按照合同相关条款或者交易习惯确定。"

2. 按合同有关条款或者交易习惯

按照合同有关条款或者交易习惯确定，一般只能适用于部分常见条款欠缺或者不明确的情况，因为只有这些内容才能形成一定的交易习惯。

3. 如果按照上述办法仍不能确定合同如何履行的，可按《民法典》第五百一十一条规定履行。

（1）质量要求不明确的，按照强制性国家标准履行；没有强制性国家标准的，按照推荐性国家标准履行；没有推荐性国家标准的，按照行业标准履行；没有国家标准、行业标准的，按照通常标准或者符合合同目的的特定标准履行。

（2）价款或者报酬不明确的，按照订立合同时履行地的市场价格履行；依法应当执行政府定价或者政府指导价的，依照规定履行。

（3）履行地点不明确，给付货币的，在接受货币一方所在地履行；交付不动产的，在不动产所在地履行；其他标的，在履行义务一方所在地履行。

（4）履行期限不明确的，债务人可以随时履行，债权人也可以随时请求履行，但是应当给对方必要的准备时间。

（5）履行方式不明确的，按照有利于实现合同目的的方式履行。

（6）履行费用的负担不明确的，由履行义务一方负担；因债权人原因增加的履行费用，由债权人负担。

（三）合同履行主体变动的履行

合同内可以约定，履行过程中由债务人向第三人履行债务或由第三人向债权人履行债务，但合同当事人之间的债权和债务关系并不因此而改变。

1. 债务人向第三人履行债务

合同内可以约定由债务人向第三人履行债务。假如某设备采购合同定购 5 台设备，合同约定供货方向定购方交付 3 台，向另一不是合同当事人的单位交付 2 台。这种情况法律关系的特点表现为：

（1）债权的转让在合同内有约定，但不改变当事人之间的权利义务关系；

（2）在合同履行期限内，第三人可以向债务人请求履行，债务人不得拒绝；

（3）第三人原则上不能要求债务人增加履行的难度和履行费用，否则增加费用部分应由合同当事人的债权人给予补偿；

（4）债务人未向第三人履行债务或履行债务不符合约定，应向债权人承担违约责任，即仍由合同当事人依据合同追究对方的违约责任，第三人没有此项权利，他只能将违约的事实和证据提交给合同的债权人。若法律规定或者当事人约定第三人可以直接请求债务人向其履行债务，第三人未在合理期限内明确拒绝，且债务人未向第三人履行债务或者履行债务不符合约定的，第三人可以请求债务人承担违约责任；债务人对债权人的抗辩，可以向第三人主张。

2. 由第三人向债权人履行债务

合同内可以约定由第三人向债权人履行部分义务，如施工合同的分包。这种情况的法律关系特点表现为：

（1）部分义务由第三人履行属于合同内的约定。但当事人之间的权利义务关系并不因此而改变；

（2）在合同履行期限内，债权人可以要求第三人履行债务，但不能强迫第三人履行债务；

（3）第三人不履行债务或履行债务不符合约定，仍由合同当事人的债务方承担违约责任，即债权人不能直接追究第三人的违约责任；

（4）债务人不履行债务，第三人对履行该债务具有合法利益的，第三人有权向债权人代为履行；但根据债务性质、按照当事人约定或者依照法律规定只能由债务人履行的除外。债权人接受第三人履行后，其对债务人的债权转让给第三人，但是债务人和第三人另有约定的除外。

3. 债权人发生变化的履行

合同生效后，当事人不得因姓名、名称的变更或法定代表人、负责人、承办人的变动而不履行合同义务。债权人分立、合并或者变更住所应当通知债务人。如果没有通知债务人，会使债务人不知向谁履行债务或者不知在何地履行债务，致使履行债务发生困难。出现这些情况，债务人可以中止履行或者将标的物提存。

中止履行是指债务人暂时停止合同的履行或者延期履行合同。提存是指由于债权人的原因致使债务人无法向其交付标的物，债务人可以将标的物交给有关机关保存以此消灭合同的制度。

4. 债务人提前或者部分履行债务

提前履行是指债务人在合同规定的履行期限到来之前就开始履行自己的义务。部分履行是指债务人没有按照合同约定履行全部义务，而只履行了自己的一部分义务。提前或者部分履行会给债权人行使权利带来困难或者增加费用。

债权人可以拒绝债务人提前或者部分履行债务，由此增加的费用由债务人承担。但不损害债权人利益且债权人同意的情况除外。

三、合同履行的抗辩权

抗辩权是指在双务合同的履行中，双方都应当履行自己的债务，一方不履行或者有可能不履行时，另一方可以据此拒绝对方的履行要求。合同履行的抗辩权是在符合法定条件时，当事人一方对抗对方当事人的履行请求权，暂时拒绝履行其债务的权利。在实际生活中，债权人想要履行债权，但是债务人因为想要逃避债务而不履行债务的，债权人可根据《民法典》规定的有关条款行使抗辩权。抗辩权包括同时履行抗辩权、先履行抗辩权和不安抗辩权。

（一）同时履行抗辩权

1. 同时履行抗辩权的概念

同时履行抗辩权是指在没有规定履行顺序的双务合同中，一方当事人在另一方当事人未作出对待给付以前，有权拒绝先为给付的权利。《民法典》第五百二十五条规定："当事人互负债务，没有先后履行顺序的，应当同时履行。一方在对方履行之前有权拒绝其履行请求。一方在对方履行债务不符合约定时，有权拒绝其相应的履行请求。"例如，建筑施工合同中期付款时，对承包人施工质量不合格部分，发包人有权拒付该部分的工程款；如果发包人拖欠工程款，则承包人可以放慢施工进度，甚至停止施工。上述情形产生的后果，由违约方承担。

2. 同时履行抗辩权的适用条件

（1）由同一双务合同产生互负的对价给付债务；

（2）合同中未约定履行的顺序；

（3）对方当事人没有履行债务或者没有正确履行债务；

（4）对方的对价给付是可能履行的义务。所谓对价给付是指一方履行的义务和对方履行的义务之间具有互为条件、互为牵连的关系并且在价格上基本相等。

3. 同时履行抗辩权的构成要件

（1）同一双务合同互负债务

同时履行抗辩权的根据在于双务合同功能上的牵连性，它只适用于双务合同，而不适用于单务合同和不真正的双务合同。因此，成立同时履行抗辩权，必须有双方当事人基于同一双务合同互负债务这一要件。

（2）双方互负的债务均已届清偿期

同时履行抗辩权制度，必须是双方的债务同时届期时，才能行使同时履行抗辩权。如果一方当事人负有先履行的义务，就不由同时履行抗辩权制度管辖，而让位于不安抗辩权或先履行抗辩权。

（3）对方未履行债务或未提出履行债务

原告向被告请求履行债务时，须自己已经履行或提出履行，否则被告可行使同时履行抗辩权，拒绝履行自己的债务；若原告未履行债务或未提出履行债务，与被告所负的债务无对价关系时，被告不得主张同时履行抗辩权；原告的履行不适当时，被告可行使同时履行抗辩权；原告已经部分履行，依其情形，被告拒绝履行自己的债务违背诚实信用原则时，不得主张同时履行抗辩权。

（4）对方的对待给付是可能履行的

同时履行抗辩权制度旨在促使双方当事人同时履行债务。如果对方当事人的对待给付已不可能时，同时履行的目的便已不可能达到，则不发生同时履行抗辩权问题，应由合同解除制度解决。

（二）先履行抗辩权

1. 先履行抗辩权概念

先履行抗辩权是指合同双方当事人互负债务，并约定了先后履行顺序，先履行一方表示不履行或者其不按照约定履行的，后履行一方有权拒绝其相应的履行要求，先履行一方履行债务不符合约定的，后履行一方有权拒绝其相应的履行请求。

2. 先履行抗辩权的构成要件

（1）当事人基于同一双务合同互负债务

先履行抗辩权的双方当事人应当是因同一合同互负债务，在履行上有一定的关联性。当事人互负债务，如果不是基于同一双务合同，则不发生先履行抗辩权。两项债务间应当有对价关系，如果没有对价关系，也不存在先履行抗辩权。

（2）当事人履行有先后顺序

先履行抗辩权的当事人履行有先后顺序之分，这是与同时履行抗辩权的最大区别。"先后顺序"是依当事人合同的约定或者法律的规定，或者根据交易习惯而确定先后顺序。只有先履行的一方不履行或者不适当履行的，后履行的一方当事人才享有先履行抗辩权。

（3）先履行合同债务一方当事人不履行合同债务或者履行合同债务不符合约定

这是当事人行使先履行抗辩权的前提条件。先履行抗辩权的行使其实质上是对应先履行合同义务一方当事人违约的抗辩，是在不终止合同效力的前提下，后履行义务的一方当事人为了保护自己的利益而采取的有利措施。既可以防止自己在履行后合法权益受到损害，又可降低成本。例如，建设施工合同的当事人在合同中约定"先交工、后付款"，此履行有先后顺序，施工单位应当先履行施工义务而未履行或施工不合格的，实为违约；则后履行付款的建设单位，即可行使先履行抗辩权。

（4）先履行一方当事人应当先履行的债务是可以履行的

若先履行一方的债务已经不可能履行了，则后履行一方当事人行使先履行抗辩权已失去意义。

（三）不安抗辩权

1. 不安抗辩权的概念

不安抗辩权是指双方合同成立后，有先后履行顺序的，先履行的一方有确切证据表明另一方丧失履行债务能力时，在对方没有恢复履行能力或者没有提供担保之前，有权中止履行合同的权利。规定不安抗辩权是为了切实保护当事人的合法权益，防止借合同进行欺诈，促使对方履行义务。

《民法典》第五百二十七条规定："应当先履行债务的当事人，有确切证据证明对方有下列情形之一的，可以中止履行：

（1）经营状况严重恶化；

（2）转移财产、抽逃资金，以逃避债务；

（3）丧失商业信誉；

（4）有丧失或者可能丧失履行债务能力的其他情形。

当事人没有确切证据中止履行的，应当承担违约责任。"

例如，某建设施工合同的施工单位在先履行施工义务之前或已经开始履行施工义务之后，掌握了确凿证据证明建设单位经营状况严重恶化，并有丧失或者可能丧失履行付款能力的情形，施工单位可以中止履行合同。

2. 不安抗辩权的构成要件

（1）因同一双务合同互负债务，且两债务间具有对价关系。不安抗辩权与同时履行抗辩权一样，均只能发生于双务合同。因此，单务合同以及不完全的双务合同均不能产生不安抗辩权。

（2）不安抗辩权适用的双务合同属于异时履行。异时履行是指双方履行存在的时间顺序，即一方先履行，另一方后履行。对一些买卖合同，除法律有特别规定外，一般采用同时履行。而对于以下合同，除当事人有特别规定外，应采用异时履行，这些合同包括租赁、承揽、保管、仓储、委托、行纪等。

（3）先履行方债务已届清偿期。如果履行期未届至，先履行方只能暂时停止履行的准备，无从停止履行。

（4）先履行方有确切证据证明后履行方于合同成立后会丧失或可能丧失履行能力。

3. 行使不安抗辩权

《民法典》第五百二十八条规定："当事人依据前条规定中止履行的，应当及时通知对方。对方提供适当担保的，应当恢复履行。中止履行后，对方在合理期限内未恢复履行能力且未提供适当担保的，视为以自己的行为表明不履行主要债务，中止履行的一方可以解除合同并可以请求对方承担违约责任。"

（四）合同履行抗辩权实际应用

1. 工期延误的抗辩理由

（1）发包方同意工期顺延的，并有工期延误以及延误天数的工期签证；

（2）双方没有工期顺延签证，但承包人申请过顺延，且事由符合合同约定，并有其程序的证据；

（3）因发包人原因工程量增加、设计变更等因素，导致工期顺延；

（4）发包方没有履行协助义务等原因，导致工期顺延；

（5）因各种客观原因，如不可抗力、不利地质条件、发包人没有准备好开工条件、法律政策变化等，导致工期顺延；

（6）因工程质量争议导致工期顺延，但经过有关部门鉴定工程质量不存在问题；

（7）因发包人指定的工程分包延误的工期。

案例4-4-1

某工程在施工期间 2013 年 5 月 21 日至 2013 年 9 月 17 日的《监理例会会议纪要》中，承包人提出要完善施工蓝图中所欠缺的相关图纸，尽快提供完整的施工图纸，以便保证工程顺利施工。承包人按正常的程序提交给监理人和发包人工期顺延报告，但没有得到他们的确认，故承包人向法院提起诉讼。但自 2013 年 12 月 17 日，发包人才向承包人交付完整的施工蓝图，致使工程没有按合同约定的工期顺利施工。

案例分析：本案法院经过调查，查明本案工程存在边施工边交付图纸的客观事实，承包人诉讼的工期延误情况属实。根据《最高人民法院关于审理建设工程施工合同纠纷案件适用法律问题的解释（一）》（以下简称《司法解释（一）》）第十条规定："当事人约定顺延工期应当经发包人或者监理人签证等方式确认，承包人虽未取得工期顺延的确认，但能够证明在合同约定的期限内向发包人或者监理人申请过工期顺延且顺延事由符合合同约定，承包人以此为由主张工期顺延的，人民法院应予支持。"作为发包人应向承包人提供必要的施工图纸，这是双方合同的约定，也是承包人进行施工的必要条件。本案例中，自 2013 年 5 月 21 日至 2013 年 9 月 17 日共计 119 日，由于发包人未能提供满足施工要求的图纸，且承包人已提出工期顺延报告，虽未取得工期顺延的确认，但承包人能够证明在合同约定的期限内向发包人和监理人提交了工期顺延报告，且顺延事由符合合同约定，该期间应视为工期延误的合理抗辩，人民法院给予支持。

 案例4-4-2

某工程发承包双方在合同中约定，对于发包人供应的材料，承包人若使用必须提前 15 天提交书面材料需要计划，业主接到计划后 15 天内把材料运到施工现场指定地点。在施工过程中由于发包人没有及时供应材料，导致工期延误，承包人以材料供应不及时为由提出工期顺延的报告。发包人和监理人接到工期顺延报告后，没有确认，而是利用先履行抗辩权，主张承包人未按合同约定事先提交材料需要计划。发承包双方协商未果，提请当地仲裁裁决。

案例分析：仲裁机构通过调查，认为工期延误是事实，关键是工期延误的责任划分成为双方争议的焦点。通过分析合同的约定条件，对于发包人供应的材料，承包人必须提前 15 天提交材料需要计划，然后发包人按材料计划组织材料进场。但在履行合同的过程中，承包人并没有提交书面材料计划或者提交了书面计划，但拿不出证据证明什么时间提交的材料计划，最后仲裁机构判定发包人胜诉，仲裁机构不支持工期顺延。

提示：工期延误是事实，问题是承包人没有事先提交材料需要计划，或者提交计划没有发包人接收计划的签字，导致仲裁机构不支持工期顺延。因此，提交材料需要计划必须有发包人接收计划的签字证据，承包人才能胜诉。

2. 工程质量缺陷的抗辩理由

在实际施工过程中针对工程质量缺陷请求权的抗辩理由主要有以下方面：

（1）质量缺陷原因抗辩。非承包人原因造成，如材料、设备、技术资料等不合格；

（2）工程验收合格抗辩。工程质量已经验收合格，这是抗辩理由；

（3）工程保修期满抗辩。发包人要求承包人履行保修义务，但保修期已过；

（4）保修通知义务瑕疵抗辩。发包人发现工程质量问题后，应在第一时间通知承包人去维修，但是在发包人通知的义务上存在一定的瑕疵，或者发包人根本就没有通知承包人，这是抗辩的理由；

（5）保修工程量抗辩。发生工程量的范围应该是维修的范围，但是发包人要求承包人维修的范围超出应有范围，这是工程量抗辩理由；

（6）非主体结构安全抗辩。虽然主体结构存在一定的缺陷，但不影响使用，不影响安全，这一理由可以针对工程款的支付条件进行抗辩；

（7）工程质量缺陷修复方案和修复费用的抗辩。这是经常发生争议的问题；

（8）经济性抗辩。比如工程维修费用高低的问题，双方发生争议，引起抗辩；

（9）工程鉴定范围抗辩。工程质量的鉴定范围，双方当事人经常会发生争议。作为业主一方，希望将所有的工程逐一进行鉴定；但作为施工方则认为哪个部位存在质量问题，鉴定哪个部位即可。双方对鉴定范围常存在争议，不属于鉴定的部位启动了鉴定，就会影响到双方的权利，这是一个鉴定范围抗辩的理由；

（10）房屋已经转让抗辩。房屋已转让给了第三方，第三方没有提出工程质量问题，而原来的业主提出工程质量问题，那么原来业主有没有主体资格，这是实际中经常会遇到的一些抗辩理由。

案例4-4-3

某工程因工程质量缺陷问题，发承包双方对维修发生争议，并且协商、和解未果。根据《民法典》第八百零一条规定："因施工人的原因致使建设工程质量不符合约定的，发包人有权请求施工人在合理期限内无偿修理或者返工、改建。经过修理或者返工、改建后，造成逾期交付的，施工人应当承担违约责任。"所以发包人以工程质量缺陷的抗辩理由，向法院提出诉讼。

案例分析：按照《民法典》上述条款的规定，作为发包人可以提出工程维修、返工或改建的请求，法院会予以支持。法院虽判定承包人要在多少天之内将工程修理至合格，但执行起来有一定的难度，或者根本就执行不了，在实际工作中会遇到很多这样的案例。最高人民法院基于这种情况，把这个条款做了改造，可以把这些行为变更为要求。《司法解释（一）》第十二条："因承包人的原因造成建设工程质量不符合约定，承包人拒绝修理、返工或者改建，发包人请求减少支付工程价款的，人民法院应予支持。"这一规定是可以实施、落地的，避免判决之后不能执行的困境。最终，法院判定发包人减少支付承包人的工程价款二十四万元。

四、合同履行期限、价格和地点

（一）合同履行期限

1. 合同履行期限概念

履行合同权利义务是需要有期限的，为了保证债权人的债权，双方当事人应约定合同的履行期限。合同履行期限是买卖合同双方当事人在协商订立合同过程中约定的，是用来界定合同当事人是否按时履行合同义务或者延迟履行合同义务的客观标准，是双方履行合同的时间界限，该界限经双方当事人在合同上签字生效，受法律保护，违反该约定应承担相应的法律责任。

2. 合同履行期限

合同履行期限一般以日、旬、月、季、半年度、年度或跨年度计算。在买卖合同中的履行期限，实际上就是出卖人交付标的物、买受方支付货款的时间。合同履行期限可按《民法典》第五百一十二条规定执行。

（1）通过互联网等信息网络订立的电子合同的标的为交付商品并采用快递物流方式交付的，收货人的签收时间为交付时间。

（2）电子合同的标的为提供服务的，生成的电子凭证或者实物凭证中载明的时间为提供服务时间。

（3）前述凭证没有载明时间或者载明时间与实际提供服务时间不一致的，以实际提供服务的时间为准。

（4）电子合同的标的物为采用在线传输方式交付的，合同标的物进入对方当事人指定的特定系统且能够检索识别的时间为交付时间。

（5）电子合同当事人对交付商品或者提供服务的方式、时间另有约定的，按照其约定执行。

（二）合同履行价格

合同在履行中既可能执行政府定价或政府指导价，也可能是按照市场行情约定价格。

1. 按政府定价或者政府指导价

（1）执行政府定价或政府指导价的，在合同约定的交付期限内政府价格调整时，按照交付时的价格计价。

（2）逾期交付标的物的，遇价格上涨时按照原价格执行；遇价格下降时，按新价格执行。

（3）逾期提取标的物或者逾期付款的，遇价格上涨时，按新价格执行；价格下降时，按原价格执行。

2. 按市场行情约定价格

若按照市场行情约定价格履行，则市场行情的波动不应影响合同价，合同仍执行原价格。对于建设工程合同，由于工程建设周期长，市场价格变化幅度较大，当地造价主管部门规定可调整价格的，按其规定执行。

3. 以支付金钱为内容的债

以支付金钱为内容的债，除法律另有规定或者当事人另有约定外，债权人可以请求债务人以实际履行地的法定货币履行。

（三）合同履行地

1. 合同中有明确约定履行地点的按约定地点；未明确约定地点的，以约定的交货地点为合同履行地。

2. 合同中有明确约定履行地点或交货地点，但实际履行中变更约定的，以变更后的约定确定合同履行地。

3. 合同中对履行地点、交货地点未作约定或约定不明的，不依履行地确定管辖；合同中虽有约定但未实际交付货物，且双方当事人住所地均不在合同该约定的履行地，不依履行地确定管辖。

复习思考题

1. 合同履行的概念是什么？合同履行应遵循哪些原则？
2. 正常情况下，如何履行合同义务？
3. 合同当事人如何处理好合同约定的内容不明确的各类问题？
4. 当合同主体发生变动时，如何做好合同的履行？
5. 什么是合同履行的抗辩权？合同履行抗辩权有哪几种类型？
6. 各类合同履行抗辩权的概念及构成要件有哪些？
7. 同时履行抗辩权与不安抗辩权的区别是什么？
8. 如何在合同履行过程中应用抗辩权？
9. 在实际履行合同中工期延误的抗辩理由主要有哪些？
10. 在实际履行合同中工程质量缺陷的抗辩理由主要有哪些？
11. 如何确定合同履行期限？
12. 通常合同履行价格有哪几种方式？
13. 如何确定合同的履行地点？

任务 4.5　合同的保全

引导问题

1. 合同为什么要行使合同保全？
2. 合同保全包括哪些制度？
3. 如何行使合同代位权与撤销权？

工作任务

主要介绍合同保全概述、合同保全制度等内容。

本工作任务要了解合同保全概念、特征；理解合同代位权的概念和撤销权的概念；掌握合同保全制度中的行使合同代位权和撤销权的有关要求与应用。

学习参考资料

1. 《中华人民共和国民法典》；
2. 其他有关合同的法律法规文件及书刊。

一、合同保全概述

（一）合同保全概念

合同的保全是指法律为防止因债务人的财产不当减少或不增加而给债权人的债权带来损害，允许债权人行使撤销权或代位权，以保护其债权。合同履行保全是为保护合同债权人的债权不受债务人不当行为的损害，而对合同债权人采取一定保护措施的法律制度，其目的就是为保证合同能够履行。

（二）合同保全特征

（1）合同保全是债的对外效力的体现，也是合同相对性原则的例外。
（2）合同保全主要发生在合同有效成立期间。
（3）合同保全的基本方法是代位权和撤销权的行使。

二、合同保全制度

合同保全制度指的是为防止债务人财产不当减少，从而设置的保全债权人权益的法律制度。主要包括债权人代位权制度和债权人撤销权制度。合同保全主要发生在合同有效成立期间。在合同生效之后到合同履行完毕前，保全措施都可以被采用。

（一）代位权

1. 代位权的概念

代位权是指因债务人怠于行使其到期债权，对债权人造成损害，债权人可以向人民法院请求以自己的名义代位行使债务人的债权。但该债权专属于债务人时不能行使代位权。

2. 代位权行使的有关要求

(1) 代位权着眼于债务人的消极行为，当债务人有权利行使债务而不行使，以致影响债权人权利的实现时，法律允许债权人代债务人之位，以自己的名义向第三人行使债务人的权利。

(2) 在债权人的债权合法的情况下，债权人即可行使代位权，代位权的行使范围以债权人的到期债权为限。

(3) 人民法院认定代位权成立的，由债务人的相对人向债权人履行义务，债权人接受履行后，债权人与债务人、债务人与相对人之间相应的权利义务终止。

(4) 债权人行使代位权的必要费用，由债务人承担。

(二) 撤销权

1. 撤销权的概念

撤销权是指债务人实施了减少财产行为，危及债权人债权实现时，债权人为保障自己的债权请求人民法院撤销债务人处分行为的权利。

2. 撤销权行使的有关要求

(1) 撤销权着眼于债务人的积极行为，当债务人在不履行其债务或将其名下的债务财产减少，这种行为会使债权人利益受损，因此法律赋予债权人有诉请法院撤销债务人行为的权利。

(2) 撤销权是债务人以放弃其债权、放弃债权担保、无偿转让财产等方式无偿处分财产权益，或者恶意延长其到期债权的履行期限，影响债权人的债权实现的，债权人可以请求人民法院撤销债务人的行为。

(3) 债务人以明显不合理的低价转让财产、以明显不合理的高价受让他人财产或者为他人的债务提供担保，影响债权人的债权实现，债务人的相对人知道或者应当知道该情形的，债权人可以请求人民法院撤销债务人的行为。

(4) 撤销权的行使必须依一定的诉讼程序进行。债权人行使撤销权，可请求受益人返还财产，恢复债务人责任财产的原状，因此撤销权兼有请求权和形成权的特点。

(5) 撤销权的行使范围以债权人的债权为限，债权人行使撤销权的必要费用，由债务人负担。

(6) 撤销权自债权人知道或者应当知道撤销事由之日起一年内行使。自债务人的行为发生之日起五年内没有行使撤销权的，该撤销权消灭。

复习思考题

1. 什么是合同保全？合同保全有哪些特征？
2. 什么是合同保全制度？合同保全包括哪些制度？
3. 什么是合同代位权？代位权行使有哪些要求？
4. 什么是合同撤销权？撤销权行使有哪些要求？
5. 在合同履行过程中，如何应用合同保全？

任务4.6　合同的变更和转让

引导问题

1. 合同为什么要变更？合同的变更应具备哪些条件？
2. 如何进行合同变更？
3. 合同转让有哪几种类型？
4. 合同的转让应具备哪些条件？
5. 如何进行合同转让？

工作任务

主要介绍合同变更概述、合同变更情形和条件、合同变更程序、合同转让类型、合同转让条件、合同转让中的第三人、合同转让的程序等内容。

本工作任务要了解合同变更的概念、特点；明确合同变更应具备的条件；能实施合同变更的操作流程；了解合同转让的概念和类型；明确合同转让具备的条件；了解合同转让中第三人的各种情形；掌握合同转让的操作程序。

学习参考资料

1.《中华人民共和国民法典》；
2. 其他有关合同的法律法规文件及书刊。

一、合同变更概述

（一）合同变更的概念

合同变更是指当事人对已经发生法律效力，但尚未履行或者尚未完全履行的合同之前，由于实现合同的条件发生变化，合同关系的当事人依据法律规定的条件和程序，对原合同的某些条款进行修改或补充。《民法典》第五百四十三条、五百四十四条规定："当事人协商一致，可以变更合同。""当事人对合同变更的内容约定不明确的，推定为未变更。"

由于合同签订的特殊性，有些合同需要有关部门的批准或登记，对于此类合同的变更需要重新登记或审批。合同的变更一般不涉及已履行的内容。合同变更后原合同债消灭，产生新的合同债。因此，合同变更后，当事人不得再按原合同履行，而须按变更后的合同履行。

（二）合同变更的特点

1. 被变更的合同必须是已经发生法律效力的合同。无效的合同，从订立的时候起就没有法律约束力，因而不存在变更问题；合同虽然合法，但还没有发生法律效力，对当事人没有约束力，也不存在变更的问题。

2. 被变更的合同必须尚未履行或正在履行过程中，如果已经履行完毕，合同已终止，也不存在变更的问题。

3. 合同的变更只是内容的变更（狭义的变更）。狭义的变更是指合同内容的变更，即在主体不变的条件下，对合同某些条款的进行修改或补充。广义的合同变更，除包括合同内容的变更以外，还包括合同主体的变更，即由新的主体，取代原合同的某一主体，这实质上是合同转让。

4. 合同的变更是当事人之间的一种法律行为。除法律另有规定者外，合同的变更应达成协议，协议未达成之前，原合同仍然有效。

5. 合同变更必须双方协商一致。合同变更的内容必须是经过双方协商一致，这是合同变更的必要条件。任何一方未经过对方同意，无正当理由擅自变更合同内容的，不仅不能对合同的另一方产生约束力，反而将构成违约行为。

二、合同变更情形和条件

（一）合同变更的情形

无效合同和可撤销合同在"合同的效力"中已作了较详尽的解释。因此，对于订立的合同存在下述情形之一的，当事人一方有权请求人民法院或者仲裁机构变更或者撤销其合同：

1. 因重大误解订立的合同；

2. 显失公平订立的合同；

3. 因欺诈而订立的合同；

4. 因胁迫而订立的合同；

5. 乘人之危订立的合同。

（二）合同变更的条件

合同变更的目的是通过对原合同的修改，保障合同更好地履行和一定目的的实现。当事人变更合同，必须具备以下条件：

1. 当事人之间本来存在着有效的合同关系；

2. 合同的变更应根据法律的规定或者当事人的约定；

3. 必须有合同内容的变化；

4. 对合同变更的约定应当明确，当事人对合同变更的内容约定不明确的，推定为未变更；

5. 合同的变更应采取适当的形式。合同变更除法律规定的变更和人民法院依法变更外，主要是当事人协议变更，双方经过协商取得一致。变更合同一般采用书面形式变更，以便查考，特别是原来的合同为书面形式的，更应采用书面形式，否则用口头形式改变书面合同无凭无据，极易发生纠纷。

三、合同变更程序

合同变更一般采用以下程序：

（一）一方当事人提出或发出合同变更建议

在符合变更的条件下，一方当事人提出或发出变更合同的书面建议。

（二）另一方当事人对变更合同的答复

如果另一方当事人在接到对方当事人变更合同的书面要求后，要在法定或约定的时间内，通过书面形式予以答复，表示同意或不同意，同意的即可根据对方当事人提出的变更内容提出不同的意见。法定或约定时间内不答复的，一般视为拒绝。

（三）双方当事人达成变更合同的协议

双方当事人都同意变更合同的，经过协商达成一致后，应当制作变更合同的协议书。

（四）办理批准、登记手续

对于根据有关法律、行政法规规定，需要经由有关部门批准、登记等手续才能生效的合同，在合同变更时，不仅需要双方当事人达成协议，还须办理批准、登记手续。

四、合同转让类型

合同转让是指合同一方将合同的权利、债务全部或部分转让给第三人的法律行为。合同转让意味着合同主体的变更，新的债权人代替原债权人，新的债务人代替原债务人，不过债的内容仍然保持同一性的一种法律现象。即在不改变合同关系内容的前提下，使合同的权利主体或者义务主体发生变动。

根据不同的标准，合同转让可分为：合同的全部转让和部分转让；合同权利的转让、合同义务的转移、合同权利义务的一并转让等类型。

（一）根据合同转让的范围不同分类

1. 合同的全部转让

合同的全部转让是指当事人一方将其合同权利、合同义务或者合同权利义务全部转让给第三人。

2. 合同的部分转让

合同的部分转让是指当事人一方将其合同权利、合同义务或者合同的权利义务部分转让给第三人。

（二）根据合同转让的内容不同分类

根据合同转让的内容不同，可分为合同权利的转让、合同债务的转移和合同权利义务的一并转让。

1. 合同权利的转让

合同权利的转让（又称合同债权让与）是指合同债权人通过协议将其债权全部或者部分转让给第三人的行为。债权人可以将合同的权利全部或者部分转让给第三人。法律、行政法规规定转让权利应当办理批准、登记手续的，应当办理批准、登记手续。根据《民法典》第五百四十五条规定："债权人可以将债权的全部或者部分转让给第三人，但是有下列情形之一的除外：

（1）根据债权性质不得转让；

（2）按照当事人约定不得转让；

（3）依照法律规定不得转让。"

债权人转让权利的，应当通知债务人，未通知债务人的，该转让对债务人不发生效力。债权转让的通知不得撤销，但是经受让人同意的除外。受让人取得权利后，同时拥有与此权利相对应的从权利。若从权利与原债权人不可分割，则从权利不随之转让。债务人对债权人的抗辩同样可以针对受让人。因债权转让增加的履行费用，由让与人负担。

2. 合同债务的转移

合同债务的转移（又称合同债务承担）是指在不改变合同内容的前提下，合同权利人、债务人通过和第三人订立协议，债务人将合同的债务全部或者部分转移给第三人承担的法律行为。在债务移转情况下，原债务人对原债务将不再承担偿还义务，其义务将由第三人承担。债务人将合同的债务全部或部分转移给第三人的，应当经债权人同意，否则合同债务转移不发生法律效力。法律、行政法规规定转让义务应当办理批准、登记手续的，应当办理批准、登记手续。

债务人转移义务的，新债务人可以主张原债务人对债权人的抗辩。债务人转移义务的，新债务人应当承担与主债务有关的从债务，但该从债务专属于原债务人自身的除外。

3. 合同权利义务的一并转让

合同权利义务的一并转让（又称合同权利义务的概括转让）是指一方当事人经对方同意，将其合同权利义务一并全部转让给第三人。根据《民法典》第五百五十五条规定："当事人一方经对方同意，可以将自己在合同中的权利和义务一并转让给第三人。"

当事人订立合同后合并的，由合并后的法人或者其他组织行使合同权利，履行合同义务。当事人订立合同后分立的，除债权人和债务人另有约定外，由分立的法人或其他组织对合同的权利和义务享有连带债权，承担连带债务。

五、合同转让条件

（一）合同权利转让的条件

1. 必须以合法有效的合同债权（合同关系）存在为前提。如果该合同债权根本不存在，或者被宣告无效，或者已经被解除，在此种情况下发生的合同转让行为都是无效的。

2. 债权的转让人与受让人之间必须就合同权利的转让达成协议，转让合同权利为处分权，让与人首先应有转让合同权利的权限，具备民事法律行为的有效条件。

3. 必须符合法律所规定的转让程序。需要通知的依法通知；需要征得相对方同意的先经其同意；应当办理批准、登记等手续的，依照法律、行政法规办理有关手续。

4. 转让的债权必需具有可转让性。

5. 必须符合社会公共利益，且所转让的内容要合法。

（二）合同债务转移的条件

1. 债务转移必须是有效的合同债务存在，这是合同债务转移的前提条件。如果合同自始无效，即使当事人就此订立债务转移协议，也不会发生法律效力。因为债务已经消灭，就不存在债务转移了。

2. 被转移的债务必须具有可移转性，没有禁止转移的约束。法律规定不可转移的债务、当事人约定不可转移的债务以及其他不宜转移的债务，不能成为合同转移的标的。

3. 债务转移必须取得债权人的同意。因为债务是一种特定的义务，债务人必须履行，如果债务未经债权人同意，就转移到一个信用差、偿还能力差的第三人手里，则债权人的权利就难以得到实现。因此，合同债务转移要取得债权人的同意，第三人须与债权人或者债务人就债务的转移达成合意，方才生效。

（三）合同权利义务一并转让的条件

1. 必须有合法有效的合同关系存在为前提，如果合同不存在或被宣告无效，被依法撤销、解除、转让的行为属无效行为，合同转让人应对善意的受让人所遭受的损失承担损害赔偿责任。

2. 必须符合《民法典》第五百五十六条规定："合同的权利和义务一并转让的，适用债权转让、债务转移的有关规定。"

3. 必须由转让人与受让人之间达成协议，该协议应该是平等协商的，而且应当符合民事法律行为的有效要件。否则，该转让行为属无效行为或可撤销行为。

4. 转让符合法律规定的程序，合同转让人应征得对方同意并尽通知义务。对于按照法律规定由国家批准成立的合同，转让合同应经原批准机关批准，否则转让行为无效。

六、合同转让中的第三人

（一）将债权人列为第三人的情形

债权人转让合同权利后，债务人与受让人之间因履行合同发生纠纷诉至人民法院，债务人对债权人的权利提出抗辩的，可以将债权人列为第三人。

（二）将债务人列为第三人的情形

经债权人同意，债务人转移合同义务后，受让人与债权人之间因履行合同发生纠纷诉至人民法院，受让人就债务人对债权人的权利提出抗辩的，可以将债务人列为第三人。

（三）将出让方列为第三人的情形

合同当事人一方经对方同意将其在合同中的权利义务一并转让给受让人，对方与受让人因履行合同发生纠纷诉至人民法院，对方就合同权利义务提出抗辩的，可以将出让方列为第三人。

七、合同转让的程序

（一）合同债权转让的程序

1. 确定该合同债权是否符合转让的条件。根据《民法典》中合同债权转让的相关条款，确定该合同债权是否可以转让。

2. 签订债权转让协议。债权人与受让人协商一致后，应当形成债权转让协议。

3. 通知债务人向第三人履行债务，通知到达债务人时对债务人生效，受让人可以要求债务人履行合同义务；通知到达债务人后非经受让人同意不能撤销。

4. 债权转让必须遵守一定程序。依照法律、行政法规规定转让债权应当办理批准、登记等手续的，依照其规定执行。如果不履行相应手续，债权转让无效。

（二）合同债务转移的程序

1. 债务人与第三人（承担人）达成债务转移协议，经债权人的同意。《民法典》第五百五十一条规定："债务人将债务的全部或者部分转移给第三人的，应当经债权人同意。债务人或者第三人可以催告债权人在合理期限内予以同意，债权人未作表示的，视为不同意。"

2. 债权人与第三人（承担人）达成债务转移协议，经债务人的同意。

3. 债权人、债务人、第三人（承担人）三方共同达成债务转移协议，且意思表示真实，那么债权能否实现的风险就由债权人自己承担。

（三）合同权利义务一并转让的程序

1. 合同一方将权利和义务一并转让给第三方前，需要通知对方和经对方同意。合同转让是当事人一方将合同的权利或义务全部或部分转让给第三人的现象，也就是说由新的债权人代替原债权人，由新的债务人代替原债务人，不过债的内容不变，保持同一性。

2. 转让人要与受让人协商一致，且意思表示真实，并形成合同权利义务一并转让协议。

3. 合同权利义务一并转让必须遵守一定程序。依照法律、行政法规规定合同权利义务一并转让应当办理批准、登记等手续的，依照其规定执行。如果不履行相应手续，合同权利义务一并转让无效。

复习思考题

1. 什么是合同的变更？《民法典》对合同的变更有哪些规定？
2. 合同变更有哪些特点？在什么情况下合同需要变更？
3. 合同变更应具备哪些条件？
4. 合同变更应遵循哪些程序？
5. 什么是合同的转让？《民法典》对合同的转让有哪些规定？
6. 合同转让的类型有哪些？各类合同转让应具备哪些条件？
7. 什么是合同权利的转让、合同债务的转移和合同权利义务的一并转让？
8. 如何确定合同转让的第三人？
9. 各类合同转让应遵循哪些程序？

任务4.7　合同的权利义务终止

引导问题

1. 合同的权利义务应具备什么条件可以终止？
2. 合同的权利义务终止的主要事由是什么？
3. 如何应用合同的约定解除和法定解除？
4. 如何应用合同的法定抵销和约定抵销？
5. 在什么情况下合同可以提存？如何进行提存？
6. 如何应用合同的免除？
7. 如何运用合同的混同？

工作任务

主要介绍合同的权利义务终止概述、合同的解除、抵销、提存、免除、混同等内容。

本工作任务要了解合同的权利义务终止、解除、抵销、提存、免除、混同的概念、法律效力；明确在什么情形下合同的权利义务可以终止；掌握合同解除、提存的条件和程序；重点掌握合同的解除、抵销、提存、免除、混同的应用及操作。

学习参考资料

1.《中华人民共和国民法典》；
2. 其他有关合同的法律法规文件及书刊。

一、合同的权利义务终止概述

（一）合同的权利义务终止的概念

合同权利义务的终止（简称合同的终止或合同的消灭）是指因发生法律规定或当事人约定的情况，当事人之间合同关系在客观上不复存在，合同权利和合同义务归于消灭（同时合同的担保及其他权利义务也归于消灭），使合同的法律效力终止，合同不再对双方具有约束力。

与合同中止不同之处在于，合同中止只是在法定的特殊情况下，当事人暂时停止履行合同，当这种特殊情况消失以后，当事人仍然承担继续履行的义务；而合同终止是合同关系的消灭，不可能恢复。

（二）合同的权利义务终止的情形

《民法典》第五百五十七条规定："有下列情形之一的，债权债务终止：

1. 债务已经履行；
2. 债务相互抵销；
3. 债务人依法将标的物提存；

4. 债权人免除债务；

5. 债权债务同归于一人；

6. 法律规定或者当事人约定终止的其他情形。

合同解除的，该合同的权利义务关系终止。"

债权人的免除债务是指债权人免除债务人部分或全部债务的，合同部分或全部终止。债权债务同归于一人的，债权债务终止，但涉及第三人利益的除外。

《民法典》第五百五十八条规定："债权债务终止后，当事人应当遵循诚信等原则，根据交易习惯履行通知、协助、保密、旧物回收等义务。"合同的权利义务终止，不影响合同中结算和清理条款的效力。合同终止只是使合同关系向将来消灭，不产生恢复原状的法律后果。

（三）合同的权利义务终止的事由

依照《民法典》的有关规定，合同权利义务终止的主要事由有：债务已经履行（清偿）、协议解除或法定解除（解除）、债务相互抵销、债务人依法将标的物提存、债权人免除债务、债权债务同归于一人（混同）。其中，清偿、抵销、提存、免除和混同为合同的绝对终止，即合同权利义务的消灭。合同解除、终期届至等为合同的相对终止，即合同履行效力的消灭。

二、合同的解除

（一）合同解除的概念

合同解除是指对已经发生法律效力、但尚未履行或者尚未完全履行的合同，因当事人一方的意思表示或者双方的协议而使债权债务关系提前归于消灭的行为。

合同一经成立即具有法律约束力，任何一方都不得擅自解除合同。但是，当事人在订立合同后，由于主观和客观情况的变化，有时会发生原合同的全部履行或部分履行成为不必要或不可能的情况，需要解除合同，以减少不必要的经济损失或收到更好的经济效益，以有利于稳定和维护正常的社会主义市场经济秩序。因此，在符合法定条件下，允许当事人依照法定程序解除合同。

（二）合同解除的类型

合同解除可分为约定解除和法定解除两类。

1. 约定解除

约定解除是指当事人通过行使约定的解除权或者双方协商决定而进行的合同解除。当事人协商一致可以解除合同，即合同的协商解除；当事人也可以约定一方解除合同的条件，解除合同条件成就时，解除权人可以解除合同，即合同约定解除权的解除。

合同的这两种约定解除有很大的不同。合同的协商解除一般是合同已开始履行后进行的约定，且必然导致合同的解除；而合同约定解除权的解除则是合同履行前的约定，它不一定导致合同的真正解除，因为解除合同的条件不一定成就。

2. 法定解除

法定解除是指解除条件直接由法律规定的合同解除。当法律规定的解除条件具备时，当事人可以解除合同。它与合同约定解除权的解除都具备一定解除条件时，由一方行使解除权；区别则在于解除条件的来源不同。

《民法典》第五百六十三条规定："有下列情形之一的，当事人可以解除合同：

（1）因不可抗力致使不能实现合同目的；

（2）在履行期限届满前，当事人一方明确表示或者以自己的行为表明不履行主要债务；

（3）当事人一方迟延履行主要债务，经催告后在合理期限内仍未履行；

（4）当事人一方迟延履行债务或者有其他违约行为，致使不能实现合同目的；

（5）法律规定的其他情形。

以持续履行的债务为内容的不定期合同，当事人可以随时解除合同，但是应当在合理期限之前通知对方。"

（三）合同解除的程序和方式

1. 解除合同的通知自到达对方时解除，通知包括书面形式和口头形式。

2. 通知载明债务人在一定期限内不履行债务则合同自动解除，在该期限内未履行债务的，合同自通知载明的期限届满时解除。

3. 对方对解除合同有异议的，任何一方当事人均可以请求人民法院或者仲裁机构依法主张解除合同。

4. 当事人一方未通知对方，直接以提起诉讼或者申请仲裁的方式依法主张解除合同，人民法院或者仲裁机构确认该主张的，合同自起诉状副本或者仲裁申请书副本送达对方时解除。

5. 法律、行政法规规定解除合同应当办理批准、登记等手续的，则应当在办理完相应手续后解除。

（四）合同解除的法律后果

根据《民法典》的有关规定，合同解除具有以下法律后果：

1. 合同解除后，尚未履行的，终止履行；已经履行的，根据履行情况和合同性质，当事人可以请求恢复原状或者采取其他补救措施，并有权请求赔偿损失。

2. 合同因违约解除的，解除权人可以请求违约方承担违约责任，但是当事人另有约定的除外。

3. 主合同解除后，担保人对债务人应当承担的民事责任仍应当承担担保责任，但是担保合同另有约定的除外。

4. 合同解除可以溯及既往地消灭基于合同的债权债务关系。虽然合同的权利义务终止，但不影响合同中结算和清理条款的效力。

三、抵销

（一）抵销概念及特点

1. 抵销的概念

抵销是指当事人互负债务，在对等的数额内以其债权冲抵债务的履行，各以其债权充当债务的清偿，使双方的债务在等额范围内归于消灭。债务抵销是任何一方均可将自己的债务与对方的债务相抵销，并且债务的种类相同，均已届清偿期，从而使合同权利义务终止的制度。抵销债务，也就是抵销债权。抵销也是债的消灭的原因，并且用抵销方式消灭债，可便利当事人双方，节省交易成本。

2. 抵销的特点

(1) 手续方便，可以避免交换履行。如果不采用抵销的方法，则双方当事人必须分别向对方履行各自的债务，但采用抵销方法，则可不必经过两道履行手续，对当事人比较方便。

(2) 当一方当事人破产时，采用抵销方法，可以避免交换履行所引起的不公平的结果。

(二) 抵销的类型

抵销可以分为法定抵销和约定抵销两类。

1. 法定抵销

法定抵销是在符合法律规定的条件下，一方当事人作出抵销的意思表示就能够发生抵销的法律效果，而无需取得对方同意。抵销的意思表示作出后，双方互负的债务在等额范围内消灭，不得再请求恢复原状，对于未被抵销的部分，债权人仍有权向债务人主张。

《民法典》第五百六十八条规定："当事人互负债务，该债务的标的物种类、品质相同的，任何一方可以将自己的债务与对方的到期债务抵销；但是，根据债务性质、按照当事人约定或者依照法律规定不得抵销的除外。当事人主张抵销的，应当通知对方。通知自到达对方时生效。抵销不得附条件或者附期限。"

法定抵销的条件比较严格，要求当事人双方互负债务，被抵销债务已到期，以及债务的标的物种类、品质相同（种类相同是指合同标的物本身的性质相同，如都是支付金钱。品质相同是指标的物的质量、规格、等级无差别）。符合这些条件的互负债务，除了法律规定或者合同性质决定不能抵销的以外，当事人都可以互相抵销。

法定抵销条件具备时，一方当事人主张抵销债务，应当将抵销的意思表示以书面形式通知对方。通知到达时产生抵销的效力。抵销通知不得附期限或附条件。

2. 约定抵销

约定抵销（也称合意抵销）是指当事人经协商一致所发生的抵销。《民法典》第五百六十九条规定："当事人互负债务，标的物种类、品质不相同的，经协商一致，也可以抵销。"

约定抵销的条件要求不高，比法定抵销更加自由，当事人双方对标的物的种类、品质可以不相同（虽然标的物种类、品质尽管不同，它们的价值基本相当），但要求当事人双方必须协商一致进行抵销（不能由单方决定抵销），而且抵销的内容、期限（双方当事人互负债务即使没有到期）、后果等均可以由当事人协商确定。

约定抵销，双方达成抵销协议时，发生抵销的法律效力，不必履行通知义务。约定抵销使交易活动更加灵活，对当事人也更为便利，但当事人约定抵销必须坚持自愿、公平的原则，防止以欺诈、胁迫的手段或者乘人之危，使对方在违背真实意思的情况下作出同意抵销的表示。

(三) 抵销的效力

1. 双方的债权债务于抵销数额内消灭

当双方当事人所负债务额相同时，其互负债务全部消灭。当双方所负债务数额不等时，债务数额少一方的债务全部消灭；债务数额大的一方，债务与对方债务相等的数额内消灭，其余数额部分仍然存在，债务人对未消灭的债务部分仍负清偿义务。在合意抵销中，双方当事人可以就抵销的效力作出约定。

2. 因抵销双方债务的消灭为绝对消灭

除法律另有规定外，任何人不得主张撤回抵销。已抵销的债务再为清偿时，发生不当得利。

3. 抵销的意思表示溯及于得为抵销时发生消灭债的效力

双方的债务适于抵销时，即为抵销权发生之时。在双方的债务清偿期不一致时，以主张抵销的一方当事人发生抵销权的时间为适于抵销的时间。

四、提存

（一）提存的概念及原因

提存是指债务人履行其到期债务时，因债权人的原因无正当理由而拒绝受领，或者因债权人下落不明等原因无法向债权人履行债务时，可依法将其履行债务的标的物送交有关部门保存，以代替履行的制度，以此消灭合同的行为。提存是代为履行的方法，提存之后，合同终止。

债务人已经按照约定履行债务，应当产生债务消灭的法律效力，但债权人拒绝受领或者不能受领，债务不能消灭。让债务人无期限地等待履行，承担债权人不受领的后果，则显失公平。因此，债务的履行需要有债权人的协助，如果由于债权人的原因致使债务人无法向其交付标的物，不能履行债务，使债务人总是处于随时准备履行债务的局面，这对债务人不公平，故法律规定了提存制度。

（二）提存的条件和法定程序

1. 提存的条件

《民法典》第五百七十条规定："有下列情形之一，难以履行债务的，债务人可以将标的物提存：

（1）债权人无正当理由拒绝受领；

（2）债权人下落不明；

（3）债权人死亡未确定继承人、遗产管理人，或者丧失民事行为能力未确定监护人；

（4）法律规定的其他情形。

标的物不适于提存或者提存费用过高的，债务人依法可以拍卖或者变卖标的物，提存所得的价款。"

2. 提存的法定程序

（1）提存人提出申请。由提存人提出申请，申请书中应载明提存的原因、提存的标的物、标的物的受领人（不知受领人的，应说明不知受领人的理由）。

（2）经提存机关同意。提存机关受理提存申请后应予以审查，以决定是否同意提存；提存机关同意提存的，指定提存人将提存物交有关的保管人保管。

（3）由提存机关作成提存证书并交给提存人。提存证书具有受领证书同等的法律效力。

（三）提存的效力

1. 自提存有效成立时起，债务人对债权人的债务消灭

有效的提存，即视为债务人履行了债务。

2. 标的物提存后，毁损、灭失的风险由债权人承担

标的物提存后毁损、灭失的风险和提存费用由债权人负担；标的物的孳息归债权人所有；提存费用由债权人负担。

3. 对债权人领受权的限制

（1）债权人享有随时领取提存物的权利，但债权人对债务人负有到期债务的，在债权人未履行债务或者提供担保之前，提存部门根据债务人的要求应当拒绝其领取提存物。

（2）债权人领取提存物的权利期限，自提存之日起五年内（时效为不变期间）不行使则消灭，提存物扣除提存费用后归国家所有。

4. 债权人未履行对债务人的到期债务，或者债权人向提存部门书面表示放弃领取提存物权利的，债务人负担提存费用后，有权取回提存物。

5. 标的物提存后，除债权人下落不明外，债务人应当及时通知债权人或债权人的继承人、遗产管理人、监护人、财产代管人等领取提存物。

6. 标的物提存后，债权人与债务人之间的债权债务归于消灭。标的物所有权转移于债权人。

7. 债务人将合同标的物或者标的物拍卖、变卖所得价款交付提存部门时，人民法院应当认定提存成立。提存成立的，视为债务人在其提存范围内已经履行债务。

五、免除

（一）免除的概念及特征

1. 免除的概念

免除是指债权人为消灭债的关系而抛弃债权的单方法律行为，不以债务人同意为必要，但须向债务人作出免除债务的意思表示。因债权人全部或部分抛弃债权，债务人得以全部或部分免除债务，故免除也是一种合同终止的原因。《民法典》第五百七十五条规定："债权人免除债务人部分或者全部债务的，债权债务部分或者全部终止，但是债务人在合理期限内拒绝的除外。"

值得注意的是，债权人免除个别债务人的债务，不能导致债权人的债权因此受损，否则，债权人可以依法行使撤销权来保全自己的债权。

2. 免除的特征

（1）免除在我国是单方民事法律行为，因此只需要债权人一方的意思表示就可以发生效力不需要债务人同意。

（2）免除是有相对人的民事法律行为，于意思表示到达债务人时生效。

（3）免除是无因行为。即无论基于什么原因一旦债权人免除了债务人的债务，即便该原因无效或者不存在，免除仍然有效。债权人免除债务，不论是为了赠与、和解，或是其他原因，这些原因是否成立，都不影响免除的效力。

（4）免除为无偿行为。免除债务表明债权人放弃债权，不再要求债务人履行义务。因此，债务人不必为免除为相应的对价。

（5）免除的意思表示一经生效即不得撤销。即免除的意思表示一旦到达债务人，债权债务即归于消灭，债权人不得反悔。

（6）免除不需要特定的形式。免除债务可以采用口头、书面，明示、默示等特定形式。如债权人以口头或书面形式通知债务人不再履行债务，以明示方式免除债务；债权人不对债务人主张债权，超过诉讼时效期，产生债务免除的效果，以默示方式免除债务。

（7）免除债务可以附条件或附期限：

1）附生效条件的免除，如债权人表示只要债务人在合同履行期归还本金，可以免除利息；

2）附解除条件的免除，如赠与人表示赠与合同成立后，如果赠与人经济状况恶化，则赠与合同不再履行；

3）附生效期限的免除，如出租人通知承租人下月1号开始不再支付房租；

4）附终止期限的合同，如出卖人通知买受人，其售予买受人商品的9折优惠将于月底终止。

（二）免除的效力

1. 免除发生债务绝对消灭的效力

免除全部债务的，债务全部消灭不必再履行，合同的权利义务因此终止；债务一部分免除的，则仅该免除部分消灭不必再履行，但尚未免除的部分仍要履行。在债务被全部免除的情况下，有债权证书的，债务人可以请求返还。

2. 免除消灭债权和债权的从权利

免除了对方债务，也等于放弃了自己的债权，债权消灭，从属于债权的担保权利、利息权利、违约金请求权等也随之消灭。比如甲免除了乙的债务，为乙提供履行担保的丙的保证责任没有了存在基础，必然一同消灭。但免除担保债务的，不影响被担保的债务的存在，比如甲免除了丙的担保义务，不等于免除了乙的债务，乙仍然要履行债务。

3. 免除不得损害第三人的合法权益

《民法典》中规定，债务的免除不得损害第三人利益。如已就债权设定质权的债权人，不得免除债务人的债务，而以之对抗质权人。例如，债权人甲将其对于债务人乙的债权质押给了丙，如果甲免除乙的债务，丙对甲享有的质权也不复存在了，这有损丙的利益。

4. 保证债务的免除不影响被担保债务的存在，被担保债务的免除则使保证债务消灭。此由主从关系决定的。

（三）免除的方法

1. 免除应由债权人向债务人以意思表示

免除应由债权人向债务人以意思表示为之，向第三人未免除的意思表示的，不发生免除的法律效力。免除的意思表示构成法律行为。因此，民法关于法律行为的规定适用于免除。免除可以由债权人的代理人为之，也可以附条件或期限。

2. 免除的意思表示不得撤回

免除为单独行为，自向债务人或其代理人表示后，即产生债务消灭的效果。故一旦债权人作出免除的意思表示，即不得撤回。

六、混同

（一）混同的概念

混同是指债权和债务同归于一人，致使债的关系消灭的事实。广义的混同是不能并立的两个法律上的资格，归属于同一人，因混同权利或义务消灭。由于某种事实的发生，使一项合同中原本由一方当事人享有的债权，以及由另一方当事人负担的债务统归于一方当事人，使得该当事人既是合同的债权人，又是合同的债务人。如债权人与债务人的两个公司合并可能出现混同。《民法典》第五百七十六条规定："债权和债务同归于一人的，债权债务终止，但是损害第三人利益的除外。"

（二）混同的情形

1. 所有权与他物权归属于同一人

他物权因混同而消灭，因为所有权以外的其他物权是以所有权的一定权能为内容，为所有权上的负担而限制所有权，且均为在所有人的物上设定的权利，如其与所有权混同，所有权上的负担即没有继续存在的必要。

他物权是指权利人对于不属于自己所有的物，而依据合同的约定或法律的规定所享有的占有、使用、收益的权利。

2. 债权与债务归属于同一人

当债权与债务同归于一人时，其权利或义务应即归于消灭。

3. 主债务与保证债务归属于同一人

主债务与保证债务同归于一人时，保证债务被主债务吸收而消灭，这是由强势义务吸收弱势义务。

（三）混同的成立

混同成立的原因在于债权债务的概括承受与特定承受。

1. 概括承受

概括承受是发生混同的主要原因。例如企业合并，合并前的两个企业之间有债权债务时，企业合并后，债权债务关系因同归于一个企业而消灭。概括承受主要有以下原因：

（1）企业合并，合并前的两个企业之间的债权债务因同归于合并后的企业而消灭；

（2）债权人继承债务人，比如父亲向儿子借钱后死亡，儿子继承父亲的债权和债务；

（3）债务人继承债权人，比如儿子向父亲借钱后，父亲死亡，儿子继承了父亲的财产；

（4）第三人继承债权人和债务人，比如儿子甲向父亲乙借钱后，因意外事件二人同时死亡，由甲的儿子丙继承他们二人的财产。

2. 特定承受

由特定承受而发生的混同，是指债务人受让债权人的债权，债权人承受债务人的债务，此时也因混同而使合同的权利义务终止。这种方式使合同消灭并非逻辑的结果，而是由于在法律上已经没有必要存续，所以法律规定因混同而消灭合同，效果更符合实践。

（四）混同的法律效力

1. 合同关系及其他债之关系，因混同而绝对消灭

消灭效力不仅使债权人与债务人的权利义务消灭，也使合同债权的从权利消灭，如利息债权、违约金债权、担保债权等。

2. 混同涉及第三人利益

当债权债务同归于一人而合同权利义务关系涉及第三人利益，也就是说合同权利系他人权利的标的时，从保护第三人（质权人）利益出发，债权不因混同而消灭。例如，债权为他人质权的标的时，质权人就债权的继续存在享有利益，即使债权债务关系发生混同，债权也不发生消灭。

3. 在法律另有规定时，混同也不发生消灭债的效力

法律为贯彻债权的流通性，可以设立例外规定，在债权债务归于一人时，不发生混同的效力。例如，按照银行结算办法的规定，商业汇票的收款人、付款人（或承兑人）以及其他票据债务人，在票据未到期前依背书转让的，票据上的债权债务即使同归于一人的，票据仍可流通，所以票据所示之债仍不消灭。

复习思考题

1. 合同的权利义务终止的含义是什么？
2. 在什么情形下，合同的权利义务可以终止？
3. 合同的权利义务终止的事由有哪些？
4. 什么是合同的解除？合同的解除通常采用哪几种类型？
5. 什么是合同的约定解除和法定解除？二者之间有何不同？
6. 法定解除应具备哪些条件？法定解除应遵循哪些程序实施？
7. 合同解除产生哪些法律后果？
8. 什么是抵销？抵销有什么特点？
9. 抵销的类型有哪些？
10. 什么是法定抵销和约定抵销？二者之间有何区别？
11. 抵销有哪些法律效力？
12. 什么是提存？在什么情况下债务人可以将标的物提存？
13. 提存应遵循哪些法定程序实施？
14. 提存具有哪些法律效力？
15. 什么是免除？免除具有什么特征？
16. 免除通常采用什么方法？
17. 免除具有哪些法律效力？
18. 什么是混同？混同应具备哪些情形？
19. 混同的成立有哪几种？概括承受和特定承受二者有何区别？
20. 混同具有哪些法律效力？

任务 4.8　违约责任

引导问题

1. 在什么情况下，合同当事人构成了违约责任？
2. 通常的违约行为有哪些类型？
3. 违约行为的情形有哪些？
4. 违反合同的一方如何承担违约责任？

工作任务

主要介绍违约责任概述、违约责任构成要件、违约行为类型、违约行为情形、承担违约责任形式等内容。

本任务主要了解违约责任的概念、违约行为特征及违约行为表现形式；明确违约责任的构成要件和违约行为的分类；掌握违约行为的情形和承担违约责任的形式；重点在实际工作中一方当事人违约，另一方当事人能运用国家的法律法规让对方承担违约责任。

学习参考资料

1. 《中华人民共和国民法典》；
2. 其他有关合同的法律法规文件及书刊。

一、违约责任概述

（一）违约责任的概念

违约责任是违反合同的民事责任的简称。是指当事人任何一方不履行合同义务或履行合同义务不符合合同约定而依法应当承担的民事责任。违约责任是合同责任中一种重要的形式，违约责任不同于无效合同的后果，违约责任的成立以有效的合同存在为前提的。违约责任也不同于侵权责任，其可以由当事人在订立合同时事先约定，其属于一种财产责任。

《民法典》第五百七十七条规定："当事人一方不履行合同义务或者履行合同义务不符合约定的，应当承担继续履行、采取补救措施或者赔偿损失等违约责任。"违反合同而承担的违约责任，是以合同有效为前提的。无效合同从订立之时起就没有法律效力，也就谈不上违约责任问题。但对部分无效合同中有效条款的不履行，仍应承担违约责任。因此，在法律规定的情况下，需要违约方有过错，违反了有效的合同或合同条款的有效部分，才是承担违约责任的前提。

（二）违约行为的特征

违约行为是指当事人一方不履行合同义务或者履行合同义务不符合约定条件的行为。

1. 违约行为的主体是合同当事人。违反合同的行为只能是合同当事人的行为。如果由于第三人的行为导致当事人一方违反合同，对于合同对方来说，只能是违反合同的当事人实施了违约行为，而第三人的行为不构成违约。

2. 违约行为是一种客观的违反合同的行为。违约行为的认定以当事人的行为是否在客观上与约定的行为或者合同义务相符合为标准，而不考虑行为人的主观状态如何。

3. 违约行为侵害的客体是合同对方的债权。因违约行为的发生，使债权人的债权无法实现，从而侵害了债权。

（三）违约行为的表现形式

违约行为的表现形式包括不履行和不适当履行。

1. 不履行是指当事人不能履行或者拒绝履行合同义务。不能履行合同的当事人一般也应承担违约责任。

2. 不适当履行则包括不履行以外的其他所有违约情况。当事人一方不履行合同义务，或履行合同义务不符合约定的，应当承担继续履行、采取补救措施或者赔偿损失等违约责任；当事人双方都违反合同的，应各自承担相应的责任。

二、违约责任构成要件

（一）要有不履行或者不完全履行合同义务的行为

违约责任只有在存在违约事实的情况下才有可能产生，当事人不履行或者不完全履行合同义务，是违约责任的客观要件。因此，只要当事人有违约行为，即当事人不履行合同或者履行合同不符合约定的条件，就应当承担违约责任。

当事人一方因第三人的原因造成违约时，应当向对方承担违约责任。第三方造成的违约行为虽然不是当事人的过错，但客观上导致了违约行为，只要不是不可抗力原因造成的，应属于当事人可能预见的情况。为了严格合同责任，故就签订的合同而言，归于当事人应承担的违约责任范围。承担违约责任后，与第三人之间的纠纷再按照法律或当事人与第三人之间的约定解决。如施工过程中，承包人因发包人委托设计单位提供的图纸错误而导致损失后，发包人应首先给承包人以相应损失的补偿，然后再依据设计合同追究设计承包人的违约责任。

（二）当事人的违约行为造成了损害事实

损害事实是指当事人违约给对方造成了财产上的损害和其他不利的后果。只要当事人一方有违约行为，致使另一方当事人的权利就无法实现或不能全部实现，其损失即已发生。在违约人支付违约金的情况下，不必考虑对方当事人是否真的受到损害及损害的大小；而在需要支付赔偿金的情况下，则必须考虑当事人所受到的实际损害。

（三）违约行为和损害结果之间存在着因果关系

违约当事人承担的赔偿责任，只限于因其违约而给对方造成的损失。对合同对方当事人的其他损失，违约人自然没有赔偿的义务。违约行为造成的损害包括直接损害和间接损害，对这两种损害违约人都应赔偿。

三、违约行为类型

（一）预期违约

预期违约（亦称先期违约）是指当事人一方在合同约定的期限届满之前，明示或默示其将来不能履行合同。《民法典》第五百七十八条规定："当事人一方明确表示或者以自己的行为表明不履行合同义务的，对方可以在履行期限届满前请求其承担违约责任。"预期违约的构成要件有：

1. 违约的时间必须在合同有效成立后至合同履行期限截止前；

2. 违约必须是对根本性合同义务的违反，即导致合同目的落空。

（二）实际违约

在合同履行期限截止后，当事人一方不履行合同义务或者履行合同义务不符合约定，应由其承担违约责任。

1. 双方违约

当事人双方违约是指当事人双方分别违反了自身的义务。依照法律规定，当事人双方都违反合同的，应当由违约方分别各自承担相应的违约责任。

2. 第三人违约

当事人一方因第三人的原因造成违约的，应当向对方承担违约责任。当事人一方和第三人之间的纠纷，依照法律规定或者按照约定解决。

四、违约行为情形

违约行为的情形主要有拒绝履行、不完全履行、迟延履行、质量瑕疵及不正确履行。

（一）拒绝履行

拒绝履行是指合同当事人拒绝履行合同又称毁约，是当事人不履行合同规定的全部义务的情况。

（二）不完全履行

不完全履行（亦称部分履行）是指当事人只履行合同规定义务的一部分，对其余部分不予履行。

（三）迟延履行

迟延履行（亦称逾期履行）是指当事人超过合同规定的期限履行义务。在合同未定期限的情况下，债权人要求履行后，债务人未在合理期限内履行，则构成迟延履行。

（四）质量瑕疵

质量瑕疵是指履行的合同标的达不到合同的质量要求。对质量瑕疵，权利人应在法定期限内提出异议，否则后果自行承担。

（五）不正确履行

不正确履行是指合同义务人未按合同规定的履行方式履行义务。

五、承担违约责任形式

违约责任形式是违反合同的一方承担民事责任的方式，主要包括：继续履行、采取补救措施、赔偿损失、支付违约金、定金责任。

（一）继续履行

继续履行（亦称强制实际履行）是指违约方不履行合同或者履行合同不符合约定时，对方当事人依据法律规定请求违约方继续履行合同规定义务的违约责任形式。不论违约方是否承担了赔偿金或者承担了其他形式的违约责任，都必须根据对方的要求，在自己能够履行的条件下，对合同未履行的部分继续履行。承担赔偿金或者违约金责任不能免除违约当事人的履约责任。此种违约责任形式多适用于标的物是特定的必须履行的、不得替代履行的情况，例如委托加工特定的半成品、特种型号或规格的元器件。

特别是金钱债务，违约方必须继续履行，因为金钱是一般等价物，没有别的方式可以替代履行。因此，当事人一方未支付价款或者报酬的，对方有权要求其支付价款或者报酬。

《民法典》第五百八十条规定："当事人一方不履行非金钱债务或者履行非金钱债务不符合约定的，对方可以请求履行，但是有下列情形之一的除外：

1. 法律上或者事实上不能履行；

2. 债务的标的不适于强制履行或者履行费用过高；

3. 债权人在合理期限内未请求履行。

有前款规定的除外情形之一，致使不能实现合同目的的，人民法院或者仲裁机构可以根据当事人的请求终止合同权利义务关系，但是不影响违约责任的承担。"

当事人就迟延履行约定违约金的，违约方支付违约金后，还应当履行债务。这也是承担继续履行违约责任的方式。如施工合同中约定了延期竣工的违约金，承包人没有按照约定期限完成施工任务，承包人应当支付延期竣工的违约金，但发包人仍然有权要求承包人继续施工。

（二）采取补救措施

采取补救措施是指矫正合同不适当履行（质量不合格）、使履行缺陷得以消除的具体措施。即履行债务的标的物品质不符合合同约定的条件，在不需继续履行而只需采取适当补救措施时，即可达到合同目的或受损害方认为满意的目的。

在当事人违反合同的事实发生后，受损害方为防止损失发生或者扩大，根据标的的性质以及损失的大小，合理选择请求由违反合同一方依照法律规定或者约定采取修理、更换、重作、退货、减少价款或者报酬等措施，以给权利人弥补或者挽回损失的责任形式。采取补救措施的责任形式，主要发生在质量不符合约定的情况下。如建设工程合同中，采取补救措施是施工单位承担违约责任常用的方法。

（三）赔偿损失

赔偿损失是指违约方以支付金钱的方式弥补受害方因违约行为所减少的财产或者所丧失的利益的责任形式。赔偿损失主要有以下特征：

1. 是最重要的违约责任形式。

2. 以支付金钱的方式弥补损失。

3. 由违约方赔偿受害方因违约所遭受的损失。赔偿损失是对违约所造成的损失的赔偿，与违约行为无关的损失不在赔偿之列；是对守约方所遭受损失的一种补偿，而不是对违约行为的惩罚。

4. 赔偿损失责任具有一定的任意性。赔偿损失的确定方式有两种：法定损害赔偿和约定损害赔偿。法定损害赔偿是由法律规定的赔偿；约定损害赔偿是指当事人在订立合同时，预先约定一方违约时应当向对方支付一定数额的赔偿金或约定损害赔偿额的计算方法。

损失赔偿额应相当于因违约所造成的损失，包括合同履行后可以获得的利益，但不得超过违反合同方订立合同时预见或应当预见的因违反合同可能造成的损失。这种方式是承担违约责任的主要方式。因为违约一般都会给当事人造成损失，赔偿损失是守约者避免损失的有效方式。

当事人一方不履行合同义务或履行合同义务不符合约定的，在履行义务或采取补救措施后，对方还有其他损失的，应承担赔偿责任。当事人一方违约后，对方应当采取适当措施防止损失的扩大，没有采取措施致使损失扩大的，不得就扩大的损失请求赔偿，当事人因防止损失扩大而支出的合理费用，由违约方承担。

（四）支付违约金

违约金是指当事人可以约定一方违约时，根据违约情况向对方支付一定数额的违约金，也可以约定因违约产生的损失额的赔偿办法。约定违约金低于造成损失的，当事人可以请求人民法院或仲裁机构予以增加；约定违约金过分高于造成损失的，当事人可以请求人民法院或仲裁机构予以适当减少。

违约金可分为法定违约金和约定违约金；惩罚性违约金和补偿性（赔偿性）违约金。

违约金与赔偿损失不能同时采用。如果当事人约定了违约金，则应当按照支付违约金承担违约责任。

（五）定金责任

定金责任是指合同当事人为了确保合同的履行，依照法律和合同的规定，由一方按合同标的额的一定比例预先给付对方的金钱或其他替代物。《民法典》第五百八十六条规定："当事人可以约定一方向对方给付定金作为债权的担保。定金合同自实际交付定金时成立。定金的数额由当事人约定；但是，不得超过主合同标的额的百分之二十，超过部分不产生定金的效力。实际交付的定金数额多于或者少于约定数额的，视为变更约定的定金数额。"

债务人履行债务后，定金应当抵作价款或收回。给付定金的一方不履行约定债务或者履行债务不符合约定，致使不能实现合同目的，无权请求返还定金；收受定金的一方不履行约定债务或者履行债务不符合约定，应当双倍返还定金。

当事人既约定违约金，又约定定金的，一方违约时，对方可以选择适用违约金或定金条款。但是，这两种违约责任不能合并使用。

复习思考题

1. 什么是违约责任？《民法典》对违约责任有哪些规定？
2. 违约行为具有什么特征？违约行为的主要表现形式有哪些？
3. 违约责任应具备哪些条件？
4. 违约行为主要包括哪些类型？了解各自类型的含义？
5. 通常违约行为主要有哪几种情形？
6. 承担违约责任主要有哪些形式？
7. 如何应用违约责任的形式？

项目5

建设工程施工合同

任务5.1　建设工程合同

引导问题

1. 建设工程合同的主体、客体是什么？
2. 发承包双方为什么要签订建设工程合同？
3. 建设工程合同有何特征？
4. 《民法典》对建设工程合同订立有何法律规定？
5. 建设工程合同主要有哪几种类型？
6. 建设工程合同主要包括哪些内容？

工作任务

　　主要介绍建设工程合同概述、订立建设工程合同的有关规定、建设工程合同分类、建设工程合同内容等。

　　本工作任务要了解建设工程合同的概念、特征；明确国家法律、行政法规对建设工程合同的有关规定；了解建设工程合同的分类，掌握建设工程总价合同、单价合同、成本加酬金合同的应用；掌握建设工程合同的内容及应用。

学习参考资料

1. 《中华人民共和国民法典》；
2. 《中华人民共和国建筑法》；
3. 其他有关合同的法律法规文件及书刊。

5-1

建设工程施工合同

一、建设工程合同概述

（一）建设工程合同概念

　　建设工程合同（也称建设工程发承包合同）是指发包人（即发包

方、建设单位）和承包人（即承包方、施工人、承包单位）为了完成商定的建设工程，明确彼此的权利和义务的协议。即承包单位应完成建设单位交给的工程建设任务，建设单位应按照规定提供必要条件并支付工程价款。《民法典》第七百八十八条规定："建设工程合同是承包人进行工程建设，发包人支付价款的合同。"

1. 建设工程主体

建设工程的主体是发包人和承包人。

（1）发包人。一般为建设工程的建设单位，即投资建设该项工程的单位，通常也称作"业主"。此外，建设工程实行总承包的，总承包单位经发包人同意，在法律规定的范围内对部分工程项目进行分包的，工程总承包单位即成为分包工程的发包人。

（2）承包人。建设工程的承包人，即实施建设工程的勘察、设计、施工等业务的单位，包括对建设工程实行总承包的单位和承包分包工程的单位。

2. 建设工程客体

建设工程合同的客体是工程。工程是指土木建筑工程和建筑业范围内的线路、管道、设备安装工程的新建、扩建、改建及大型的建筑装修装饰活动，主要包括房屋、铁路、公路、机场、港口、桥梁、矿井、水库、电站、通信线路等。

（二）建设工程合同特征

建设工程不同于其他工作的完成，建设工程合同作为一种特殊的承揽合同，除了具有一般承揽合同的特征以外，还具有如下特征：

1. 建设工程合同的主体必须是法人

对于承揽合同的主体可以是法人，也可以是公民；但建设工程合同的主体不能是公民，建设人只能是经过批准建设工程的法人，承建人是具有从事勘察、设计、建筑、安装任务资格的法人。因为，建设工程合同中完成的工作构成不动产，通常要涉及对土地的利用强制性规范限制，当事人不得违反其规定自行约定，而且施工的承包人必须是经国家认可的具有一定建设资质的法人。

2. 建设工程合同的标的仅限于工程的建设

建设工程合同的标的一般是大型的不动产项目，即建设工程项目，具有周期长、规模大和技术要求高等特点。

3. 建设工程合同具有国家管理的特殊性

由于工程建设对国家的经济发展、公民的工作和生活等国计民生有重大的影响，虽然建设工程合同贯彻当事人的公平、自愿、平等、诚实信用的原则，但建设工程合同的订立和履行都要受到国家的严格管理和监督。

4. 建设工程合同履行期限的长期性

由于建设工程结构复杂、体积庞大、产品固定、建筑材料类型多、工程量大等特点，使合同的订立准备期较长，而且合同在履行过程中，受工程不可抗力、市场价格、工程变更、材料供应不及时等较多因素影响，导致合同履行期限具有长期性。

5. 建设工程合同具有计划性和程序性

国家对建设工程的计划和程序有严格的管理制度。订立建设工程合同必须符合国家有关工程建设程序的规定，以国家批准的投资计划为前提，即便是国家投资以外的、以其他方式筹集的投资也要受到贷款规模和批准限额的限制，并经过严格的审批程序。

6. 建设工程合同订立的特殊性

建设工程合同属于要式合同，考虑到建设工程的重要性、复杂性和长期性等特点，《民法典》第七百八十九条规定："建设工程合同应当采用书面形式。"

二、订立建设工程合同的有关规定

《民法典》对建设工程合同的订立，做了如下明确的规定：

（一）发包人与承包人订立合同

1. 发包人可以与总承包人订立建设工程合同；

2. 发包人也可以分别与勘察人、设计人、施工人订立勘察、设计、施工承包合同；

3. 发包人不得将应当由一个承包人完成的建设工程支解成若干部分发包给数个承包人；

4. 建设工程主体结构的施工必须由承包人自行完成。

（二）承包人与分包人订立合同

1. 总承包人或者勘察、设计、施工承包人经发包人同意，可以将自己承包的部分工作交由第三人完成；

2. 第三人就其完成的工作成果与总承包人或者勘察、设计、施工承包人向发包人承担连带责任；

3. 承包人不得将其承包的全部建设工程转包给第三人或者将其承包的全部建设工程支解以后以分包的名义分别转包给第三人；

4. 禁止承包人将工程分包给不具备相应资质条件的单位；

5. 禁止分包单位将其承包的工程再分包。

（三）国家重大建设工程合同订立

《民法典》第七百九十二条规定："国家重大建设工程合同，应当按照国家规定的程序和国家批准的投资计划、可行性研究报告等文件订立。"

（四）建设工程合同无效、验收不合格的处理

1. 建设工程施工合同无效，但是建设工程经验收合格的，可以参照合同关于工程价款的约定折价补偿承包人。

2. 建设工程施工合同无效，且建设工程经验收不合格的，按照以下情形处理：

（1）修复后的建设工程经验收合格的，发包人可以请求承包人承担修复费用；

（2）修复后的建设工程经验收不合格的，承包人无权请求参照合同关于工程价款的约定折价补偿。

3. 发包人对因建设工程不合格造成的损失有过错的，应当承担相应的责任。

三、建设工程合同分类

一项工程的建设需要经过勘察、设计、施工等若干过程才能最终完成，故建设工程合同主要包括勘察、设计、施工合同。

（一）按工作性质为标准分类

1. 建设工程勘察合同

建设工程勘察合同是指根据建设工程的要求，为查明、分析、评价建设场地的地质地

理环境特征和岩土工程条件的调查研究工作，发包人与勘察人而达成的协议。勘察工作是一项专业性很强的工作，一般由专门的地质工程单位完成。工程勘察合同是反映并调整发包人与受托地质工程单位之间关系的依据。

2. 建设工程设计合同

建设工程设计合同是指根据建设工程的要求，对建设工程所需的技术、经济、资源、环境等条件进行综合分析、论证，发包人与设计人而达成的建设工程设计文件的协议。设计合同主要包括初步设计合同和施工设计合同。

（1）初步设计合同。是指建设工程立项阶段承包人为项目决策提供可行性资料的设计而与发包人签订的合同。

（2）施工设计合同。是指在项目决策确立之后，承包人与发包人就具体施工设计达成的设计合同。

3. 建设工程施工合同

建设工程施工合同是指发包人（建设单位）与承包人（施工单位）为完成项目建设的建筑工程和安装工程而达成的协议。主要包括建筑工程施工合同和安装工程施工合同。建筑是指对工程进行营造的行为；安装是指与工程有关的线路、管道、设备等设施的装配。施工单位依照合同的规定完成建筑安装工作，筹建单位接受建筑物及其安装的设施并支付报酬。

（二）按合同主体为标准分类

以合同主体为标准可分为国内工程合同和国际工程合同。

1. 国内工程承包合同

国内工程承包合同是指合同双方都属于同一国的建设工程合同。

2. 国际工程合同

国际工程合同是指一国的建筑工程发包人与他国的建筑工程承包人之间，为承包建筑工程项目，就双方权利义务达成一致的协议。国际工程承包合同的主体一方或双方是外国人，其标的是特定的工程项目。合同内容是双方当事人依据有关国家的法律和国际惯例，并依据特定的为世界各国所承认的国际工程招标投标程序，确立的为完成本项特定工程的双方当事人之间的权利义务。这一合同又可分为工程咨询合同、建设施工合同、工程服务合同以及提供设备和安装合同等。

（三）按建设阶段分类

建设工程合同按建设阶段可分为建设工程勘察合同、建设工程设计合同和建设工程施工合同。

（四）按发承包方式分类

1. 建设工程项目总承包合同

建设工程项目总承包合同是指承包人与发包人签订的，由承包人承担工程建设全过程直至工程竣工验收，或对工业建设项目还包括试运转、试生产、最终向发包人移交使用（交钥匙）的承包合同。

工程建设全过程包括方案选择、总体规划、可行性研究、工程勘测、设计、施工以及材料、设备供应等在内。总承包合同由承包人对发包人负责到底，一般是双方通过协商洽谈的办法签约。在国际承包市场上，这种合同形式仍占少数；在发达的资本主义国家，如美国建筑承包合同总数中，这种总承包合同约占 10%。

2. 建设工程勘察设计合同

为了加强工程勘察设计市场管理，规范市场行为，明确签订《建设工程勘察合同》《建设工程设计合同》（合称《建设工程勘察设计合同》）中双方的技术经济责任，保护合同当事人的合法权益，以适应社会主义市场经济发展的需要，发包人与勘察设计承包人为完成特定的勘察设计任务而订立的合同（各自的具体含义见前面所述）。

3. 建设工程施工总承包合同

建设工程施工总承包合同是发包人将一个建设项目的全部施工任务发包给具有施工承包资质的建筑企业，由施工总承包企业按照合同的约定向建设单位负责，承包完成施工任务。对于大型建筑工程或者结构复杂的建筑工程，可以由两个以上的总承包单位联合共同承包（即联合体承包）。

4. 单项工程施工承包合同

单项工程是指具有独立设计文件，并能独立组织施工，建成后能独立发挥生产能力或使用效益的工程。单项工程施工承包合同是发包人将一个单项工程的建设任务发包给具有承包资质的总承包企业，由施工总承包企业按照合同的约定向建设单位负责，承包完成单项工程建设任务。

5. BOT 合同（又称特许权协议）

BOT 是英文 Build-Operate-Transfer 的缩写，通常直译为"建设-经营-转让"。BOT实质上是基础设施投资、建设和经营的一种方式。BOT 合同是指政府部门就某基础设施项目与私人企业（项目公司）签订特许权协议，授予签约方的私人企业（含外国企业）来承担该项目的投资、融资、建设和维护。在协议规定的特许期限内，许可其融资建设和经营特定的公用基础设施，并准许其通过向用户收取费用或出售产品以清偿贷款，回收投资并赚取利润。政府对这一基础设施有监督权、调控权，特许期满后，签约方的私人企业将该基础设施无偿移交给政府部门。

（五）按承包工程计价方式分类

1. 总价合同

总价合同又可分为固定总价合同和调整总价合同。

（1）固定总价合同是根据合同规定的工程施工内容和有关条件不发生变化时，业主付给承包商的价款总额不发生变化的合同。

（2）调整总价合同是根据合同规定的工程施工内容和有关条件实际施工发生变化时，根据合同规定价款调整办法调整合同总价，业主付给承包商调整价款总额的合同。

2. 单价合同

单价合同又可分为固定单价合同和可调单价合同。

（1）固定单价合同是合同确定的实物工程量单价，在合同有效期间原则上不变，并作为工程结算单价的合同。而工程量则按实际完成的数量结算，即量变价不变合同。

（2）可调单价合同是合同确定的实物工程量单价，在合同有效期间由于市场价格变化超过合同规定的幅度，根据合同规定价款调整办法调整合同单价，并作为工程结算单价的合同。

3. 成本加酬金合同

成本加酬金合同是指工程最终合同价格按承包商的实际成本加一定比率的酬金计算。

在合同签订时不能确定一个具体的合同价格，只能确定酬金的比率。成本加酬金合同是按承包商的实际成本结算，承包商不承担任何风险，而业主承担了全部工程量和价格风险。

（六）与建设工程有关的其他合同

与建设工程有关的其他合同主要有建设工程委托监理合同、建设工程物资采购合同、建设工程保险合同、建设工程担保合同等。

四、建设工程合同内容

建设工程合同内容主要包括：工程概况；建设工期；工程质量标准；工程造价；设计文件及概算、预算、技术资料的提供日期及提供方式；材料的供应责任及材料进场期限；拨款和结算；竣工验收；工程变更；违约、索赔和争议；质量保修范围、保修期及保修条件；相互协作条款；集中约定合同当事人基本的合同权利义务等。

（一）工程概况

工程概况主要包括：工程名称、地点，工程范围和内容（包括建设、勘察和设计等方面的承包和建设内容）。

（二）建设工期

建设工期包括：整体工程的开工、竣工工期以及中间交付工程的开工、竣工工期等。

（三）工程质量标准

工程质量标准要按国家规定的工程质量标准执行。

（四）工程造价

工程造价主要是指签约合同价与合同价格形式。工程造价因采用不同的计价方法（定额计价法和工程量清单计价法），会产生巨大的价款差额。根据投标文件，在合同中要明确规定工程价款的计算原则，具体约定执行的定额、建设工程工程量清单计价规范和计算标准，以及工程价款的审定方式等。

（五）设计文件及概算、预算、技术资料的提供日期及提供方式

《民法典》第八百零五条规定："因发包人变更计划，提供的资料不准确，或者未按照期限提供必需的勘察、设计工作条件而造成勘察、设计的返工、停工或者修改设计，发包人应当按照勘察人、设计人实际消耗的工作量增付费用。"

（六）材料的供应责任及材料进场期限

在合同中发承包双方要明确工程施工的材料供应方式、材料进场的期限等。

（七）拨款和结算

工程拨款和结算要在合同中明确工程拨款的方法，工程结算的方式和结算支付方式。对于工程款的拨付，需根据付款内容由当事人双方确定。工程价款包括：工程预付款、工程进度款、竣工结算款、保修扣留金。在一项建筑安装合同中，结算需双方根据具体情况进行协商，并在合同中明确约定。

（八）竣工验收

对于建设工程的验收程序、验收方法和验收标准，国家制定了相应的行政法规予以规范。

（九）工程变更

由于建设产品有固定性、多样性、综合性、体型庞大等特征，导致工程施工具有单件

性、流动性、地区性、周期长、露天作业和高空作业多、施工组织协作的综合复杂性等特点，在工程建设中不可预见因素较多，经常出现工程变更情形。因此，在合同中必须考虑工程变更等因素。

（十）违约、索赔和争议

对建设工程合同的签订、履行所产生的违约、索赔和争议，按照国家的法律、行政法规的规定，明确合同当事人的违约、索赔和争议的解决方式和方法。

（十一）质量保修范围、保修期及保修条件

施工工程在办理移交验收手续后，在规定的期限内，因施工、材料等原因造成的工程质量缺陷，要由施工单位负责维修、更换。国家对建筑工程的质量保证期限一般都有明确要求。

（十二）相互协作条款

工程建设合同不仅需要当事人各自积极履行义务，还需要当事人相互协作，协助对方履行义务，如在施工过程中及时提交相关技术资料、通报工程情况，工程完工要及时检查验收等。

（十三）集中约定合同当事人基本的合同权利义务

为使当事人能正常地履行合同，在签订合同时，必须约定合同当事人的基本合同权利义务的内容和权限。

复习思考题

1. 什么是建设工程合同？建设工程合同的主、客体是什么？
2. 建设工程合同具有哪些特征？
3. 《民法典》对建设工程合同的订立有哪些规定？
4. 发包人与承包人可以订立哪些合同？
5. 承包人与分包人可以订立哪些合同？
6. 建设工程合同无效、验收不合格如何处理？
7. 建设工程合同如何分类？
8. 建设工程合同按工作性质为标准分为哪几种合同？
9. 建设工程合同按发承包方式分为哪几种合同？
10. 建设工程合同包括哪些内容？

任务 5.2　建设工程施工合同

引导问题

1. 在工程建设中的施工合同主要起什么作用?
2. 建设工程施工合同所具有的特征有哪些?
3. 建设工程施工合同的效力如何认定?
4. 建设工程施工合同如何分类?
5. 签订建设工程施工合同应具备的条件有哪些?
6. 如何签订建设工程施工合同?
7. 建设工程施工合同的主要内容有哪些?
8. 签订建设工程施工合同的注意事项有哪些?

工作任务

主要介绍建设工程施工合同概述、建设工程施工合同分类、建设工程施工合同签订、建设工程施工合同的内容、签订建设工程施工合同注意事项。

本工作任务要了解建设工程施工合同的概念、特征、作用,以及建设工程合同与建设工程施工合同的区别;理解建设工程施工合同的分类方法;明确《民法典》对建设工程施工合同的有关规定;掌握建设工程施工合同的签订程序;掌握建设工程施工合同中的总价合同、单价合同、成本加酬金合同的适用范围和区别;掌握建设工程施工合同的主要内容及应用。

学习参考资料

1.《中华人民共和国民法典》;
2.《中华人民共和国建筑法》;
3. 国务院《建设工程质量管理条例》;
4. 其他有关合同的法律法规文件及书刊。

一、建设工程施工合同概述

(一) 建设工程施工合同概念

建设工程施工合同是发包人与承包人之间为完成商定的建设工程施工,明确双方权利和义务的协议。依照施工合同,承包人应完成发包人交给的建设工程施工任务,发包人应按照规定提供必要的施工条件并支付工程价款。施工合同是建设工程合同的一种,它与其他建设工程合同一样是一种双务合同,在订立时也应遵守平等、自愿、公平、诚实信用等原则。

施工合同的当事人(即发包人和承包人)双方是平等的民事主体。发承包双方签订施工合同,必须具备相应资质条件和履行施工合同的能力。对合同范围内的工程实施建设时，发包人必须具备组织协调能力，承包人必须具备有关部门核定的资质等级并持有营业执照等证明文件。

（二）建设工程施工合同特征

1. 建设工程施工合同标的的特殊性

建设工程施工合同的标的是各类建设产品。建设产品属不动产，施工队伍和施工机械必须围绕建设产品移动。建设产品的类别庞杂，其外观、结构、使用目的各不相同，这就要求每一个建设产品都必须单独设计和施工，即使重复利用标准设计或重复使用图纸，也应采取必要的设计修改才能施工，而施工中的情况又各不相同。建设产品的固定性和单件性决定了建设工程施工合同标的的特殊性。

2. 建设工程施工合同履行期限的长期性

建设工程施工由于结构复杂、体积庞大、建筑材料类型多、工作量大等特点，致使工程施工工期较长（与一般工业产品的生产相比），而合同履行期限又比施工工期长。因建设工程施工活动应在合同签订后才开始，且需加上施工准备时间、办理竣工结算及工程保修的时间等。另外，在建设工程施工过程中，还可能因为不可抗力、工程变更、材料供应不及时等原因而导致工期顺延。因此，建设工程施工合同的履行期限具有长期性。

3. 建设工程施工合同内容的综合性

建设工程施工合同除了应具备合同的一般内容外，还应对安全施工、专利技术使用、发现地下障碍和文物、工程分包、不可抗力、工程设计变更、材料设备的供应、验收等内容做出规定。在建设工程施工合同的履行过程中，除承包人与发包人的合同关系外，还涉及与劳务人员的劳动关系、与保险公司的保险关系、与材料设备供应单位的买卖关系等。因此，施工合同的内容具有综合性的特点。

4. 建设工程施工合同监督的严格性

由于建设工程施工合同的履行对国家的经济发展、公民的工作和生活都有重大的影响，因此，国家对建设工程施工合同的监督是十分严格的，其主要体现在对合同主体的监督、对合同订立的监督、对合同履行的监督几个方面。

（三）建设工程施工合同作用

在市场经济条件下，建设市场主体之间相互的权利义务关系主要是通过合同确立的。因此，在建设领域加强对施工合同的管理具有十分重要的意义。国家立法机关、国务院、国家建设行政管理部门都十分重视建设工程施工合同的规范工作，《民法典》对建设工程合同做了专门规定；《中华人民共和国建筑法》（以下简称《建筑法》）《招标投标法》也有许多涉及建设工程施工合同的规定。这些法律是我国建设工程施工合同管理的依据。

1. 施工合同是工程招标投标文件的重要组成部分

工程招标文件是要约，合同就是通过招标投标形式来要约和承诺。

2. 施工合同明确工程发包人和承包人双方之间的经济法律关系

在市场经济条件下，建设市场主体之间相互的权利、义务关系主要是通过合同确立的，施工合同一经签订生效后，即具有法律效力，使工程发包人和承包人双方产生了经济法律关系。

（1）施工合同是发承包双方行为的准则；

（2）施工合同明确发承包双方权利和义务的相互关系；

（3）双方可以利用合同保护自己的权益，限制和制约对方。

3. 施工合同确定了建设工程施工及管理目标

施工合同确定了建设工程施工及管理的目标，主要包括工期、质量、价格。这些目标是合同双方当事人在工程施工中进行各种经济活动的依据，是工程建设质量控制、进度控制、费用控制的主要依据。

4. 施工合同是建设工程施工过程中发承包双方的最高行为准则

工程施工过程中的一切活动都是为了履行合同，都必须按合同办事，发承包双方的行为主要靠合同来约束，工程施工管理是以施工合同为核心。

5. 施工合同是施工阶段实行监理的依据

在施工合同中，实行的是以工程师为核心的管理体系（虽然工程师不是施工合同当事人）。因此，监理工程师对工程实行监理离不开合同，是监理工程师监督管理工程的依据。要使监理工程师秉公办事，监督发承包双方履行各自的义务，一份完备公平的合同是基本前提条件。

6. 施工合同是保护建设工程发包人和承包人权益的依据

施工合同是发包人和承包人双方经过协商达成一致的协议，但由于发承包双方利益的不一致性，在施工过程中发生争议是难免的，施工合同为解决争议提供了依据。

（1）施工合同依法保护工程发包方和承包方双方权益；

（2）追究违反施工合同的法律依据；

（3）是施工过程中调解、仲裁和审理施工合同纠纷的依据。

（四）建设工程施工合同的效力认定

1. 无效合同的认定

（1）违法发包的施工合同。是指违反法律、行政法规规定的发包行为，如发包人将工程发包给没有相应资质条件或超越资质等级的施工企业，建设工程必须进行招标而未招标或者中标无效的。

（2）挂靠的施工合同。是指没有施工资质的实际施工人借用有资质的建筑施工企业名义承揽工程的行为。在这里要特别注意区分挂靠关系与建筑企业的内部承包关系。如两者之间有产权联系、有统一的财务管理、有严格而规范的人事任免和调动或聘用手续就可以认定为内部承包关系，而不认定为挂靠关系；反之，则为挂靠关系。

（3）转包的施工合同。是指将承包的全部工程或者将其承包的全部工程肢解后，以分包的名义分别转包给其他施工单位或个人施工的行为。

（4）分包的施工合同。是指总承包人违反法律、行政法规规定或施工合同关于工程分包的约定，将单位工程或分部分项工程分包给其他单位或个人施工的行为。

（5）"三无"工程的施工合同。无土地使用权证、无建筑工程规划许可证、无报建手续的"三无"工程的施工合同应确认无效；但在审理期间已补办手续的，应确认合同有效。

（6）没有按国家规定程序和国家批准的投资计划的工程项目施工合同。

（7）低于建设工程成本价所签订的施工合同。

（8）与经中标备案的合同实质性条款背离的施工合同。

（9）违法建筑工程的施工合同。

（10）其他依法应当认定为无效的建设工程施工合同。

2. 有效合同的认定

（1）承包人没有承揽建设工程的资质，但具有劳务分包资质的，其与总承包人、分包人签订的劳务分包合同有效。

（2）垫资施工合同不作无效认定。当事人对垫资及垫资利息有约定的，承包人请求按照约定返还垫资及其利息的，应予支持，但其约定利息计算标准不得高于中国人民银行发布的同期同类贷款利率；对垫资没有约定而实际存在垫资事实的，按照工程欠款处理，对垫资利息没有约定，承包人请求支付利息的，不予支持。

（3）发包人经审查被批准用地，并已取得建设用地规划许可证，只是用地手续尚未办理而未能取得土地使用权证的。

（4）凡是当事人双方按《民法典》等国家法律、行政法规规定，依法签订的建设工程施工合同均具有法律效力。

二、建设工程施工合同分类

（一）按承包方式分类

1. 施工总承包合同

施工总承包合同是发包人与承包人之间为完成商定的施工任务，确定双方权利和义务的协议。施工总承包合同的发包人可以是建设工程的建设单位或取得建设项目总承包资格的项目总承包单位；施工总承包合同的承包人是施工单位。

2. 施工专业分包合同

施工专业分包合同是施工承包单位（即专业分包工程的发包人）将其所承包工程中的专业工程发包给具有相应资质的其他建筑企业（即专业分包工程的承包人），确定双方权利和义务的协议。

3. 施工劳务分包合同

施工劳务分包合同是施工承包单位或者专业承包单位（即劳务作业的发包人）将其承包工程中的劳务作业发包给劳务分包单位（即劳务作业的承包人），确定双方权利和义务的协议。

（二）按承包价格分类

1. 总价合同

总价合同是指在合同中确定一个完成建筑安装工程的总价，承包单位据此完成项目全部内容的合同。总价合同要求投标者按照招标文件的要求，对工程项目报一个总价。这种合同类型能够使建设单位在评标时易于确定报价最低的承包单位，易于进行支付计算。但这类合同仅适用于工程量不太大且能精确计算、工期较短、技术不太复杂、风险不大的工程项目。因为采用这种合同类型要求建设单位必须准备详细而全面的设计图纸（一般要求施工详图）和各项说明，使承包单位能准确计算工程量。

2. 单价合同

单价合同是指整个合同期间对于相同的分部分项工程执行同一单价，而工程量则按实际完成的数量进行计算的合同。单价合同要求施工单位在投标时，按照招标文件的要求，就分部分项工程所列的工程量表确定各分部分项工程单价。这种合同类型的适用范围比较宽，其风险可以得到合理的分摊，并且能鼓励承包单位通过提高工效等手段从降低成本中提高利润。这类合同能够成立的关键在于发承包双方对单价和工程量计算方法的确认。在合同履行中需要注意的问题则是双方对实际工程量计量的确认。

3. 成本加酬金合同

成本加酬金合同是由建设单位向施工单位支付建筑安装工程的实际成本，并按事先约定的某一种方式支付酬金的合同。成本加酬金合同中，建设单位需要承担项目实际发生的一切费用，因此，也就承担了项目的全部风险；而施工单位由于无风险，其报酬往往也较低。这种合同类型的缺点是：建设单位对工程总造价不易控制，施工单位也往往不注意降低项目成本。

这类合同主要适用于以下项目：

（1）需要立即开展工作（如震后救灾等）的工程项目；

（2）新型的工程项目，或对项目工程内容及技术经济指标未确定；

（3）风险很大的工程项目。

三、建设工程施工合同签订

（一）签订建设工程施工合同的依据

1. 《中华人民共和国民法典》；

2. 《中华人民共和国建筑法》；

3. 《建设工程施工合同（示范文本）》；

4. 《最高人民法院关于审理建设工程施工合同纠纷案件适用法律问题的解释（一）》；

5. 建设工程施工招标、投标文件；

6. 建设工程施工图纸、建设工程工程量清单计价规范、建设工程定额等资料。

（二）签订建设工程施工合同应具备的条件

1. 初步设计已经批准；

2. 工程项目已经列入年度建设计划；

3. 有能够满足施工需要的设计文件和有关技术资料；

4. 建设资金和主要建筑材料、设备来源已经落实；

5. 招标投标工程，中标通知书已经下达；

6. 当事人必须对合同的主要条款协商一致；

7. 合同订立必须是依法进行。依法签订合同是指合同应符合法律、行政法规的要求。如合同主体当事人应具有相应的行为能力，合同的成立应具备要约和承诺阶段，当事人必须在自愿和真实的基础上达成协议，合同的标的和内容必须合法，合同的订立形式必须符合法律规定的要求等。

（三）签订建设工程施工合同的程序

建设工程施工合同签订的流程可以分为五个阶段：签约准备阶段、签约协商阶段、合同条款确定阶段、合同审定签字阶段和合同审批阶段。

1. 签约准备阶段

签约准备阶段是全部合同工作的基础，加强这一阶段的调查工作对风险控制和合同管理具有重要的意义。

（1）接受中标通知书

建设工程施工合同作为合同的一种，其订立应经过要约和承诺两个阶段。其订立方式有直接发包和招标发包两种。如果没有特殊情况，建设工程的施工活动都应通过招标投标确定施工单位。

中标通知书发出后，中标施工单位应当与建设单位及时签订合同。依据《招标投标法》和《工程建设项目施工招标投标办法》的规定，中标通知书发出 30 天内，中标单位应与建设单位依据招标文件、投标书等签订建设工程施工合同。

投标书中已确定的条款在签订合同时不得更改，合同价应与中标价相一致。如果中标施工单位拒绝与建设单位签订合同，则建设单位将不再返还其投标保证金（如果是由银行等金融机构出具投标保函的，则投标保函出具者应当承担相应的保证责任），建设行政主管部门或其授权机构还可给予一定的行政处罚。

（2）组建合同谈判小组

组建强有力的合同谈判小组，对促进合同谈判和签约有重要的意义。

（3）草拟协议书、专用合同条款

根据国家《建设工程施工合同（示范文本）》的相关条款，草拟施工合同协议书、专用合同条款等。

2. 签约协商阶段

协商是对订立施工合同的主要条款进行交换意见，协商达成合同一致意见的过程，这一过程在《民法典》上称为要约和承诺。

3. 合同条款确定阶段

通过发承包双方在合同谈判协商过程中达成的意见，对草拟的施工合同协议书、专用条款进行调整修改，最后双方确定施工合同的各项条款。

4. 合同审定签字阶段

发承包双方对施工合同各项条款审定确认后，双方法人代表或法定代理人签字盖章，形成建设工程施工合同文件。

建设工程施工合同一般要打印 6～8 份，其中正本 2 份，合同双方当事人各执 1 份，若合同涉及 3～4 方当事人（即承包人为联合体），则正本要 3～4 份，副本 4～6 份。需要存档的单位有建设方、施工方、监理、档案馆、税务（开发票时提供）、建设主管部门（施工报备）。当建设工程施工合同内容不一致时，以正本为准；如果没有分正副本的话，应参照招标文件、合同通用条款、专用条款以及相关的补充协议进行协商；如协商不成，可向法院起诉，由法院判决。

5. 合同审批阶段

根据国家规定建设工程施工合同需经当地建设行政主管部门审查批准，合同才能正式生效。因此，建设工程施工合同经发承包双方签字盖章后，报送工程所在地的建设行政主管部门审批备案。

四、建设工程施工合同的内容

我国《建设工程施工合同（示范文本）》借鉴了国际上广泛使用的 FIDIC 合同条件

（即《土木工程施工合同条件》），由住房和城乡建设部、国家市场监督管理总局联合发布，主要由《协议书》《通用条款》和《专用条款》三部分组成，并附有三个条件：《承包人承揽工程项目一览表》《发包人供应材料设备一览表》《工程质量保证书》。

《民法典》第七百九十五条规定："施工合同的内容一般包括工程范围、建设工期、中间交工工程的开工和竣工时间、工程质量、工程造价、技术资料交付时间、材料和设备供应责任、拨款和结算、竣工验收、质量保修范围和质量保证期、相互协作等条款。"

（一）工程范围

工程范围主要包括：工程名称、工程地点、工程立项批准文号、资金来源、工程内容（群体工程应附《承包人承揽工程项目一览表》）、工程承包范围等。

（二）建设工期

根据合同规定的工期，发包人应按时做好各项准备工作，承包人应按照合同规定的工期完成施工任务。

合同工期是指施工的工程从开工起到完成施工合同专用合同条款双方约定的全部内容，工程达到竣工验收标准所经历的时间。合同工期是施工合同的重要内容之一，合同双方要在协议书中做出明确约定。约定的内容包括计划开工日期、计划竣工日期和工期总日历天数。

1. 计划开工日期

计划开工日期是指双方在协议书中约定的，承包人开始施工的绝对或相对日期。

2. 计划竣工日期

计划竣工日期是指由协议书规定的承包人完成承包范围内工程的绝对或相对的日期。实际竣工日期为承包人送交竣工验收报告的日期；如果工程没有达到合同所规定的竣工要求，必须再作修改，则实际竣工日期为承包人再次提请发包人验收的日期。

3. 工期总日历天数

工期总日历天数是指在协议书中约定，按总日历天数（包括法定节假日）计算的承包天数。工期总日历天数与根据前述计划开竣工日期计算的工期天数不一致的，以工期总日历天数为准。

（三）中间交工工程的开工和竣工时间

1. 中间交工工程的开工

凡是建设单位对中间交工工程有要求的，在施工合同中要约定中间交工工程的开工、竣工时间；若建设单位对中间交工工程没有要求的，施工合同可以不约定。

2. 开工及延期开工

（1）承包人要求的延期开工。承包人应当按协议书约定的开工日期开始施工。若承包人不能按时开工，应在不迟于协议书约定的开工日期前 7 天，以书面形式向工程师提出延期开工的理由和要求。工程师应当在接到延期开工申请后的 48 小时内以书面形式答复承包人；工程师在接到延期开工申请后的 48 小时内不答复，视为同意承包人的要求，工期相应顺延；若工程师不同意延期要求或承包人未在规定时间内提出延期开工要求，工期不予顺延。

（2）发包人造成的延期开工。因发包人的原因不能按照协议书约定的开工日期开工，工程师应以书面形式通知承包人后，可推迟开工日期。承包人对延期开工的通知没有否决权，但发包人应当赔偿承包人因此造成的损失，并相应顺延工期。

（3）《民法典》第八百零三条规定："发包人未按照约定的时间和要求提供原材料、设备、场地、资金、技术资料的，承包人可以顺延工程日期，并有权请求赔偿停工、窝工等损失。"

3. 暂停施工

在工程施工过程中出现某种情况，工程师认为确有必要暂停施工时，应当以书面形式要求承包人暂停施工，并在提出要求后 48 小时内给出书面处理意见。承包人应当按工程师要求停止施工，并妥善保护已完工程。承包人实施工程师的处理意见后，可以书面形式提出复工要求，工程师应当在 48 小时内给予答复。工程师未能在规定时间内提出处理意见，或收到承包人复工要求后 48 小时内未予答复，承包人可自行复工。

《民法典》第八百零四条规定："因发包人的原因致使工程中途停建、缓建的，发包人应当采取措施弥补或者减少损失，赔偿承包人因此造成的停工、窝工、倒运、机械设备调迁、材料和构件积压等损失和实际费用。"

因发包人原因造成停工的，应顺延工期；因承包人原因造成停工的，由承包人承担发生的费用，工期不予顺延。

4. 工期延误

承包人必须按照合同约定的竣工日期或工程师同意顺延的工期竣工。因承包人原因延误工期，使工程不能按约定的日期竣工，承包人承担违约责任。但是，在有些情况下工期延误后，竣工日期可以相应顺延。因以下原因造成工期延误，经工程师确认，工期相应顺延：

（1）发包人未能按专用合同条款的约定提供图纸及开工条件；

（2）发包人未能按约定日期支付工程预付款、进度款，致使工程不能正常进行；

（3）工程师未按合同约定提供所需指令、批准等，致使施工不能正常进行；

（4）设计变更和工程量增加；

（5）一周内非承包人原因停水、停电、停气造成停工累计超过 8 小时；

（6）不可抗力；

（7）专用合同条款中约定或工程师同意工期顺延的其他情况。

工期可以顺延的根本原因在于，这些情况属于发包人违约或者是应当由发包人承担的风险。

承包人在工期可以顺延的情况发生后 14 天内，就延误的工期向工程师提出书面报告。工程师在收到报告后 14 天内予以确认，逾期不予确认也不提出修改意见，视为同意顺延工期。

5. 工程竣工

承包人必须按照协议书约定的竣工日期或工程师同意顺延的工期竣工。因承包人原因不能按照协议书约定的竣工日期或工程师同意顺延的工期竣工的，承包人承担违约责任。

施工中，发包人如需提前竣工，应双方协商一致后签订提前竣工协议，该协议作为合同文件组成部分。提前竣工协议应包括提前的时间，承包人为保证工程质量和安全采取的措施，发包人为提前竣工提供的条件以及提前竣工所需的追加合同价款等内容。

（四）工程质量与检验

《民法典》第八百零一条规定："因施工人的原因致使建设工程质量不符合约定的，发包人有权请求施工人在合理期限内无偿修理或者返工、改建。经过修理或者返工、改建后，造成逾期交付的，施工人应当承担违约责任。"

1. 工程质量

工程质量应当达到协议书约定的质量标准，质量标准的评定以国家或者行业的质量检验评定标准为依据。因承包人原因工程质量达不到约定的质量标准，承包人承担违约责任。

双方对工程质量有争议，由双方同意的工程质量检测机构鉴定。所需费用及造成的损失，由责任方承担；双方均有责任，由双方根据其责任分别承担。

2. 检查和返工

在工程施工中，工程师及其委派人员对工程的检查、检验，是其日常性工作和重要职能。承包人应认真按照标准、规范和设计要求以及工程师依据合同发出的指令施工，随时接受工程师及其委派人员的检查、检验，并为检查、检验提供便利条件。

对于达不到约定质量标准的工程部分，工程师一经发现，应要求承包人拆除和重新施工，承包人应当按照工程师的要求拆除和重新施工，直到符合约定的质量标准。因承包人原因工程质量达不到约定的质量标准，由承包人承担拆除和重新施工的费用，工期不予顺延；因双方原因达不到约定质量标准，责任由双方分别承担。

工程师的检查、检验不应影响施工正常进行。若检查、检验不合格时，影响正常施工的费用由承包人承担；若检查、检验合格时，影响正常施工的追加合同价款由发包人承担，相应顺延工期。

因工程师指令失误或其他非承包人的原因所发生的追加合同价款，由发包人承担。

3. 隐蔽工程和中间验收

（1）由于隐蔽工程在施工中一旦完成隐蔽，很难再对其进行质量检查。因此，必须在隐蔽前进行检查验收。对于中间验收，合同双方应在专用合同条款中约定需要进行中间验收的单项工程和部位的名称、验收的时间和要求，以及发包人应提供的便利条件。

（2）《民法典》第七百九十八条规定："隐蔽工程在隐蔽以前，承包人应当通知发包人检查。发包人没有及时检查的，承包人可以顺延工程日期，并有权请求赔偿停工、窝工等损失。"

（3）工程具备隐蔽条件或达到专用合同条款约定的中间验收部位，承包人应进行自检，并在隐蔽或中间验收前 48 小时以书面形式通知工程师验收。通知包括隐蔽或中间验收的内容、验收时间和地点。承包人准备验收记录，经验收合格，工程师在验收记录上签字后，承包人可进行隐蔽或继续施工；验收不合格，承包人在工程师限定的时间内修改后重新验收。

（4）工程师不能按时进行验收，应在开始验收前 24 小时向承包人提出书面延期要求，且延期不能超过 48 小时；工程师未能按以上时间提出延期要求，不进行验收，承包人可自行组织验收，发包人应承认验收记录。

（5）经工程师验收，工程质量符合标准、规范和设计图纸等要求，验收 24 小时后，工程师不在验收记录上签字，可视为工程师已经批准，承包人可进行隐蔽或者继续施工。

223

4. 重新检验

无论工程师是否进行验收，当其提出对已经隐蔽的工程重新检验的要求时，承包人应按要求进行剥离或者开孔，并在检验后重新覆盖或者修复。检验合格，发包人承担由此发生的全部追加合同价款，赔偿承包人损失，并相应顺延工期；检验不合格，承包人承担发生的全部费用，工期不予顺延。

5. 工程试车

对于设备安装工程，应当组织工程试车。工程试车内容应与承包人承包的安装工程范围相一致。

（1）单机无负荷试车。设备安装工程具备单机无负荷试车条件，由承包人组织试车，并在试车前 48 小时书面通知工程师。通知包括试车内容、时间、地点。承包人准备试车记录、发包人根据承包人要求为试车提供必要条件。试车通过，工程师在试车记录上签字。

（2）联动无负荷试车。只有单机试运转达到规定要求，才能进行联动无负荷试车。设备安装工程具备无负荷联动试车条件，由发包人组织试车。并在试车前 48 小时书面通知承包人，通知内容包括试车内容、时间、地点和对承包人的要求，承包人按要求做好准备工作和试车记录。试车通过，双方应在试车记录上签字。

（五）工程造价

工程造价是指发包人与承包人在协议书中约定，发包人用以支付承包人按照合同的约定，完成承包范围内全部工程并承担质量保修责任的工程价款。工程造价是合同双方关心的核心问题之一，招标投标等工作主要是围绕工程造价展开的。工程造价应依据中标通知书中的中标价格和非招标工程的工程预算书确定，工程造价在合同协议书内约定后，任何一方不得擅自改变。合同工程造价可以按照固定价格合同、可调价格合同、成本加酬金合同三种方式约定，双方约定其中一种方式写入合同。

1. 固定价格合同

（1）采用固定价格合同，双方当事人在专用合同条款内应注意明确包死价的种类，如总价包死、单价包死，或是部分总价包死，以免履约过程中发生争议。

（2）采用固定价格必须把风险范围、风险费用的计算方法约定清楚，可约定一个百分比系数，也可采用绝对值法。在约定的风险范围内合同价款不再调整；风险范围以外的风险费用，应约定调整方法。

2. 可调价格合同

合同价款可根据双方的约定而调整，双方在专用合同条款内约定合同价款的调整方法。可调价格合同中合同价款的调整因素包括：国家法律、行政法规和政策变化影响合同价款；工程造价管理部门公布的价格调整；一周内非承包人原因停水、停电、停气造成停工累计超过 8 小时；双方约定的其他调整或增减。

承包人应在合同价款可以调整的情况发生后 14 天内，将调整原因、金额以书面形式通知工程师，工程师确认调整金额后，将其作为追加合同价款，与工程款同期支付。工程师收到承包人通知之后 14 天内不作答复也不提出修改意见，视为该项调整已经同意。

3. 成本加酬金合同

合同价款包括成本和酬金两部分，双方在专用合同条款内要约定成本构成和酬金的计算方法。

（六）技术资料交付时间

工程技术资料（如勘察、设计资料等），是进行建筑施工的依据和基础，发包方必须将工程的有关技术资料全面、客观、及时地交付给承包人，才能保证工程的顺利进行。

（七）材料和设备供应责任

工程建设的材料设备供应的质量控制，是整个工程质量控制的基础。应约定材料、设备供应方承担的具体责任，建筑材料、构配件生产及设备供应单位对其生产或者供应的产品质量负责。而材料设备的需求方则应根据买卖合同规定进行质量验收。当事人双方应约定供应材料和设备的结算方法（可以选择预结法、现结法、后结法或其他方法）。

1. 发包人供应材料设备

（1）实行发包人供应材料设备的，双方应当约定发包人供应材料设备的一览表，作为合同附件（见本项目任务 5.3 的附件 2）。一览表包括发包人供应材料设备的品种、规格、型号、数量、单价、质量等级、提供时间和地点。

（2）发包人按一览表约定的内容提供材料设备，并向承包人提供其供应材料设备的产品合格证明，对其质量负责。

（3）发包人应在其所供应的材料设备到货前 24 小时，以书面形式通知承包人，由承包人派人与发包人共同清点。发包人不按规定通知承包人清点，发生的损坏、丢失由发包人负责。

（4）发包人供应的材料设备经承包人派人参加清点后由承包人妥善保管，发包人支付相应的保管费用。发生损坏丢失，由承包人负责赔偿。

（5）发包人供应的材料设备使用前，由承包人负责检验或者试验，费用由发包人负责，不合格的不得使用。

（6）发包人供应的材料设备与一览表不符时，应当由发包人承担有关责任，发包人应承担责任的具体内容，双方根据下列情况在专用合同条款内约定：

1）材料设备单价与一览表不符时，由发包人承担所有价差；

2）材料设备种类、规格、型号、数量、质量等级与一览表不符时，承包人可以拒绝接受保管，由发包人运出施工场地并重新采购；

3）发包人供应材料的规格、型号与一览表不符时，承包人可以代为调剂串换，发包人承担相应的费用；

4）到货地点与一览表不符时，发包人负责倒运至一览表指定的地点；

5）供应数量少于一览表约定的数量时，发包人将数量补齐，多于一览表约定的数量时，发包人负责将多出部分运出施工场地；

6）到货时间早于一览表约定的供应时间，发包人承担因此发生的保管费用；到货时间迟于一览表约定的供应时间，发包人赔偿由此给承包人造成的损失，造成工期延误的，相应顺延工期。

2. 承包人采购材料设备

（1）承包人根据专用合同条款的约定和设计及有关标准要求，采购工程需要的材料设备，并提供产品合格证明，对材料设备质量负责。承包人在材料设备到货前 24 小时通知工程师清点。

（2）承包人采购的材料设备与设计或者标准要求不符时，工程师可以拒绝验收，由承包人按照工程师要求的时间运出施工场地，重新采购符合要求的产品，并承担由此发生的费用，由此延误的工期不予顺延。

（3）承包人采购的材料设备在使用前，承包人应按工程师的要求进行检验或试验，不合格的不得使用，检验或试验费用由承包人承担。

（4）工程师发现承包人采购并使用不符合设计或标准要求的材料设备时，应要求由承包人负责修复、拆除或者重新采购，并承担发生的费用，由此造成工期延误不予顺延。

（5）承包人需使用代用材料时，须经工程师认可，由此对合同价款的调整双方以书面形式议定。

（6）由承包人采购的材料、设备，发包人不得指定生产厂或供应商。

（八）工程进度计划、拨款和结算

1. 施工进度计划

施工进度管理是施工合同管理的重要组成部分，承包人应当按照施工进度计划组织施工。

（1）承包人提交进度计划。承包人应按照专用合同条款约定的日期，将施工组织设计和工程进度计划提交给工程师。群体工程中采取分阶段进行施工的单位工程，承包人则应按照发包人提供图纸及有关资料的时间，按单位工程编制进度计划，分别向工程师提交。

（2）工程师确认进度计划。工程师接到承包人提交的进度计划后，应当按专用合同条款约定的时间予以确认或者提出修改意见。如果工程师逾期不确认也不提出书面意见的，则视为已经同意。但是，工程师对施工组织设计和工程进度计划予以确认或者提出修改意见，并不免除承包人施工组织设计和工程进度计划本身的缺陷所应承担的责任。工程师对进度计划予以确认的主要目的，是为工程师对进度进行控制提供依据。

（3）承包人实施进度计划。承包人必须按工程师确认的进度计划组织施工，接受工程师对进度的检查、监督。工程实际进度与经确认的进度计划不符时，承包人应按工程师的要求提出改进措施，经工程师确认后执行。因承包人的原因导致实际进度与进度计划不符时，承包人无权就改进措施提出追加合同价款。

2. 工程预付款

（1）工程预付款主要是用于采购建筑材料，约定工程预付款的额度应结合工程款、建设工期及包工包料情况来计算预付额度。建筑工程一般不得超过当年建筑（包括水、电、暖、卫等）工程工作量的30%，安装工程一般不得超过当年安装工程量的10%。

（2）双方应当在专用合同条款内约定发包人向承包人预付工程款的具体时间或相对时间和数额，开工后要约定扣回工程款的时间和比例。

（3）工程预付款时间应不迟于约定的开工日期前7天。发包人不按约定预付，承包人在约定预付时间7天后向发包人发出要求预付的通知；发包人收到通知后仍不能按要求预付，承包人可在发出通知后7天停止施工，发包人应从约定应付之日起向承包人支付应付款的贷款利息，并承担违约责任。

3. 工程量的确认

（1）对承包人已完成工程量的核实确认，是发包人支付工程款的前提。承包人应按专用合同条款约定的时间向工程师提交已完工程量的报告；工程师接到报告后7天内按设计图纸核实已完工程量（以下称计量），并在计量前 24 小时通知承包人，承包人为计量提供便利条件并派人参加；承包人收到通知后不参加计量，计量结果有效，作为工程价款支付的依据。

（2）工程师接到承包人报告后 7 天内未进行计量，从第 8 天起，承包人报告中开列的工程量即视为被确认，作为工程价款支付的依据。工程师不按约定时间通知承包人，使承包人不能参加计量，计量结果无效。

（3）对承包人超出设计图纸范围和因承包人原因造成返工的工程量，工程师不予计量。

4. 工程款（进度款）支付

（1）工程进度款的拨付应以发包方代表确认的已完工程量、相应的单价及有关计价依据计算。

（2）工程进度款的支付时间与支付方式，按合同约定选择：按月结算、分段结算、竣工后一次结算（小工程）及其他结算方式。

（3）发包人应在计量结果确认后 14 天内，向承包人支付工程款（进度款）。按约定时间发包人应按比例扣回的预付款，与工程款（进度款）同期结算；合同价款调整、工程变更调整的合同价款及追加的合同价款，应与工程款（进度款）同期调整支付。

（4）发包人超过约定的支付时间不支付工程款（进度款），承包人可向发包人发出要求付款的通知，发包人收到承包人通知后仍不能按要求付款，可与承包人协商签订延期付款协议，经承包人同意后可延期支付。协议应明确延期支付的时间和从计量结果确认后第 15 天起计算应付款的贷款利息。

（5）《民法典》第八百零七条规定："发包人未按照约定支付价款的，承包人可以催告发包人在合理期限内支付价款。发包人逾期不支付的，除根据建设工程的性质不宜折价、拍卖外，承包人可以与发包人协议将该工程折价，也可以请求人民法院将该工程依法拍卖。建设工程的价款就该工程折价或者拍卖的价款优先受偿。"

5. 中间结算

当承包人完成了一定阶段的工程量后，发包人应按合同约定履行支付工程进度款的义务。因此，要对工程价款实行施工期间的中间结算，即在施工过程中按完成施工进度工程量的价值，及时向建设单位办理已完部分的工程价款结算。

（1）中间结算可分为定期结算（又称工程价款月结算）、阶段结算（又称施工形象进度结算）和年终结算（又称年度结算）。具体采用哪种方法中间结算，应在合同中约定。

（2）对于工程规模较大、工期较长、投资较多的建筑工程，应按工程进度情况实行中间结算的方式，但中间结算的总额不应超过工程总价值的 90％，其余 10％的工程尾款到工程竣工后结算。

（3）对于工程规模较小、工期较短（一般不超过 3 个月）、投资不大（一般在 100 万元以下），或者当年开工、当年竣工，而且施工企业的资金满足施工需要的建筑工程，也可以不进行中间结算，待工程全部竣工后一次结算。

6. 竣工结算

竣工结算是施工企业所承包的工程按照施工合同规定的内容全部完成后，在工程中间结算的基础上，再将工程最后一次工程余款结算完成，然后将上述的各阶段结算文件进行汇总，最后编制完成工程合同价款的竣工结算文件。

（1）竣工结算是确定建筑工程实际工程造价的经济文件，是施工企业统计竣工率和核算工程成本的依据，是建设单位落实投资完成额的依据，是结算工程价款和施工企业与建设单位从财务方面处理账务往来的依据，也是工程竣工决算的依据。

（2）承包人递交竣工结算报告。工程竣工验收报告经发包人认可后28天内，承包人向发包人递交竣工结算报告及完整的结算资料。工程竣工验收报告经发包人认可后28天内，承包人未能向发包人递交竣工结算报告及完整的结算资料，造成工程竣工结算不能正常进行或工程竣工结算价款不能及时支付，发包人要求交付工程的，承包人应当交付；发包人不要求交付工程的，承包人应承担保管责任。

（3）发包人核实竣工结算报告和支付竣工结算价款。发包人自收到竣工结算报告及结算资料后28天内进行核实，确认后支付工程竣工结算价款，承包人收到竣工结算价款后14天内将竣工工程交付发包人。

（4）发包人无正当理由不支付竣工结算价款。发包人收到竣工结算报告及结算资料后28天内无正当理由不支付工程竣工结算价款，从第29天起按承包人同期向银行贷款利率支付拖欠工程价款的利息，并承担违约责任。

（5）承包人对发包人不支付竣工结算价款的处理。发包人收到竣工结算报告及结算资料后28天内不支付工程竣工结算价款，承包人可以催告发包人支付结算价款；发包人在收到竣工结算报告及结算资料后56天内仍不支付的，承包人可以与发包人协议将该工程折价，也可以由承包人申请人民法院将该工程依法拍卖，承包人就该工程折价或者拍卖的价款优先受偿。

（九）工程设计变更

在施工过程中如果发生设计变更，将对施工进度产生很大的影响。因此，应尽量减少设计变更，如果必须对设计进行变更，应当严格按照国家的规定和合同约定的程序进行。

1. 发包人对原设计进行变更

（1）施工中发包人如果需要对原工程设计进行变更，应提前14天以书面形式向承包人发出变更通知。

（2）变更超过原设计标准或者批准的建设规模时，须经原规划管理部门和其他有关部门重新审查批准，并由原设计单位提供变更的相应图纸和说明。

（3）发包人办妥上述事项后，承包人根据工程师发出的变更通知及有关要求进行下列需要的变更：

1）更改有关部分的标高、基线、位置和尺寸；

2）增减合同中约定的工程量；

3）改变有关工程的施工时间和顺序；

4）其他有关工程变更需要的附加工作。

（4）因变更导致合同价款的增减及造成的承包人损失，由发包人承担，延误的工期相应顺延。

2. 承包人对原设计进行变更

（1）承包人应当严格按照图纸施工，不得随意变更设计。因承包人擅自变更设计发生的费用和由此导致发包人的直接损失，由承包人承担，且延误的工期不予顺延。

（2）在施工中承包人提出的合理化建议涉及对设计图纸的变更及对原材料、设备的换用，须经工程师同意。工程师同意变更后，也须经原规划管理部门和其他有关部门审查批准，并由原设计单位提供变更的相应图纸和说明，承包人实施变更。

（3）工程师同意采用承包人合理化建议，所发生的费用和获得的收益，由发承包双方另行约定分担或者分享。

3. 变更价款的确定

（1）变更价款的确定程序。设计变更发生后，承包人在工程设计变更确定后14天内，提出变更工程价款的报告，经工程师确认后调整合同价款；承包人在确定变更后14天内不向工程师提出变更价款报告时，视为该项设计变更不涉及合同价款的变更。工程师应在收到变更工程价款报告之日起14天内予以确认；工程师无正当理由不确认时，自变更价款报告送达之日起14天后变更工程价款报告自行生效。

（2）变更价款的确定方法。合同中已有适用于变更工程的价格，按合同已有的价格变更合同价款；合同中只有类似于变更工程的价格，可以参照类似价格变更合同价款；合同中没有适用或类似于变更工程的价格，由承包人提出适当的变更价格，经工程师确认后执行。

（十）竣工验收

《民法典》第七百九十九条规定："建设工程竣工后，发包人应当根据施工图纸及说明书、国家颁发的施工验收规范和质量检验标准及时进行验收。验收合格的，发包人应当按照约定支付价款，并接收该建设工程。建设工程竣工经验收合格后，方可交付使用；未经验收或者验收不合格的，不得交付使用。"

（1）工程具备竣工验收条件，承包人按国家工程竣工验收有关规定，向发包人提供完整竣工资料及竣工验收报告。双方约定由承包人提供竣工图的，应当在专用合同条款内约定提供的日期和份数。

（2）发包人收到竣工验收报告后28天内组织有关单位验收，并在验收后14天内给予认可或提出修改意见。承包人按要求修改，并承担由自身原因造成修改的费用。

（3）因特殊原因，发包人要求部分单位工程或者工程部位甩项竣工的，双方另行签订甩项竣工协议，明确各方责任和工程价款的支付办法。

（4）工程未经竣工验收或验收不合格，发包人不得使用。发包人强行使用的，由此发生的质量问题及其他问题，由发包人承担责任。

（十一）质量保修范围和质量保证期

《建设工程质量管理条例》第四十一条规定："建设工程在保修范围和保修期限内发生质量问题的，施工单位应当履行保修义务，并对造成的损失承担赔偿责任。"承包人应按法律、行政法规或国家关于工程质量保修的有关规定，对交付发包人使用的工程在质量保修期内承担质量保修责任。

1. 质量保修范围

（1）地基基础工程、主体结构工程。

（2）屋面防水工程。

（3）其他土建工程。

（4）电气管线、上下水管线的安装工程。

（5）供热、供冷系统工程。

（6）其他应当保修的项目范围。

2. 质量保修内容

承包人应在工程合同签订之后或竣工验收之前，与发包人签订质量保修书，作为合同附件。质量保修书的主要内容包括：

（1）质量保修项目内容及范围。

（2）质量保修期。

（3）质量保修责任。

（4）质量保修金的支付方法。

3. 质量保证期和工程保修期

质量保证期和工程保修期均是施工企业对工程质量承担责任的期限，施工企业在这两个不同期限中承担的责任是不同的。在质量保证期内，施工者承担瑕疵担保责任（瑕疵担保责任是指买卖时，销售者违反所作的保证承诺后，应当向买方依法承担的法律后果）；而在工程保修期内，施工单位承担因施工责任引起的质量问题免费维修的责任。因此，质量保证期与工程保修期是两个不同的概念，质量保证期是建筑企业或承包人对建设产品承担质量保证责任的最长期限（合理使用寿命）；质量保修期是指建筑企业保障交付的房屋在该期限内（免费维修期限）符合国家或行业标准，或者符合开发商房屋质量保证。

按《建设工程质量管理条例》第四十条规定："在正常使用条件下，建设工程的最低保修期限为：

（1）基础设施工程、房屋建筑的地基基础工程和主体结构工程，为设计文件规定的该工程的合理使用年限；

（2）屋面防水工程、有防水要求的卫生间、房间和外墙面的防渗漏，为5年；

（3）供热与供冷系统，为2个采暖期、供冷期；

（4）电气管线、给水排水管道、设备安装和装修工程，为2年。

其他项目的保修期限由发包方与承包方约定。

建设工程的保修期，自竣工验收合格之日起计算。"

（十二）相互协作条款

在建设工程合同内容中不仅对"相互协作条款"有规定，而在建设工程施工合同中也需要当事人各自积极履行义务，同时相互协作，协助对方履行义务。如在施工过程中要及时提交相关施工技术资料、通报工程进展情况，工程中间交工和工程竣工要及时检查验收等。

（十三）违约责任

1. 工程款的违约责任

在合同中要约定发包人对《通用条款》中的工程预付款、工程进度款、竣工结算等违约，应承担的具体违约责任。

2. 违约金与赔偿金

违约金与赔偿金应约定具体数额和具体计算方法，要越具体越好，具有可操作性，以防止事后产生争议。

3. 其他行为的违约责任

在履行合同中出现的其他行为的违约，但在合同中没有约定违约责任的，按《民法典》建设工程合同中规定的违约责任执行。

（十四）合同争议的解决

合同争议的解决方式有和解、调解、仲裁、诉讼四种。若双方当事人发生争议，采用和解、调解的方式解决不了争议时，在合同中要明确是采用仲裁方式，还是选择诉讼方式解决争议，双方应达成一致意见。

如果选择仲裁方式，当事人可以自主选择仲裁机构。仲裁不受级别地域管辖限制。

（十五）承诺

1. 发包人承诺按照法律规定履行项目审批手续、筹集工程建设资金并按照合同约定的期限和方式支付合同价款。

2. 承包人承诺按照法律规定及合同约定组织完成工程施工，确保工程质量和安全，不进行转包及违法分包，并在缺陷责任期及保修期内承担相应的工程维修责任。

3. 发包人和承包人通过招标投标形式签订合同的，双方理解并承诺不再就同一工程另行签订与合同实质性内容相背离的协议。

（十六）合同文件构成

1. 合同协议书及合同附件；

2. 中标通知书（如果有）；

3. 投标函及投标函附录（如果有）；

4. 协议书；

5. 通用合同条款；

6. 专用合同条款；

7. 技术标准和要求；

8. 图纸；

9. 已标价工程量清单（如果有）；

10. 其他合同文件。

在合同订立及履行过程中形成的与合同有关的文件均构成合同文件组成部分。

上述各项合同文件包括合同当事人就该项合同文件所作出的补充和修改，属于同一类内容的文件，应以最新签署的为准。专用合同条款及其附件须经合同当事人签字或盖章。

五、签订建设工程施工合同注意事项

（一）合同的主体是否具备相应资质

工程发承包双方当事人是合同的主体。对合同主体资格的审查是合同签约的一项重要准备工作，将不合格的主体排斥掉，将为合同的顺利履行奠定良好的基础。

1. 发包人的资质审查。根据我国法律规定，从事房地产开发的企业必须取得相应的资质等级，承包人承包的建设工程应当是依法批准的合法项目。违反这些规定，将因项目不合法而导致所签订的建设工程施工合同无效。

（1）订立合同时，应先审查建设单位的建设相关手续是否齐全。例如，是否依法领取企业法人营业执照；取得相应的经营资格和等级证书；审查建设单位签约代表人的资格；审查工程项目的合法性，即建设用地是否已经批准，是否列入投资计划，规划、设计是否获得批准等。

（2）履约能力，即资金问题。审查施工所需资金是否已经落实或可能落实等。

（3）审查发包方的履约信用程度。

2. 承包人的资质审查。对于承包主体的资质审查可以防止合同最终效力问题，审查包括以下内容：

（1）承包人的建设施工企业资质等级证书；

（2）承包人的施工能力；

（3）承包人在施工所在地建设管理部门办理的施工许可手续；

（4）外地施工企业进入本地区施工，应根据当地政府的有关规定办理施工许可证；

（5）承包人承包的工程范围应与该企业的资质范围相符，不得越级承包工程；

（6）没有资质的实际施工人借用有资质的建筑施工企业名义；

（7）建设工程必须进行招标而未进行招标或者中标无效；

（8）承包人非法转包建设工程；

（9）承包人违法分包建设工程；

（10）承包人的社会信誉；

（11）承包人的财务情况等。

（二）合同主体应具有一定的权利能力和行为能力

建设工程合同的主体一般应为法人单位。工程发包人，应为计划机关批准的建设单位；通过工程建设新筹建单位，发包人可为筹建机关或经批准成立的工程筹建机构等。建设工程合同的承包人，必须具有从事建筑业务活动而实际行使权利和承担义务的资格，具备这种资格的承包人一般应为建筑企业法人。一般情况下，公民个人不能成为建设工程合同的主体，只能是承揽合同的主体。

（三）合同签订必须遵守国家规定的原则

签订合同必须遵守平等、自愿、公平、诚实信用原则。

（四）签订合同要遵守国家法律、行政法规规定，维护社会公共利益

有关建设工程施工合同的法律、行政法规规定主要有：《民法典》《建筑法》《建设工程质量管理条例》《建筑业企业资质管理规定》《建筑业企业资质等级标准》《建筑安装工程总分包实施办法》《建设工程施工发包与承包价格管理暂行规定》《工程建设项目实施阶段程序管理暂行规定》等。

（五）仔细阅读使用的建设工程施工合同（示范文本）

签订建设工程施工合同，普遍采用现行住房和城乡建设部与国家市场监督管理总局共同制定的《建设工程施工合同》示范文本。该文本由协议书、通用条款、专用条款及合同附件四个部分组成。签订合同前，仔细阅读和准确理解"通用条款"十分重要，因为这一部分内容不仅注明合同用语的确切含义，引导合同双方如何签订"专用条款"，更重要的是当"专用条款"中某一条款未作特别约定时，"通用条款"中的对应条款自动成为合同双方一致同意的合同约定。

（六）认真研究合同条款

签订合同前，要细心研究合同条款，结合项目特点和当事人自身情况，设想在履行中可能出现的问题，事先提出解决的措施。

（七）合同格式、条款的明确性

合同条款的明确性是指用词用语要到达当事人无需再进一步协商的程度。合同是否采用格式合同及专用条款、补充条款，内容表述是否准确，不存歧义。合同条款的用词用语要准确，不需要华丽、完美，但是一定要意思明确，简单明了，避免毫无意义的空话，同时合同条款之间不能出现矛盾。

（八）发包人和承包人的权利、义务约定是否明确

发包人和承包人的权利、义务责任要明确，切不要因疏忽而使合同条款留下漏洞，给合同履行带来困难，使当事人的合法权益蒙受损失。

例如，发包人与总包人、总包人与分包人之间分别签订有总包合同和分包合同，法律对发包人、总包人及分包人各自的责任和相互关系有原则性规定。但实践中仍经常发生分包人不接受发包人监督，或发包人直接向分包人拨款造成总承包人难以管理的现象。因此，在合同中应将各方权利、义务责任和关系具体化，便于操作，避免纠纷。

（九）合同施工范围界定

合同的施工范围界定与投标报价或合同价款是否一致及有无动态约定。

（十）合同工期界定

由于合同对开工、竣工日期未明确界定而产生工期的争议颇多。例如，开工日期有"破土之日""验线之日""进场之日"之说；竣工日期有"验收合格之日""交付使用之日""申请验收之日"之说。无论采用何种说法，均应在合同中予以明确，并约定开工、竣工应办理哪些手续、签署何种文件等。对中间交工的工程也应按上述方法作出约定。

（十一）工程质量与验收

根据《建设工程质量管理条例》的规定，建设行政工程质量监督部门不再是工程竣工验收和工程质量评定的主体，竣工验收将由建设单位组织勘察、设计、施工、监理单位进行。因此，合同中应明确约定参加验收的单位、人员，采用的质量标准，验收程序，须签署的文件及产生质量争议的处理办法等。

（十二）工程造价、拨款和结算

建设工程施工合同最常见的纠纷是对工程造价的争议。任何工程在施工过程中都不可避免设计变更、现场签证和材料差价的情况发生，这些情况均难以在签订合同时一次性确定。合同中必须对工程造价确定方式，工程价款调整的范围、程序、计算依据，设计变更、现场签证、材料价格的签发、确认，工程进度款按月付款或按工程进度拨付、结算方式，如何申请拨款，需报何种文件，如何审核确认拨款数额等要作出明确规定。

（十三）发包人提出的要求

发包人提出的技术标准及质量、安全等目标要求，承包人能否满足及注意事项。如发包人提供的设计文件、原始资料等规定是否清楚，是否会影响工期。

（十四）明确规定监理工程师及双方管理人员的职责和权限

《民法典》明确规定，企业法人对其法定代表人及其他工作人员的经营行为承担民事责任。建设工程施工过程中，发包方、承包方、监理方参与生产管理的工程技术人员和管理人员较多，但往往职责和权限不明确或不为对方所知，由此造成双方不必要的纠纷和损失。因此，合同中应明确列出各方派出的管理人员名单，明确其各自的职责和权限；特别应将具有变更、签证、价格确认等签认权的人员、签认范围、程序、生效条件等作明确的

规定，防止其他人员随意签字，导致相关方的损失。

（十五）工程索赔

对于工程索赔是否准确合理，对工程造价、工期及能否顺利施工影响较大。因此，双方当事人要明确工程索赔的条件、程序以及索赔的计算办法。

（十六）不可抗力事件要量化

发包人和承包人普遍认为施工过程中出现的不可抗力事件，施工合同《通用条款》对当事人责任、义务、费用等均作了明确规定。如国内工程在施工周期中发生战争、动乱、空中飞行物体坠落等现象的可能性很小，较常见的是风、雨、雪、洪、震等自然灾害。但达到什么程度的自然灾害才能被认定为不可抗力事件，《通用条款》未明确，实践中发承包双方难以达成共识。因此，双方当事人在合同中对可能发生的风、雨、雪、洪、震等自然灾害的程度应予以量化，如几级以上的大风、几级以上的地震、持续多少天达到多少毫米的降水等，才能认定为不可抗力事件，以免引起双方不必要的纠纷。

（十七）纠纷解决方式约定是否合法有效，是否存在风险

在合同中约定的纠纷解决方式是否合法有效，是否存在风险，对合同履行、纠纷解决、规避风险起一定的指导作用。如识别新的、不熟悉的、公司缺乏经验的材料、设备、施工工艺、验收标准及超出常规的特殊要求等，判断其是否存在风险，约定纠纷解决方式。

（十八）运用担保条件，降低风险系数

在签订建设工程施工合同时，可以运用法律资源中的担保制度，以防范或减少合同条款所带来的风险。如施工企业向业主提供履约担保的同时，业主也应向施工企业提供工程款支付担保。

（十九）违约责任约定

在合同中必须约定违约责任，但约定的违约责任必须是对当事人双方合理对等的。

总之，签订合同除上述注意事项外，对材料设备采购、检验，施工现场安全管理等条款也应充分重视，作出具体明确的约定。任何一份建设工程施工合同都难以做到十分详尽、完美，合同履行中还应根据实际情况和需要及时签订补充协议或变更协议，调整各方权利、义务责任。

复习思考题

1. 简述建设工程施工合同的含义。
2. 建设工程施工合同有哪些特征？
3. 在工程建设中施工合同有什么作用？
4. 简述建设工程施工合同的分类。
5. 如何认定建设工程施工合同的效力？
6. 简述建设工程施工合同的订立形式。
7. 建设工程施工合同的签订应具备哪些条件？
8. 签订建设工程施工合同的程序有哪些？

9. 建设工程施工合同的主要内容有哪些？

10. 如何编写建设工程施工合同的建设工期？

11. 哪些事件造成工期延误，经工程师确认，工期可以相应顺延？

12. 对于施工合同中的工程质量与检验有哪些要求？

13. 建设工程施工合同中的工程造价如何确定？

14. 建设工程施工合同中的材料和设备供应责任有哪些规定？

15. 建设工程施工合同中的拨款和结算有哪些规定？

16. 中间结算与竣工结算有何区别？二者在合同中有何规定？

17. 对于工程设计变更有何规定？

18. 建设工程施工合同中的竣工验收有何规定？

19. 简述建设工程施工合同中的质量保修范围。

20. 质量保证期和工程保修期有何区别？二者有何规定？

21. 合同文件由哪些内容组成？

22. 签订建设工程施工合同应注意哪些事项？

任务 5.3　建设工程施工合同（示范文本）应用

引导问题

1. 国家发展和改革委员会牵头与住房和城乡建设部牵头编制的两套"标准施工合同"文本有何区别？

2. "标准施工合同"与《建设工程施工合同（示范文本）》二者应用有何区别？

3. 建设工程施工合同的"通用合同条款"与"专用合同条款"二者之间的关系？

4. 为什么发承包双方必须签订合同的"专用合同条款"？

工作任务

主要介绍标准施工合同文本、建设工程施工合同（示范文本）、建设工程施工专业分包合同示范文本、建设工程施工劳务分包合同示范文本、建设工程施工合同（示范文本）应用等内容。

本工作任务要了解两套"标准施工合同"的区别与应用范围、标准施工合同的组成、合同附件格式的内容、建设工程施工合同（示范文本）的制定原则；明确"通用合同条款"与"专用合同条款"二者之间的关系和应用；掌握建设工程施工合同（示范文本）的组成内容；能独立编写建设工程施工合同（示范文本）的"合同协议书"和"专用合同条款"。

学习参考资料

1. 《中华人民共和国民法典》；
2. 《标准施工招标文件》（2007 年版）；
3. 《简明标准施工招标文件》（2012 年版）；
4. 《房屋建筑和市政工程标准施工招标文件》（2010 年版）；
5. 《建设工程施工合同（示范文本）》GF-2017-0201；
6. 其他有关合同的法律法规书刊。

一、标准施工合同文本

（一）标准施工合同文本概述

1. 国家发展和改革委员会牵头联合制定的"标准施工合同"

国家发展和改革委员会、财政部、原建设部、原铁道部、原交通部、原信息产业部、水利部、民用航空总局、广播电影电视总局九部委联合颁发的适用于大型复杂工程项目的《中华人民共和国标准施工招标文件》（2007 年版）中包括施工合同标准文本（以下简称"标准施工合同"）。九部委在 2012 年又颁发了适用于工期在 12 个月之内的《简明标准施工招标文件》，其中包括《合同条款及格式》（以下简

5-2

施工合同
示范文本

称"简明施工合同")。

2. 住房和城乡建设部牵头联合制定的"标准施工合同"

中华人民共和国住房和城乡建设部颁发的《房屋建筑和市政工程标准施工招标文件》（2010年版）是国家九部委颁发的《标准施工招标文件》（2007年版）的配套文件，其中"通用合同条款"直接引用了《标准施工招标文件》相同序号的章节。根据《房屋建筑和市政工程标准施工招标文件》规定，招标文件中合同的"通用合同条款"和"专用合同条款"（除以空格标示的由招标人填空的内容和选择性内容外），均应不加修改地直接引用。填空内容由招标人根据国家和地方有关法律、行政法规的规定以及招标项目具体情况确定。

3. 两套标准施工合同文本的区别和应用

国家发展和改革委员会牵头，九部委联合制定的《标准施工招标资格预审文件》（2007年版）、《标准施工招标文件》（2007年版）、《简明标准施工招标文件》（2012年版）及《标准设计施工总承包招标文件》（2012年版），这些文本具有强制性的特征，凡是国家政府投资的基础设施领域工程必须使用。招标人编制的施工招标资格预审文件、施工招标文件，应不加修改地引用《标准施工招标资格预审文件》中的"申请人须知""资格审查办法"，以及《标准施工招标文件》中的"投标人须知""评标办法""通用合同条款"。另外，"专用合同条款"可对《标准施工招标文件》中的"通用合同条款"进行补充、细化，除"通用合同条款"明确"专用合同条款"可作出不同约定外，补充和细化的内容不得与"通用合同条款"强制性规定相抵触，否则抵触内容无效。

由住房和城乡建设部制定的《房屋建筑和市政工程标准施工招标资格预审文件》（2010年版）和《房屋建筑和市政工程标准施工招标文件》（2010年版）、住房城乡建设部和国家市场监督管理总局联合制定的《建设工程施工合同（示范文本）》GF-2017-0201及住房和城乡建设部和国家市场监督管理总局制定的《建设项目工程总承包合同（示范文本）》GF-2020-0216，文本均为非强制性的特征，适用于非政府投资的房屋建筑领域工程。合同当事人可结合建设工程具体情况，根据上述示范文本订立合同，并按照法律、行政法规规定和合同约定承担相应的法律责任及合同权利义务。基于住建部文本非强制性特征，房屋建筑工程施工总承包可以使用各省、自治区、直辖市建设行政机关制定的文本，也可参考适用国际通用的FIDIC合同条款。

（二）标准施工合同的组成

标准施工合同由通用合同条款、专用合同条款和合同附件格式三部分组成。

1. 通用合同条款

标准施工合同的通用合同条款包括24条，分别为：一般约定；发包人义务；监理人；承包人；材料和工程设备；施工设备和临时设施；交通运输；测量放线；施工安全、治安保卫和环境保护；进度计划；开工和竣工；暂停施工；工程质量；试验和检验；变更；价格调整；计量与支付；竣工验收；缺陷责任与保修责任；保险；不可抗力；违约；索赔；争议的解决，共计131款。

2. 专用合同条款

由于通用合同条款的内容涵盖各类工程项目施工共性的合同责任和履行管理程序，各行业可以结合工程项目施工的行业特点编制标准施工合同文本，并在专用合同条款内体现。具体招标工程在编制合同时，应针对项目的特点、招标人的要求，在专用合同条款内针对通用合同条款涉及的内容进行补充、细化。

工程实践应用时，通用合同条款中适用于招标项目的条款不必在专用合同条款内重复，需要补充细化的内容应与通用合同条款中的序号一致，使得通用合同条款与专用合同条款中相同序号的条款内容共同构成对履行合同某一方面的完备约定。

为了便于行业主管部门或招标人编制招标文件和拟定合同，在《房屋建筑和市政工程标准施工招标文件》的"专用合同条款"中针对 22 条 68 款做出了应用参考说明。

3. 合同附件格式

标准施工合同中给出的合同附件格式，是订立合同时采用的规范化文件，包括合同协议书、履约保函和预付款保函三个文件。

（1）合同协议书

合同协议书是合同组成文件中唯一需要发包人和承包人同时签字盖章的法律文书，因此标准施工合同中规定了应用格式。除了明确规定对当事人双方有约束力的合同组成文件外，具体招标工程项目订立合同时需要明确填写的内容仅包括发包人和承包人的名称、施工的工程或标段、签约合同价、合同工期、质量标准和项目经理的人选。

（2）履约保函

标准施工合同要求履约担保采用保函的形式，给出的履约保函标准格式主要表现为以下两个方面的特点：

1）担保期限。担保期限自发包人和承包人签订合同之日起，至签发工程移交证书之日止。

2）担保方式。采用无条件担保方式，即持有履约保函的发包人认为承包人有严重违约情况时，即可凭保函向担保人要求予以赔偿，不需承包人确认。无条件担保可避免当出现承包人严重违约情况，因解决合同争议而影响后续工程的施工。标准履约担保格式中，担保人承诺"在本担保有效期内，因承包人违反合同约定的义务给你方造成经济损失时，我方在收到你方以书面形式提出的在担保金额内的赔偿要求后，在 7 天内无条件支付。"

（3）预付款担保

标准施工合同规定的预付款担保采用银行保函形式，主要特点为：

1）担保方式。担保方式也是采用无条件担保形式。

2）担保期限。担保期限自预付款支付给承包人起生效，至发包人签发的进度付款证书说明已完全扣清预付款止。

3）担保金额。担保金额尽管在预付款担保书内填写的数额与合同约定的预付款数额一致，但与履约担保不同，当发包人在工程进度款支付中已扣除部分预付款后，担保金额相应递减。保函格式中明确说明："本保函的担保金额，在任何时候不应超过预付款金额减去发包人按合同约定在向承包人签发的进度付款证书中扣除的金额。"即保持担保金额与剩余预付款的金额相等原则。

（三）简明施工合同内容

国家九部委颁发的《简明标准施工招标文件》（2012 年版）适用于工期在 12 个月以内的中小工程施工，是对标准施工合同简化的文本，通常由发包人负责材料和设备的供应，承包人仅承担施工义务，因此合同条款较少。

简明施工合同的通用合同条款包括 17 条，分别为：一般约定；发包人义务；监理人；

承包人；施工控制网；工期；工程质量；试验和检验；变更；计量与支付；竣工验收；缺陷责任与保修责任；保险；不可抗力；违约；索赔；争议的解决，共 69 款。各条款与标准施工合同对应条款规定的管理程序和合同责任相同。

二、建设工程施工合同（示范文本）

（一）制定建设工程施工合同（示范文本）的意义

中标人自接到中标通知书之日起 30 天内，发承包双方要签订建设工程施工合同。根据《民法典》的有关合同规定，结合招标文件的"标准施工合同"内容，并且考虑与其他法律、行政法规有关合同的要求，按照住房和城乡建设部、国家市场监督管理总局制定的《建设工程施工合同（示范文本）》，发承包双方签订合同。建设工程施工合同（示范文本）将各类合同的主要条款、式样等，制定出规范的、指导性的文本，在全国范围内广为推行，发承包双方普遍采用示范文本签订合同，以实现合同签订的规范化，同时也避免了当事人在履行合同过程中发生的很多纠纷问题。

使用建设工程施工合同（示范文本）签订合同的优点：

1. 有助于签订施工合同的当事人了解、掌握有关法律和行政法规，使施工合同签订规范化，避免缺款少项和当事人意思表示不真实、不确切，防止出现显失公平和违法的条款。

2. 有助于建设行政主管部门对合同加强监督检查，有利于仲裁机关和人民法院及时解决合同纠纷，保护当事人的合法权益，保障国家和社会公共利益。

（二）建设工程施工合同（示范文本）的特点

建设工程施工合同（示范文本）是由建设行政主管部门主持，在广泛听取各方面意见后，按一定程序形成的。它具有规范性、可靠性、完备性、适用性的特点。

1. 规范性

建设工程施工合同（示范文本）格式是根据有关法律、行政法规和政策制定的，它具有相应的规范性。当事人使用这种文本格式，实际上把自己的签约行为纳入依法办事的轨道，接受这种规范性制度的制约。

2. 可靠性

由于建设工程施工合同（示范文本）是严格依据有关法律、行政法规，审慎推敲、反复优选制定的，因而它完全符合法律规范要求，它可以使施工合同具有法律约束力。

3. 完备性

建设工程施工合同（示范文本）的制定，主要是明确当事人的权利和义务，按照法律要求，把涉及双方权利和义务的条款全部开列出来，确保合同达到条款完备、符合要求的目的，以避免签约时缺款漏项和出现不符合程序的情况。

4. 适用性

各类合同示范文本，是依据各行业特点，归纳了涉及相应各类法律、行政法规制订的。签订合同当事人可以以此作为协商、谈判合同的依据，免除当事人为起草合同条款费尽心机。合同示范文本，基本上可以满足当事人的需要，因此它具有广泛的适用性。

（三）建设工程施工合同（示范文本）的制定原则

1. 依法制定的原则

根据《民法典》的有关规定，当事人订立、履行合同，应当遵守法律、行政法规，尊重社会公德，不得扰乱社会经济秩序，损害社会公共利益。依法成立的合同，受法律保护。在施工合同示范文本制定和修订总体上，都是依据了有关合同的基本法律，如《民法典》《中华人民共和国仲裁法》《中华人民共和国保险法》《建筑法》《中华人民共和国民事诉讼法》等。施工合同示范文本的各项条款，除依据基本法律和行政法规外，还依据国家建设主管部门和相关部门发布的有关建设工程施工技术、经济等方面的规章和规范性文件等。

2. 平等、公平和诚实信用原则

《民法典》规定了合同当事人的法律地位平等；当事人应遵循公平原则和诚实信用原则；平等是指合同当事人的法律地位平等。法律地位平等，是合同的一大法律特征。公平是指处理事情合情合理，特别是处理涉及合同双方的事情要体现"一碗水端平"的原则；诚实信用是订立合同的一项基本原则，制定施工合同示范文本必须遵循这一原则。

3. 等价有偿原则

等价有偿原则是《民法典》对民事活动规定的必须遵循的原则。合同属于民事活动，同时施工合同又属于有偿合同，因而施工合同的制定必须遵循这一原则。

4. 详细与简化相结合原则

制定施工合同示范文本，采取了"应细则不简、可简而不繁"的原则，为了便于合同的履行和分清双方的责任，对一些明确责任的程序，作了比较详细的规定。

5. 从实际出发的原则

制订施工合同示范文本必须从建筑市场发展的现状出发，从企业目前的实际管理水平出发。

6. 以我为主，借鉴为辅的原则

我国施工合同示范文本的内容，除借鉴了 FIDIC 合同条件（即《土木工程施工合同条件》）中通用条件的部分条款外，其余条款都是依据我国有关施工合同的法律、行政法规制定而成。施工合同示范文本相对固定条款部分比 FIDIC 合同条件中运用条件的条款要少得多，这是因为我国有关建设工程施工的法律、行政法规与国外不同。

7. 合同条款完备严密的原则

引起合同不能全面履行纠纷的原因之一是合同条款不完备、不严密，制订施工合同示范文本的目的主要是使合同条款完备严密，使发承包双方在签订合同时把各种可能发生的情况和问题事先作出约定，避免或者减少违约现象以及纠纷的发生。

（四）建设工程施工合同（示范文本）的形式

合同文本形式主要有填空式文本、提纲式文本、合同条件式文本、合同条件加协议条款式文本。根据我国目前施工企业的合同管理水平，同时借鉴国际通用的 FIDIC 合同条件，建设工程施工合同文本选择了合同条件式文本。

填空式文本是指合同大部分条款都采用印好的固定内容，只在少数需要作出定量约定的地方留出相应的空白，由双方填入约定的内容。

提纲式文本是由一个简明而又全面的提纲和说明组成。提纲主要是指示双方必须就哪些问题进行协商，作出约定。说明主要介绍约定的具体内容和方法，双方依照提纲逐条协商后制订合同。

合同条件式文本是由措施严密准确的通用合同条款组成，充分考虑了施工期间必然或者可能遇到的各种情况和问题，能够适用于各种不同的工程。对于每个工程不相同的定量的约定，用专用合同条款补充。双方根据实际情况，对通用合同条款逐条协商，将双方达成的协议写入合同条件的专用合同条款。

（五）建设工程施工合同（示范文本）的组成内容

《建设工程施工合同（示范文本）》（以下简称"《示范文本》"）由合同协议书、通用合同条款和专用合同条款三部分组成。

1. 合同协议书

《示范文本》合同协议书主要包括：工程概况、合同工期、质量标准、签约合同价和合同价格形式、项目经理、合同文件构成、承诺以及合同生效条件等重要内容，集中约定了合同当事人基本的合同权利、义务。

2. 通用合同条款

通用合同条款是合同当事人根据《建筑法》《民法典》等法律、行政法规的规定，就工程建设的实施及相关事项，对合同当事人的权利、义务作出的原则性约定。

通用合同条款一般包括：一般约定、发包人、承包人、监理人、工程质量、安全文明施工与环境保护、工期和进度、材料与设备、试验与检验、变更、价格调整、合同价格、计量与支付、验收和工程试车、竣工结算、缺陷责任与保修、违约、不可抗力、保险、索赔和争议解决。前述条款安排既考虑了现行法律法规对工程建设的有关要求，也考虑了建设工程施工管理的特殊需要。

3. 专用合同条款

专用合同条款是对通用合同条款原则性约定的细化、完善、补充、修改或另行约定的条款。合同当事人可以根据不同建设工程的特点及具体情况，通过双方的谈判、协商对相应的专用合同条款进行修改补充。在使用专用合同条款时，应注意以下事项：

（1）专用合同条款的编号应与相应的通用合同条款的编号一致；

（2）合同当事人可以通过对专用合同条款的修改，满足具体建设工程的特殊要求，避免直接修改通用合同条款；

（3）在专用合同条款中有横道线的地方，合同当事人可针对相应的通用合同条款进行细化、完善、补充、修改或另行约定；如无细化、完善、补充、修改或另行约定，则填写"无"或划"/"。

（六）《示范文本》的性质和适用范围

《示范文本》为非强制性使用文本。《示范文本》适用于房屋建筑工程、土木工程、线路管道和设备安装工程、装修工程等建设工程施工的承发包活动，合同当事人可结合建设工程具体情况，根据《示范文本》订立合同，并按照法律法规规定和合同约定承担相应的法律责任及合同权利、义务。

三、建设工程施工专业分包合同示范文本

《建筑法》第二十九条第二款规定："建筑工程总承包单位按照总承包合同的约定对建设单位负责；分包单位按照分包合同的约定对总承包单位负责。总承包单位和分包单位就分包工程对建设单位承担连带责任。"根据这一规定，施工总承包单位与施工分包单位必须签订和履行施工分包合同。为此，有必要制定《建设工程施工专业分包合同示范文本》，供施工总承包单位和专业分包单位签订施工专业分包合同时参考。

（一）建设工程施工专业分包合同的特点

1. 分包合同必须以书面形式签订

由于建设工程施工专业分包合同的标的物是建设工程的一部分，即专业工程。在专业工程的施工期内，由于整个工程在施工过程中的变化，也会涉及专业工程随之而发生变化。为了适应这种情况，根据《民法典》第七百八十九条规定："建设工程合同应当采用书面形式。"所以，建设工程施工专业分包合同必须以书面形式签订。

2. 分包合同的签订和成立必须体现要约与承诺的方式

施工总承包单位和施工专业分包单位谈判、订立合同，必须是双方意思表示一致，施工专业分包合同才能生效。施工总承包人通过招标方式选择施工专业分包单位，招标过程实际上就是对施工专业分包合同协商的过程。招标人提出要约，投标人做出承诺，施工专业分包合同即为成立。

3. 签订分包合同双方的权利和义务共存

建设工程施工专业分包合同是专业分包单位为完成施工总承包单位分包工程和施工总承包单位支付分包工程价款的合同。专业分包单位承担完成分包工程的义务，施工总承包单位承担支付工程价款的义务，双方的义务与权利相互关联、互为因果。因此，施工分包合同缔约双方均具有履行合同的权利和义务。

4. 分包合同是依附于总承包合同而存在的从合同

专业分包单位是接受施工总承包单位分包的工程而签订的分包合同，因而施工专业分包合同的存在必须以施工总承包合同的存在为前提，如果施工总承包合同不存在，施工专业分包合同也就不存在。在施工专业分包合同的履行过程中，如果发生一些施工专业分包合同未约定的条款，而在施工总承包合同内有涉及这方面的条款，施工专业分包单位应当履行总承包合同中的相应条款。同时分包工程的责任承担由总承包单位和分包单位承担连带责任，即分包工程发生的工期、质量责任以及违约责任，发包人可以向总承包单位或分包单位要求赔偿。总承包单位或分包单位在进行赔偿后，双方有权利对于不属于自己的责任赔偿向另一方追偿。所以，施工专业分包合同是依附总承包合同而存在的从合同。

（二）建设工程施工专业分包合同示范文本的组成内容

建设工程施工专业分包合同示范文本由《协议书》《通用合同条款》和《专用合同条款》三部分内容组成。

1.《协议书》

它包括了合同主体、分包工程概况、工期、工程质量标准、分包合同价格等主要内容，明确了包括《协议书》在内组成合同的所有文件，并约定了合同生效的方式及合同订立的时间、地点等。

2.《通用合同条款》

它是根据《民法典》《中华人民共和国建筑法》《建设工程质量管理条例》《建筑业企业资质管理规定》等法律、行政法规以及规章，对工程施工总承包人和分包人的权利和义务作出的约定条款。

3.《专用合同条款》

它的概念和制定原理同建设工程施工合同。

（三）建设工程施工专业分包合同与总承包合同的区别

建设工程施工专业分包合同虽然是依附总承包合同存在，但它与总承包合同有显著的不同点：

1. 合同当事人的主体不同

总承包合同的当事人主体是工程项目发包人和施工总承包单位，而施工专业分包合同的当事人主体是施工总承包单位和施工专业分包单位。

2. 合同客体不同

总承包合同的客体是全部工程或工程主体部分，而分包合同的客体只是总承包单位承包工程的一部分，即某一部分专业工程。

3. 合同的权利与义务不同

建设工程施工专业分包合同是施工专业分包单位与总承包单位之间的权利和义务，施工专业分包合同的履行，是总承包单位与施工专业分包单位享有权利和承担义务的责任。施工专业分包单位并不与工程发包人发生权利和义务，只是与总承包单位向发包人承担连带责任。

根据以上几点，建设工程施工专业分包合同示范文本必须单独制定，供施工总承包单位与施工专业分包单位谈判及签订施工专业分包合同时参考使用。由于施工专业分包合同是施工合同的系列部分，因而其制定原则和依据应与施工合同一致。

四、建设工程施工劳务分包合同示范文本

（一）建设工程施工劳务分包管理

建设工程施工劳务是指建筑劳务企业提供活劳动以满足工程建设和使用劳务的单位，为完成建筑产品施工生产而取得报酬的服务活动。

1. 劳务分包管理的意义

（1）组建具有劳务分包资质的企业，可以有效地避免靠工头招募，私招乱雇的现象发生，使施工劳务形成成建制的企业，使施工劳务的提供从无序到有序。

（2）组织具有劳务分包资质的企业，可以将原来临时雇佣和松散性的劳务提供，转变为定点、定向、长期稳定的施工劳务提供组织。

（3）组织分工种具有劳务分包资质的企业，有利于劳务人员施工技能的提高，有利于施工劳务长期稳定的协作，可以有针对性地按分部工程承包劳务作业。

（4）组织具有劳务分包资质的企业，可以充分发挥这些企业的劳务优势，使其成为完善的建筑劳务市场，对建设工程提供劳务，不再成为独立承包的企业，在一定程度上解决建筑市场的混乱现象。

2. 劳务分包管理

根据《建筑业企业资质管理规定》，获得劳务分包资质的企业，可以承接施工总承包企业或者专业承包企业分包的劳务作业。《建筑法》中规定：分包单位按照分包合同的约定对总承包单位负责，总承包单位和分包单位就分包工程对建设单位承担连带责任。由于劳务分包也属于分包范畴，因而劳务分包单位也要与施工总承包企业或专业承（分）包企业签订施工劳务分包合同。为规范劳务市场，国家制定了《建设工程施工劳务分包合同示范文本》，可供总承包企业、专业承（分）包企业与劳务企业在签订施工劳务合同时参照使用。

（二）建设工程施工劳务分包合同管理

1. 劳务分包合同的特点

劳务分包合同与施工合同有一定的区别，制定劳务分包合同除要遵循制定施工合同的原则外，还要考虑劳务分包合同的特点。

（1）劳务分包合同与劳动合同不同。劳动合同是劳动者与用人单位确立劳动关系、明确双方权利和义务的协议。根据劳动合同，劳动者成为用人单位的成员或合同工，劳动合同的主体（当事人）是用人单位和劳动者。而劳务分包合同的劳务提供者是获得建筑业劳务分包资质的企业。劳务分包合同的主体是施工总承包企业或专业承（分）包企业和劳务分包企业。劳动合同受《中华人民共和国劳动法》调整，劳务分包合同受《建筑法》和《民法典》调整。

（2）劳务分包合同客体的特点。建设工程总承包合同或专业承（分）包合同的客体都是工程，而作为劳务分包企业是向总承包企业或专业承（分）包企业提供劳务作业，按分部工程的特点，提供专业技术操作工人，而不是完成一个整个工程或一个专业工程。因此，劳务分包合同的客体是提供劳务服务，它所服务的内容，是在保证质量的前提下，完成一定的作业量。

（3）劳务分包合同是从合同。劳务分包企业可以承接总承包企业或者专业承（分）包企业分包的劳务作业。根据这一特点，劳务分包企业必须依附于总承包企业或专业承（分）包企业，向这些企业分包劳务作业。而劳务作业是总承包企业或专业承（分）包企业所承包工程的一部分劳务工作。因此，劳务分包合同的存在，必须以总承包合同或专业承（分）包合同为前提，如果总承包合同或专业承（分）包合同终止，劳务分包合同也就终止。故劳务分包合同属于从合同。

（4）劳务分包合同除了上述特点外，由于劳务作业有一定周期，所以劳务分包合同当事人双方需要签订书面合同，成为要式合同；由于劳务分包合同需要当事人双方互相承担义务，享受权利，所以它又是双务合同。

2. 劳务分包合同示范文本的组成内容

施工劳务分包合同的订立，必须是当事人双方对提供劳务内容、工作对象、工作日期、工作质量和劳务报酬等进行协商，达成一致意见后合同才能成立。《施工劳务分包合同》的主要内容包括：劳务分包人资质情况、劳务分包工作对象及提供劳务内容、分包工作期限、质量标准、工程承包人和劳务分包人义务、安全施工与检查、安全防护、事故处理、劳务报酬及支付方式、工时及工程量的确认、施工变更、施工验收、违约责任、索赔、争议、禁止分包或再分包、不可抗力、合同解除、合同终止、合同生效、补充条款等。

五、建设工程施工合同（示范文本）应用

（一）《协议书》应用

《建设工程施工合同（示范文本）》的合同协议书主要包括：发包人和承包人、工程概况、合同工期、质量标准、签约合同价和合同价格形式、项目经理、合同文件构成、承诺以及合同生效条件等重要内容，集中约定了合同当事人基本的合同权利、义务。

1. 发包人和承包人

（1）发包人（全称）：依据我国有关法律规定，发包人可以是法人，也可以是非法人的其他组织或自然人。作为发包人的单位名称或个人姓名，要准确完整地写在《协议书》

的位置内，不应写简称。

（2）承包人（全称）：依据我国有关法律规定，承包人不得是自然人，必须是具备建筑工程施工资质的企业法人。否则所签订的施工合同无效，其所得为非法所得，国家将依法予以没收。作为承包人的单位名称，要准确完整地写在《协议书》的位置内，不应写简称。

2. 工程概况

工程概况主要有工程名称、工程地点、工程立项批准文号、资金来源等、工程内容（群体工程应附承包人承揽工程项目一览表）、工程承包范围等。

工程立项批准文号：对于需经有关部门审批立项才能建设的工程，应填写立项批准文号。

资金来源：指工程建设资金取得的方式或渠道，如政府财政拨款、银行贷款、单位自筹以及外商投资、国外金融机构贷款、赠款等。

资金来源有多种方式的，应列明不同方式所占比例。

工程内容：要写明工程的建设规模、结构特征等。对于房屋建筑工程，应写明工程建筑面积、结构类型、层数等；对于道路、隧道、桥梁、机场、堤坝等其他土木建筑工程，应写明反映设计生产能力或工程效益的指标，如长度、跨度、容量等。群体工程包括的工程内容，应列表说明。

工程承包范围：应根据招标文件或施工图纸确定的承包范围填写。如土建、装饰装修、线路、管道、设备安装、道路、给水、排水、供热等工程，更具体一些的可填写是否包括采暖（水、电、煤气）、通风与空调、电梯、通信、消防、绿化等工程。

3. 合同工期

合同工期包括计划开工日期、计划竣工日期和合同工期总日历天数。合同工期可以是绝对工期（填写完整的年月日），也可以是相对工期（如开工日期为签订合同后的第 10 天）。

4. 质量标准

有国家标准的应采用国家标准，没有国家标准的应采用行业标准；有强制性标准的应采用强制性标准，没有强制性标准的可采用推荐性标准。

5. 签约合同价与合同价格形式

（1）签约合同价

合同价款应填写双方确定的合同金额。对于招标工程，合同价款就是投标人的中标价格。合同价款应同时填写大小写两种格式。

（2）合同价格形式

合同价格形式包括：固定总价合同的合同价、按量计价合同的合同价、单价合同的合同价和成本加酬金合同的合同价。

6. 项目经理

即承包人项目经理的姓名。

7. 合同文件构成

本协议书与下列文件一起构成合同文件：中标通知书（如果有）、投标函及其附录（如果有）、专用合同条款及其附件、通用合同条款、技术标准和要求、图纸、已标价工程量清单或预算书、其他合同文件。

对于双方有关工程的洽商、变更等书面协议或文件视为本合同的组成部分。

组成合同的文件很多，不只是包括构成合同文本的《协议书》《通用合同条款》和《专业条款》三部分。双方达成一致意见的协议或有关文件都应是合同文件的组成部分。《协议书》在此仅列出了组成合同的主要文件，合同双方可根据工程的实际情况进行补充。

8. 承诺

（1）发包人承诺按照法律规定履行项目审批手续、筹集工程建设资金并按照合同约定的期限和方式支付合同价款。

（2）承包人承诺按照法律规定及合同约定组织完成工程施工，确保工程质量和安全，不进行转包及违法分包，并在缺陷责任期及保修期内承担相应的工程维修责任。

（3）发包人和承包人通过招标投标形式签订合同的，双方理解并承诺不再就同一工程另行签订与合同实质性内容相背离的协议。

9. 词语含义

本协议书中词语含义与第二部分通用合同条款中赋予的含义相同。

10. 签订时间

即本合同于某年某月某日签订。

11. 签订地点

本合同在某地签订。

12. 补充协议

合同未尽事宜，合同当事人另行签订补充协议，补充协议是合同的组成部分。

13. 合同生效

合同生效包括合同订立时间、合同订立地点及本合同双方约定合同生效的条件。

14. 合同份数

本合同一式多少份，均具有同等法律效力，发包人执几份，承包人执几份。

（二）《通用合同条款》应用

通用合同条款是合同当事人根据《建筑法》《民法典》等法律法规的规定，就工程建设的实施及相关事项，对合同当事人的权利义务作出的原则性约定。《通用合同条款》适用于各类建设工程施工的条款。如果双方在《专用合同条款》中没有具体约定，均按《通用合同条款》执行。

《通用合同条款》主要包括：一般约定、发包人、承包人、监理人、工程质量、安全文明施工与环境保护、工期和进度、材料与设备、试验与检验、变更、价格调整、合同价格、计量与支付、验收和工程试车、竣工结算、缺陷责任与保修、违约、不可抗力、保险、索赔和争议解决。前述条款安排既考虑了现行法律法规对工程建设的有关要求，也考虑了建设工程施工管理的特殊需要。

发承包双方签订建设工程施工合同时，对于《通用合同条款》的内容，合同双方当事人不得随意修改，如果双方协商的内容与《通用合同条款》不一致，可在《专用合同条款》中约定和补充。由于《通用合同条款》的内容是固定而不能修改的，所以本教材不再叙述《通用合同条款》的具体应用。

（三）《专用合同条款》应用

专用合同条款是对通用合同条款原则性约定的细化、完善、补充、修改或另行约定的条款。合同当事人可以根据不同建设工程的特点及具体情况，通过双方的谈判、协商对相应的专用合同条款进行修改补充。因此，在《通用合同条款》的各条款中有很多条需要在《专用合同条款》内进行具体约定，在使用专用合同条款时，应注意以下事项：

1. 专用合同条款的编号应与相应的通用合同条款的编号一致；

2. 合同当事人可以通过对专用合同条款的修改，满足具体建设工程的特殊要求，避免直接修改通用合同条款；

3. 在专用合同条款中有横道线的地方，合同当事人可针对相应的通用合同条款进行细化、完善、补充、修改或另行约定；如无细化、完善、补充、修改或另行约定，则填写"无"或划"/"。

（四）建设工程施工合同（示范文本）应用实例

第一部分　协议书

发包人（全称）：××××××××学院

承包人（全称）：××××建筑工程公司

依照《中华人民共和国民法典》《中华人民共和国建筑法》及其他有关法律、法规，规章，遵循平等、自愿、公平和诚实信用的原则，双方就本建筑工程施工及有关事项协商一致，共同达成如下协议：

一、工程概况

1. 工程名称：××××教学楼

2. 工程地点：××经济技术开发区××路

3. 工程立项批准文号：×发改社会〔2021〕××号

4. 资金来源：自筹

5. 工程内容：建筑面积：19742m^2　结构形式：框架　层数：五层

6. 工程承包范围

承包范围：建筑物2米以内的土建、装饰装修、水暖、电气、消防、电梯等专业的建筑安装工程

二、合同工期

计划开工日期：2021年11月5日

计划竣工日期：2022年5月5日

工期总日历天数：182天。

三、质量标准

工程质量符合：符合国家验收规范合格 标准

四、签约合同价与合同价格形式

1. 签约合同价为：

人民币（大写）：叁仟伍佰叁拾陆万柒仟捌佰贰拾伍圆肆角伍分（￥35367825.45元）。

2. 合同价款形式：可调单价合同

五、项目经理

承包人项目经理：李　峰

六、合同文件构成

本协议书与下列文件一起构成合同文件：

1. 中标通知书；

2. 投标函及其附录；

3. 专用合同条款及其附件；

4. 通用合同条款；

5. 技术标准和要求；

6. 图纸；

7. 已标价工程量清单；

8. 其他合同文件。

在合同订立及履行过程中形成的与合同有关的文件均构成合同文件组成部分。

上述各项合同文件包括合同当事人就该项合同文件所作出的补充和修改，属于同一类内容的文件，应以最新签署的为准。专用合同条款及其附件须经合同当事人签字或盖章。

七、承诺

1. 发包人承诺按照法律规定履行项目审批手续、筹集工程建设资金并按照合同约定的期限和方式支付合同价款。

2. 承包人承诺按照法律规定及合同约定组织完成工程施工，确保工程质量和安全，不进行转包及违法分包，并在缺陷责任期及保修期内承担相应的工程维修责任。

3. 发包人和承包人通过招标投标形式签订合同的，双方理解并承诺不再就同一工程另行签订与合同实质性内容相背离的协议。

八、词语含义

本协议书中词语含义与第二部分通用合同条款中赋予的含义相同。

九、签订时间

本合同于 2021 年 10 月 5 日签订。

十、签订地点

本合同在×××学院基建办公室 签订。

十一、补充协议

合同未尽事宜，合同当事人另行签订补充协议，补充协议是合同的组成部分。

十二、合同生效

本合同自合同当事人双方签字盖章，并报建设行政主管部门备案后生效。

十三、合同份数

本合同一式八份，均具有同等法律效力，发包人执四份，承包人执四份。

发包人：　　　（公章）　　　　　承包人：　　　（公章）

法定代表人：王×× 　　　　　　　法定代表人：李××
组织机构代码：×××××× 　　　　组织机构代码：××××××
地址：××市××区××路 86 号 　　地址：××市××区××街 28 号
邮政编码：15×××× 　　　　　　　邮政编码：15××××

委托代理人：×××　　　　　　　委托代理人：×××

电话：××××××××××　　　　电话：××××××××××

传真：××××××××　　　　　　传真：××××××××

电子邮箱：×××××××　　　　　电子邮箱：×××××××

开户银行：××市××银行××支行　开户银行：××市××银行××支行

账号：×××××××××　　　　　账号：×××××××××

建设行政主管部门备案意见：

　　　　　　　　　　　　　　　　　　　　　　备案机关（章）

经办人：　　　　　　　　　　　　　　　　　　　　年　月　日

第二部分　通用合同条款（见示范文本）

第三部分　专用合同条款

1. 一般约定

1.1　词语定义

1.1.1　合同

1.1.1.10　其他合同文件包括：履行合同过程中双方确认的对合同有影响的会议纪要、签证，及设计变更等相关资料。

1.1.2　合同当事人及其他相关方

1.1.2.4　监理人：

名　　　称：×××监理有限公司；

资质类别和等级：房建甲级；

联系电话：××××××××××××；

电子信箱：××××××××××；

通信地址：××市××区××路 45 号。

1.1.2.5　设计人：

名　　　称：×××建筑设计院；

资质类别和等级：建筑行业（建筑工程）甲级；

联系电话：××××××××××××；

电子信箱：××××××××××；

通信地址：××市××区××路 85 号

1.1.3 工程和设备

1.1.3.7 作为施工现场组成部分的其他场所包括：<u>现场临时办公及施工场地</u>。

1.1.3.9 永久占地包括：<u>按照设计图纸确定</u>。

1.1.3.10 临时占地包括：<u>合同履行中确定</u>。

1.3 法律

适用于合同的其他规范性文件：<u>《中华人民共和国建筑法》《中华人民共和国招标投标法》《中华人民共和国民法典》《中华人民共和国安全生产法》《建设工程质量管理条例》《建筑工程安全生产管理条例》以及其他有关法律、法规等</u>。

1.4 标准和规范

1.4.1 适用于工程的标准规范包括：

<u>国家和地方现行的有关标准、规范、详细施工图。</u>

<u>（1）建筑工程：①《建筑工程施工质量验收统一标准》GB 50300-2013；②《建筑地基基础工程施工质量验收标准》GB 50202-2018；③《砌体结构工程施工质量验收规范》GB 50203-2011；④《混凝土结构工程施工质量验收规范》GB 50204-2015；⑤《屋面工程质量验收规范》GB 50207-2012；⑥《建筑地面工程施工质量验收规范》GB 50209-2010；⑦《建筑装饰装修工程质量验收标准》GB 50210-2018。</u>

<u>（2）安装工程：①暖气工程依据《建筑给水排水及采暖工程施工质量验收规范》GB 50242-2002；②电气安装依据《建筑电气工程施工质量验收规范》GB 50303-2015。</u>

<u>（3）以上没有注明工程的适用标准、规范，均按现行国家、省、市建筑工程标准与施工验收规范执行。</u>

1.4.2 发包人提供国外标准、规范的名称：<u>无</u>；

发包人提供国外标准、规范的份数：<u>无</u>；

发包人提供国外标准、规范的名称：<u>无</u>。

1.4.3 发包人对工程的技术标准和功能要求的特殊要求：<u>无</u>。

1.5 合同文件的优先顺序

合同文件组成及优先顺序为：<u>（1）合同协议书；（2）中标通知书；（3）投标函及其附录；（4）专用合同条款及其附件；（5）通用合同条款；（6）技术标准和要求；（7）图纸；（8）已标价工程量清单或预算书；（9）其他合同文件</u>。

1.6 图纸和承包人文件

1.6.1 图纸的提供

发包人向承包人提供图纸的期限：<u>开工前 14 日内</u>；

发包人向承包人提供图纸的数量：<u>向承包人提供施工图纸 8 套（包含 2 套竣工图纸）</u>；

发包人向承包人提供图纸的内容：<u>本工程各专业的全套图纸</u>。

1.6.4 承包人文件

需要由承包人提供的文件，包括：<u>投标文件、实施性施工组织设计文件、履约担保保函、项目部组织架构等</u>；

承包人提供的文件的期限为：<u>开工前 7 日内</u>；

承包人提供的文件的数量为：<u>四份</u>；

承包人提供的文件的形式为：<u>书面文件</u>；

发包人审批承包人文件的期限：<u>收到文件后 7 天内审查完毕</u>。

1.6.5　现场图纸准备

关于现场图纸准备的约定：<u>承包人应在施工现场另外保存一套完整的图纸和承包人文件，供发包人、监理人及有关人员进行工程检查时使用</u>。

1.7　联络

1.7.1　发包人和承包人应当在 <u>3</u> 天内将与合同有关的通知、批准、证明、证书、指示、指令、要求、请求、同意、意见、确定和决定等书面函件送达对方当事人。

1.7.2　发包人接收文件的地点：<u>现场工程部</u>；

发包人指定的接收人为：<u>方××</u>。

承包人接收文件的地点：<u>施工现场项目部</u>；

承包人指定的接收人为：<u>李××</u>。

监理人接收文件的地点：<u>施工现场监理部</u>；

监理人指定的接收人为：<u>王××</u>。

1.10　交通运输

1.10.1　出入现场的权利

关于出入现场的权利的约定：<u>由承包人按照发包人要求负责取得出入施工现场所需的批准手续和全部权利。承包人应协助发包人办理修建场内外道路、桥梁以及其他基础设施的手续</u>。

1.10.3　场内交通

关于场外交通和场内交通的边界的约定：<u>从场外交通道路接入施工现场交通入口处开始，向场内延伸 50 米为边界线</u>。

关于发包人向承包人免费提供满足工程施工需要的场内道路和交通设施的约定：<u>边界线以里的场内交通道路铺设由承包人负责，该边界线至施工现场交通入口处的场内交通道路铺设由发包人负责</u>。

1.10.4　超大件和超重件的运输

运输超大件或超重件所需的道路和桥梁临时加固改造费用和其他有关费用由<u>承包人</u>承担。

1.11　知识产权

1.11.1　关于发包人提供给承包人的图纸、发包人为实施工程自行编制或委托编制的技术规范以及反映发包人关于合同要求或其他类似性质的文件的著作权的归属：<u>属于发包人</u>。

关于发包人提供的上述文件的使用限制的要求：<u>按通用合同条款执行</u>。

1.11.2　关于承包人为实施工程所编制文件的著作权的归属：<u>除署名权以外的著作权属于发包人</u>。

关于承包人提供的上述文件的使用限制的要求：<u>按通用合同条款执行</u>。

1.11.4　承包人在施工过程中所采用的专利、专有技术、技术秘密的使用费的承担方式：<u>按通用合同条款执行</u>。

1.13　工程量清单错误的修正

出现工程量清单错误时，是否调整合同价格：<u>是</u>。

允许调整合同价格的工程量偏差范围：<u>由于招标人提供的工程量清单项目出现工程量</u>

偏差和工程变更等原因导致工程量偏差超过 15％时，可进行调整。当工程量增加 15％以上时，增加部分的工程量的综合单价应予调低；当工程量减少 15％以上时，减少后剩余部分的工程量的综合单价应予调高。

2. 发包人

2.2 发包人代表

发包人代表：

姓　　　名：秦××；

身份证号：×××××××××××××××××××；

职　　　务：基建处长；

联系电话：××××××××××；

电子信箱：×××××××××；

通信地址：××市××区××路××号。

发包人对发包人代表的授权范围如下：负责现场施工进度、质量、安全、文明施工监督、设计变更、现场签证。代表业主处理和协调现场发生的问题。①确认承包人提出的顺延工期的签证；②对发生的不可抗力造成工程无法施工的处置；③设计变更及施工条件变更等有关签证的确认；④工程竣工验收报告的确认；⑤工程预付款和进度款的审批；⑥处理和协调外部施工条件；⑦代表发包人行使本合同约定的其他权利和义务。

2.4 施工现场、施工条件和基础资料的提供

2.4.1 提供施工现场

关于发包人移交施工现场的期限要求：开工前 7 天。

2.4.2 提供施工条件

关于发包人应负责提供施工所需要的条件，包括：

（1）办理土地征用、拆迁工作、平整工作场地、施工合同备案等工作，使施工场地具备施工条件的时间：开工前 5 日内办理完毕。

（2）发包人开工前 5 日内，负责提供电源，距离项目地块红线 100 米距离内，由本工程承包人接入施工现场，设置分电源箱，并单独装表计量。从发包人提供的电源至施工用电设备线路的安装由承包人负责实施，安装费、线路、设备购置费及施工过程中发生的所有电费，无论承包人是否在投标报价中单独列支，发包人均认为此项费用包含在投标报价中。结算时，发包人将按照向供电部门缴纳电费的单价和承包人的实际用电数量扣回用电费用（含分摊的线路损耗费用）。

（3）发包人开工前 5 日内负责提供水源，距离项目地块红线 100 米距离内，由本工程承包人接入施工现场，并单独装表计量。从水源至施工各用水点的管路安装、布置由承包人负责实施，其安装费、管材、设备购置费及施工过程中发生的所有水费，无论承包人是否在投标报价中单独列支，发包人均认为此项费用包含在投标报价中。结算时，发包人将按照向供水部门缴纳水费的单价和承包人的实际用电数量扣回用水费用（含分摊的损耗费用）。

（4）开通施工现场与城乡公共道路间通道的约定：开工前 5 日内，完成施工现场与公共道路的开通，满足施工运输的需要。

（5）开工前 5 日内提供工程地质及地下管线资料。

（6）办理有关所需证件的约定：开工前 5 日内将施工所需各种证件及有关手续办理完毕。

（7）组织现场交验的时间：开工前 5 日内将水准点、坐标控制点以书面形式提供给承包人。

（8）组织图纸会审和设计交底的约定：开工前 7 日内召集设计单位、监理单位、施工单位进行图纸会审和设计交底工作。

（9）承包人有义务保护施工现场周围地下管线、障碍物等工作。

（10）委托给承包人负责的部分工作有：合同备案及协助发包人办理前期手续。

2.5　资金来源证明及支付担保

发包人提供资金来源证明的期限要求：按通用合同条款规定执行。

发包人是否提供支付担保：发包人向承包人提供支付担保金额为合同总价的 10％。

发包人提供支付担保的形式：签订合同 10 日内提交银行保函。

3. 承包人

3.1　承包人的一般义务

（9）承包人提交的竣工资料的内容：提供符合城建档案馆和行政质检监督部门要求的工程施工技术资料、工程质量保证资料、工程检验评定资料、竣工图及其他应交资料。

双方可根据现行《建设工程文件归档整理规范》详细约定竣工资料的内容。

承包人需要提交的竣工资料套数：五套。

承包人提交的竣工资料的费用承担：承包人承担。

承包人提交的竣工资料移交时间：本工程验收后 28 日内。

承包人提交的竣工资料形式要求：纸质文档四套，电子文档一套。

（10）承包人应履行的其他义务：

① 承包人应按发包人的指令，完成发包人要求的对工程内容的任何增加和删减。

② 承包人应积极主动核对图纸中的标高、轴线等技术数据，充分理解设计意图。若由于明显的设计图纸问题（例如尺寸标注不闭合、文字标识相互矛盾等）和发包人（包括监理）不正确的指令，承包人发现后有口头或书面告知义务，否则造成工程质量、安全、进度损失，也不能免除承包人的责任。

③ 承包人应按照政府相关规定，建立健全的雇员工资发放和劳动保障制度。如因雇员的工资发放和劳动保障制度不健全而引发纠纷，导致民工围堵发包人等的，发包人有权解除合同，并要求承包人退场并支付 10 万元的违约金。

④ 承包人使用的临时用水、临时用电等设施在合同执行期间，如发包人要求为其他承包人提供分表接口的，承包人应予无条件同意。

⑤ 承包人进入园区施工，做好现场安全文明施工及已有成品保护工作。现场运输材料、堆放材料等造成的路面的污染，承包人应该有专人负责跟踪打扫；园区的绿化、市政等公用设施做好施工期间的保护工作；现场施工及生活产生的垃圾应该每天有人清除；不允许在园区道路上搅拌混凝土及砂浆。

⑥ 必须遵守园区的相关制度，服从物业公司管理的规定。

3.2　项目经理

3.2.1　项目经理：

姓　　名：刘××；

身份证号：×××××××××××××××××××；

建造师执业资格等级：<u>国家注册一级建造师</u>；

建造师注册证书号：<u>×××××××</u>；

建造师执业印章号：_____；

安全生产考核合格证书号：<u>×××××××</u>；

联系电话：<u>××××××××××××</u>；

电子信箱：<u>××××××××××</u>；

通信地址：<u>××市××区××街××号</u>；

承包人对项目经理的授权范围如下：<u>全权处理本项目的一切事务。但项目经理不得行使如下权利：①不得签署与工期、质量、价款有关的补充协议；②不得擅自签订专业工程分包合同；③不得签证放弃承包人在工程结算或工期顺延方面的权利；④不得私自收受工程款；⑤保留其他应由承包人行使的权力。</u>

关于项目经理每月在施工现场的时间要求：<u>开工之日起到竣工结束，项目经理每周至少5日，每天必须不少于8小时在现场组织施工。</u>

承包人未提交劳动合同，以及没有为项目经理缴纳社会保险证明的违约责任：<u>承包人应在收到发包人的提交通知后7天内提交劳动合同及社保缴纳证明，承包人在限期内不能提交的，项目经理无权履行职责，发包人有权要求更换项目经理，由此增加的费用和（或）延误的工期由承包人承担，同时承包人还应承担违约金额3万元，责令限期提交劳动合同并补缴社会保险。</u>

项目经理未经批准，擅自离开施工现场的违约责任：<u>项目经理每月在施工现场的时间未达到要求的，每日应承担违约金1000元，并承担由此增加的费用和（或）延误的工期。</u>

3.2.3　承包人擅自更换项目经理的违约责任：<u>发包人有权要求承包人承担1万元的违约金。并有权解除合同并责令承包人退场，并承担由此增加的费用和（或）延误的工期。</u>

3.2.4　承包人无正当理由拒绝更换项目经理的违约责任：<u>承包人在接到发包人第二次更换项目经理的通知后28天内仍未更换的，发包人有权指示承包人暂停施工。发包人有权要求承包人承担6万元的违约金。并有权解除合同并责令承包人退场，由此产生的一切损失及后果由承包人承担。由此增加的费用和（或）延误的工期等一切损失及后果由承包人承担；在暂停施工后的7天内仍未更换项目经理的，发包人有权解除合同。</u>

3.3　承包人人员

3.3.1　承包人提交项目管理机构及施工现场管理人员安排报告的期限：<u>接到开工通知后2天内。</u>

3.3.3　承包人无正当理由拒绝撤换主要施工管理人员的违约责任：<u>承包人在接到发包人第二次要求更换主要管理人员的通知后28天内仍未更换的，发包人有权指示承包人暂停施工。发包人有权要求承包人承担2万元的违约金。由此产生的一切损失及后果由承包人承担由此增加的费用和（或）延误的工期由承包人承担；在暂停施工后的7天内仍未更换主要管理人员的，发包人有权解除合同。</u>

3.3.4　承包人主要施工管理人员离开施工现场的批准要求：<u>于7天前报由总监理工程师批准，发包人认可方可离开。</u>

3.3.5　承包人擅自更换主要施工管理人员的违约责任：<u>发包人有权要求承包人承担1</u>

万元的违约金；发包人有权解除合同并责令承包人退场，并承担由此增加的费用和（或）延误的工期。

承包人主要施工管理人员擅自离开施工现场的违约责任：<u>承包人承担1万元的违约金，并承担由此增加的费用和（或）延误的工期</u>。

3.5　分包

3.5.1　分包的一般约定

禁止分包的工程包括：<u>主体结构施工</u>。

主体结构、关键性工作的范围：<u>无</u>。

3.5.2　分包的确定

允许分包的专业工程包括：<u>桩基础、屋面防水</u>。

其他关于分包的约定：<u>对于发包人指定的分包工程，总承包人要与分包人做好配合协调工作</u>。

3.5.4　分包合同价款

关于分包合同价款支付的约定：<u>按通用合同条款规定执行</u>。

3.6　工程照管与成品、半成品保护

承包人负责照管工程及工程相关的材料、工程设备的起始时间：<u>按通用合同条款执行</u>。

3.7　履约担保

承包人是否提供履约担保：<u>提供</u>。

承包人提供履约担保的形式、金额及期限的：<u>提供10万元保证金，以现金的方式提供，工程完工验收合格后履行手续退还</u>。

4. 监理人

4.1　监理人的一般规定

关于监理人的监理内容：<u>见监理合同</u>。

关于监理人的监理权限：<u>见监理合同</u>。

关于监理人在施工现场的办公场所、生活场所的提供和费用承担的约定：<u>由承包人承担</u>。

4.2　监理人员

总监理工程师：

姓　　　名：<u>赵××</u>；

职　　　务：<u>总监理工程师</u>；

监理工程师执业资格证书号：<u>×××××××</u>；

联系电话：<u>×××××××××××</u>；

电子信箱：<u>×××××××××××</u>；

通信地址：<u>××市××区××路××号</u>；

关于监理人的其他约定：<u>无</u>。

4.4　商定或确定

在发包人和承包人不能通过协商达成一致意见时，发包人授权监理人对以下事项进行确定：

（1）工程设计变更；（2）现场签证；（3）工程使用功能的改变；（4）新材料、新工艺、新设备的采用；（5）材料、设备价格的确定；（6）顺延工期的批复；（7）暂时停工的指令；（8）向承包人支付各种价款等。

5. 工程质量

5.1　质量要求

5.1.1　特殊质量标准和要求：无。

关于工程奖项的约定：无。

5.3　隐蔽工程检查

5.3.2　承包人提前通知监理人隐蔽工程检查的期限的约定：共同检查前 48 小时书面通知监理人。

监理人不能按时进行检查时，应提前 12 小时提交书面延期要求。

关于延期最长不得超过：24 小时。

6. 安全文明施工与环境保护

6.1　安全文明施工

6.1.1　项目安全生产的达标目标及相应事项的约定：承包人应遵守工程建设安全生产有关管理规定，严格按现行安全标准组织施工，并随时接受行业安全检查人员依法实施的监督检查，采取必要的安全防护措施，消除事故隐患。其安全施工防护费用已经含在合同价款内。

本工程在整个施工期间杜绝一切人身伤亡和重大质量安全事故，如发生上述事故，则发包人视为承包人违约；在施工期间每发生一起人身损害（不包括死亡）事故，承包人除了接受政府相关部门处罚外，承包人须向发包人支付违约金 8 万元；每发生一起人身死亡事故，承包人除接受相关部门处罚外，承包人须向发包人支付违约金 15 万元。

6.1.4　关于治安保卫的特别约定：按通用合同条款执行。

关于编制施工场地治安管理计划的约定：开工前提供。

6.1.5　文明施工

合同当事人对文明施工的要求：按通用合同条款执行。

6.1.6　关于安全文明施工费支付比例和支付期限的约定：工程开工前，发包人向承包人预付现场安全文明施工措施费：按现场安全文明施工措施费基本费的 60% 预付，主体完工后再支付 20%，余款 20% 于工程竣工前付清。

7. 工期和进度

7.1　施工组织设计

7.1.1　合同当事人约定的施工组织设计应包括的其他内容：按通用合同条款执行。

7.1.2　施工组织设计的提交和修改

承包人提交详细施工组织设计的期限的约定：开工前 7 日内。

发包人和监理人在收到详细的施工组织设计后确认或提出修改意见的期限：收到后 7 日内。

7.2　施工进度计划

7.2.2　施工进度计划的修订

发包人和监理人在收到修订的施工进度计划后确认或提出修改意见的期限：收到后 7 日内。

7.3　开工

7.3.1　开工准备

关于承包人提交工程开工报审表的期限：收到后 7 日。

关于发包人应完成的其他开工准备工作及期限：无。

关于承包人应完成的其他开工准备工作及期限：无。

7.3.2　开工通知

因发包人原因造成监理人未能在计划开工日期之日起 150 天内发出开工通知的，承包人有权提出价格调整要求，或者解除合同。

7.4　测量放线

7.4.1　发包人通过监理人向承包人提供测量基准点、基准线和水准点及其书面资料的期限：开工前 7 日。

7.5　工期延误

7.5.1　因发包人原因导致工期延误

因发包人原因导致工期延误的其他情形：无。

7.5.2　因承包人原因导致工期延误

因承包人原因造成工期延误，逾期竣工违约金的计算方法为：

每拖延一天，由承包人向发包人按合同总造价的 1‰ 支付违约金。

因承包人原因造成工期延误，逾期竣工违约金的上限：合同价的 20%。

7.6　不利物质条件

不利物质条件的其他情形和有关约定：无。

7.7　异常恶劣的气候条件

发包人和承包人同意以下情形视为异常恶劣的气候条件：

（1）6 级以上地震；

（2）8 级以上的持续 5 天的大风；

（3）20mm 以上持续 5 天的大雨；

（4）50 年以上未发生过，持续 5 天的高温天气；

（5）50 年以上未发生过，持续 5 天的严寒天气；

（6）50 年以上未发生过洪水；

（7）其他：执行通用合同条款 7.7 规定。

7.9　提前竣工的奖励

7.9.2　提前竣工的奖励：无。

8. 材料与设备

8.4　材料与工程设备的保管与使用

8.4.1　发包人供应的材料设备的保管费用的承担：由发包人承担。

8.6　样品

8.6.1　样品的报送与封存

需要承包人报送样品的材料或工程设备，样品的种类、名称、规格、数量要求：按管理部门及发包人要求确定。

8.8　施工设备和临时设施

8.8.1　承包人提供的施工设备和临时设施

关于修建临时设施费用承担的约定：<u>由承包人承担</u>。

9. 试验与检验

9.1 试验设备与试验人员

9.1.2 试验设备

施工现场需要配置的试验场所：<u>按相关规定执行</u>。

施工现场需要配备的试验设备：<u>按相关规定执行</u>。

施工现场需要具备的其他试验条件：<u>按相关规定执行</u>。

9.4 现场工艺试验

现场工艺试验的有关约定：<u>无</u>。

10. 变更

10.1 变更的范围

关于变更的范围的约定：<u>增加或减少合同中任何工作，或追加额外的工作；改变合同中任何工作的质量标准或其他特性</u>。

10.4 变更估价

10.4.1 变更估价原则

关于变更估价的约定：

<u>(1) 工程量清单项目的项目特征与投标报价中项目相同的，按投标报价的综合单价计算。</u>

<u>(2) 新增工程量清单项目的项目特征与投标报价中项目类似的，综合单价参照类似项目的单价进行结算。</u>

<u>上述的"与投标报价中项目类似的"新增项目，指与投标分部分项工程量清单项目编码一至九位完全相同的新增的分部分项工程。</u>

<u>(3) 投标报价中没有综合单价的新的工程量清单项目，新增项目的综合单价由承包人提出，经发包人确认后执行。</u>

10.5 承包人的合理化建议

监理人审查承包人合理化建议的期限：<u>无</u>。

发包人审批承包人合理化建议的期限：<u>无</u>。

承包人提出的合理化建议降低了合同价格或者提高了工程经济效益的奖励的方法和金额为：<u>按甲乙双方协商确定</u>。

10.7 暂估价

暂估价材料和工程设备的明细详见附件11《暂估价一览表》。

10.7.1 依法必须招标的暂估价项目

对于依法必须招标的暂估价项目的确认和批准采取第<u>无</u>种方式确定。

10.7.2 不属于依法必须招标的暂估价项目

对于不属于依法必须招标的暂估价项目的确认和批准采取第<u>无</u> 种方式确定。

第3种方式：承包人直接实施的暂估价项目

承包人直接实施的暂估价项目的约定：<u>无</u>。

10.8 暂列金额

合同当事人关于暂列金额使用的约定：<u>无</u>。

11. 价格调整

11.1　市场价格波动引起的调整

市场价格波动是否调整合同价格的约定：承包人采购主要材料、工程设备价格变化的范围或幅度超过 5％时，超过部分的价格应进行调整。

因市场价格波动调整合同价格，采用以下第 2 种方式对合同价格进行调整：

第 1 种方式：采用价格指数进行价格调整。

关于各可调因子、定值和变值权重，以及基本价格指数及其来源的约定：无；

第 2 种方式：采用造价信息进行价格调整。

（2）关于基准价格的约定：材料、工程设备价格变化的价款调整按照发包人提供的基准价格，按以下风险范围规定执行。

专用合同条款①承包人在已标价工程量清单或预算书中载明的材料单价低于基准价格的：专用合同条款合同履行期间材料单价涨幅以基准价格为基础超过 5％时，或材料单价跌幅以已标价工程量清单或预算书中载明材料单价为基础超过 5％时，其超过部分据实调整。

② 承包人在已标价工程量清单或预算书中载明的材料单价高于基准价格的：专用合同条款合同履行期间材料单价跌幅以基准价格为基础超过 5％时，材料单价涨幅以已标价工程量清单或预算书中载明材料单价为基础超过 5％时，其超过部分据实调整。

③ 承包人在已标价工程量清单或预算书中载明的材料单价等于基准单价的：专用合同条款合同履行期间材料单价涨跌幅以基准单价为基础超过 ±5％时，其超过部分据实调整。

第 3 种方式：其他价格调整方式：无。

12. 合同价格、计量与支付

12.1　合同价格形式

（1）单价合同。

综合单价包含的风险范围：①人工费按本省造价主管部门相关规定执行，结算时不做调整；②材料费、机械费结算不予调整的风险；③施工期间政策性调整的风险；④合同中明示及隐含的风险及有经验的承包商可以或应该预见的，为完成整体工程内容所必须考虑的风险；⑤分部分项工程量变更，投标综合单价将不予调整的风险；⑥一周内非承包人原因停水、停电造成累计停工在八小时以内的风险。

风险费用的计算方法：风险费用以内已包含在合同价中。

风险范围以外合同价格的调整方法：①工程量清单项目的项目特征与投标报价中项目相同的，按投标报价的综合单价计算。②新增工程量清单项目的项目特征与投标报价中项目类似的，综合单价参照类似项目的单价进行结算（上述的"与投标报价中项目类似的"新增项目，指与投标分部分项工程量清单项目编码一至九位完全相同的新增的分部分项工程。）③投标报价中没有综合单价的新的工程量清单项目，新增项目的综合单价由承包人提出，经发包人确认后执行

（2）总价合同。

总价包含的风险范围：无。

风险费用的计算方法：无。

风险范围以外合同价格的调整方法：无。

（3）其他价格方式：无。

12.2　预付款

12.2.1 预付款的支付

预付款支付比例或金额：支付合同价的 25%。

预付款支付期限：开工前 7 日内预付。

预付款扣回的方式：在一层主体结构完成后，拨付工程进度款时起扣，至第三次拨付工程进度款时扣完预付款。

12.2.2 预付款担保

承包人提交预付款担保的期限：无。

预付款担保的形式为：无。

12.3 计量

12.3.1 计量原则

工程量计算规则：《建设工程工程量清单计价规范》GB 50500-2013，本省现行建筑与装饰工程综合定额。

12.3.2 计量周期

关于计量周期的约定：按形象进度计量。

12.3.3 单价合同的计量

关于单价合同计量的约定：按形象进度计量。

12.3.4 总价合同的计量

关于总价合同计量的约定：无。

12.3.5 总价合同采用支付分解表计量支付的，是否适用第 12.3.4 项〔总价合同的计量〕约定进行计量：无。

12.3.6 其他价格形式合同的计量

其他价格形式的计量方式和程序：无。

12.4 工程进度款支付

12.4.1 付款周期

关于付款周期的约定：

（1）基坑支护工程及桩基础工程完成并经验收合格后，出具验收合格文件 30 个工作日内，收到工程等额发票后，支付合同价的 20%；

（2）二层主体完成并经验收合格后，出具验收合格文件 30 个工作日内，收到工程等额发票后，支付合同价的 20%；

（3）主体完成并经验收合格后，出具验收合格文件 30 个工作日内，收到工程等额发票后，支付合同价的 20%；

（4）工程整体竣工验收合格后，出具验收合格文件 30 个工作日内，收到工程等额发票后，支付合同价的 20%；

（5）工程结算审计结束后一年内支付至工程审计总价的 95%，余款在工程保修期满后 30 个工作日内付清。

12.4.2 进度付款申请单的编制

关于进度付款申请单编制的约定：按本公司工程款支付管理规定执行。

12.4.3 进度付款申请单的提交

（1）单价合同进度付款申请单提交的约定：按本公司工程款支付管理规定执行。

（2）总价合同进度付款申请单提交的约定：<u>无</u>。

（3）其他价格形式合同进度付款申请单提交的约定：<u>无</u>。

12.4.4 进度款审核和支付

（1）监理人审查并报送发包人的期限：<u>收到申请 3 个工作日</u>。

发包人完成审批并签发进度款支付证书的期限：<u>收到监理审查报告后 7 个工作日</u>。

（2）发包人支付进度款的期限：<u>进度款支付证书签发后 14 天内完成支付</u>。

发包人逾期支付进度款的违约金的计算方式：<u>无</u>。

12.4.6 支付分解表的编制

1. 总价合同支付分解表的编制与审批：<u>无</u>。

2. 单价合同的总价项目支付分解表的编制与审批：<u>无</u>。

13. 验收和工程试车

13.1 分部分项工程验收

13.1.2 监理人不能按时进行验收时，应提前 <u>24</u> 小时提交书面延期要求。

关于延期最长不得超过：<u>48</u> 小时。

13.2 竣工验收

13.2.2 竣工验收程序

关于竣工验收程序的约定：<u>按通用合同条款执行</u>。

发包人不按照本项约定组织竣工验收、颁发工程接收证书的违约金的计算方法：<u>无</u>。

13.2.5 移交、接收全部与部分工程

承包人向发包人移交工程的期限：<u>颁发工程接收证书后 7 天内完成工程的移交</u>。

发包人未按本合同约定接收全部或部分工程的，违约金的计算方法为：<u>无</u>。

承包人未按时移交工程的，违约金的计算方法为：<u>由承包人向发包人按合同总造价的 1% 支付违约金</u>。

13.3 工程试车

13.3.1 试车程序

工程试车内容：<u>无</u>。

（1）单机无负荷试车费用由<u>无</u>承担；

（2）无负荷联动试车费用由<u>无</u>承担。

13.3.3 投料试车

关于投料试车相关事项的约定：<u>无</u>。

13.6 竣工退场

13.6.1 竣工退场

承包人完成竣工退场的期限：<u>颁发工程接收证书后 7 天内完成工程的移交</u>。

14. 竣工结算

14.1 竣工结算申请

承包人提交竣工结算申请单的期限：<u>按合同付款约定执行</u>。

竣工结算申请单应包括的内容：<u>按合同付款约定执行</u>。

14.2 竣工结算审核

发包人审批竣工付款申请单的期限：<u>按合同付款约定执行</u>。

发包人完成竣工付款的期限：<u>按合同付款约定执行</u>。

关于竣工付款证书异议部分复核的方式和程序：<u>按通用合同条款执行</u>。

14.4 最终结清

14.4.1 最终结清申请单

承包人提交最终结清申请单的份数：<u>四份</u>。

承包人提交最终结算申请单的期限：<u>按合同付款约定执行</u>。

14.4.2 最终结清证书和支付

（1）发包人完成最终结清申请单的审批并颁发最终结清证书的期限：<u>按合同付款约定执行</u>。

（2）发包人完成支付的期限：<u>按合同付款约定执行</u>。

15. 缺陷责任期与保修

15.2 缺陷责任期

缺陷责任期的具体期限：<u>24 个月</u>。

15.3 质量保证金

关于是否扣留质量保证金的约定：<u>扣留</u>。

在工程项目竣工前，承包人按专用合同条款第 3.7 条提供履约担保的，发包人不得同时预留工程质量保证金。

15.3.1 承包人提供质量保证金的方式

质量保证金采用以下第（1）种方式：

（1）质量保证金保函，保证金额为：<u>按合同价款的 3％</u>；

（2）无％的工程款；

（3）其他方式：<u>无</u>。

15.3.2 质量保证金的扣留

质量保证金的扣留采取以下第（3）种方式：

（1）在支付工程进度款时逐次扣留，在此情形下，质量保证金的计算基数不包括预付款的支付、扣回以及价格调整的金额；

（2）工程竣工结算时一次性扣留质量保证金；

（3）其他扣留式：<u>工程竣工结算审计完成后，工程款支付至结算总额度的 95％，剩余 5％作为质量保证金。保修期和质量保证金的返还，按发承包双方签订的"工程质量保修书"规定执行</u>。

关于质量保证金的补充约定：<u>无</u>。

15.4 保修

15.4.1 保修责任

工程保修期为：<u>见工程质量保修书</u>。

15.4.3 修复通知

承包人收到保修通知并到达工程现场的合理时间：<u>24 小时</u>。

16. 违约

16.1 发包人违约

16.1.1 发包人违约的情形

发包人违约的其他情形：<u>无</u>。

16.1.2　发包人违约的责任

发包人违约责任的承担方式和计算方法：

（1）因发包人原因未能在计划开工日期前 7 天内下达开工通知的违约责任：无。

（2）因发包人原因未能按合同约定支付合同价款的违约责任：无。

（3）发包人违反第 10.1 款〔变更的范围〕第（2）项约定，自行实施被取消的工作或转由他人实施的违约责任：无。

（4）发包人提供的材料、工程设备的规格、数量或质量不符合合同约定，或因发包人原因导致交货日期延误或交货地点变更等情况的违约责任：无。

（5）因发包人违反合同约定造成暂停施工的违约责任：无。

（6）发包人无正当理由没有在约定期限内发出复工指示，导致承包人无法复工的违约责任：无。

（7）其他：无。

16.1.3　因发包人违约解除合同

承包人按 16.1.1 项〔发包人违约的情形〕约定暂停施工满无天后发包人仍不纠正其违约行为并致使合同目的不能实现的，承包人有权解除合同。

16.2　承包人违约

16.2.1　承包人违约的情形

承包人违约的其他情形：承包人存在以下行为的，发包人有权要求解除合同，并由承包人承担由此引起的一切损失，并负责由此引起的一切法律责任，并赔偿由此引起的发包人的一切经济损失。

（1）本工程具体分项工程完成时间应服从发包人的总体要求，如果因承包人原因导致实际进度与发包人要求的进度计划不符，或无法按工期完工，或质量无法达到合同要求的，发包人有权对部分分项工程指定第三方施工，承包人必须无条件服从和配合；此分项工程费用由发包人按实际发生费用从承包人的工程款中扣除，并加收 10% 的管理费；当累计完成工程量不足计划进度的 70% 时，可认为承包人无能力按期履行合同，发包人有权解除合同，并要求承包人支付 20 万元的违约金，承包人无条件退场。

（2）承包人未按照程序报验的，每次向发包人支付 1000 元违约金；工序验收不合格的，每次向发包人支付 2000 元违约金。违约金在发包人履行书面告知程序（监理签发）后，于最近一次工程进度款中扣除。

（3）承包人须服从发包人发布的各项符合现行法律、法规的管理规定，如承包人不服从发包人及监理工程师的管理，每次向发包人支付 1000 元违约赔偿金，且发包人有权解除合同并要求承包人支付 20 万元的违约金，承包人无条件退场。

（4）工程竣工验收合格后 28 天内，承包人必须将符合发包人要求的竣工资料上报给发包人，否则每延迟一天支付违约金 1000 元。

（5）工程竣工验收合格后 28 天内，承包人必须将符合发包人要求的竣工结算书及相关资料上报给发包人，否则每延迟一天支付违约金 4000 元。

16.2.2　承包人违约的责任

承包人违约责任的承担方式和计算方法：由承包人承担全部费用并承担相关费用。

16.2.3　因承包人违约解除合同

关于承包人违约解除合同的特别约定：**按通用合同条款执行。**

发包人继续使用承包人在施工现场的材料、设备、临时工程、承包人文件和由承包人或以其名义编制的其他文件的费用承担方式：**双方另行协商。**

17. 不可抗力

17.1 不可抗力的确认

除通用合同条款约定的不可抗力事件之外，视为不可抗力的其他情形：**无。**

17.4 因不可抗力解除合同

合同解除后，发包人应在商定或确定发包人应支付款项后 60 天内完成款项的支付。

18. 保险

18.1 工程保险

关于工程保险的特别约定：**无。**

18.3 其他保险

关于其他保险的约定：**无。**

承包人是否应为其施工设备等办理财产保险：**按通用合同条款执行。**

18.7 通知义务

关于变更保险合同时的通知义务的约定：**按通用合同条款执行。**

20. 争议解决

20.3 争议评审

合同当事人是否同意将工程争议提交争议评审小组决定：**无。**

20.3.1 争议评审小组的确定

争议评审小组成员的确定：**无。**

选定争议评审员的期限：**无。**

争议评审小组成员的报酬承担方式：**无。**

其他事项的约定：**无。**

20.3.2 争议评审小组的决定

合同当事人关于本项的约定：**无。**

20.4 仲裁或诉讼

因合同及合同有关事项发生的争议，按下列第 **（2）** 种方式解决：

（1）向**无**仲裁委员会申请仲裁；

（2）向**工程所在地区**人民法院起诉。

附件

协议书附件：

附件1：承包人承揽工程项目一览表

专用合同条款附件：

附件2：发包人供应材料设备一览表

附件3：工程质量保修书

附件4：主要建设工程文件目录

附件5：承包人用于本工程施工的机械设备表

附件 6：承包人主要施工管理人员表

附件 7：分包人主要施工管理人员表

附件 8：履约担保格式

附件 9：预付款担保格式

附件 10：支付担保格式

附件 11：暂估价一览表

附件 1：

承包人承揽工程项目一览表

单位工程名称	建设规模	建筑面积（m²）	结构形式	层数	生产能力	设备安装内容	合同价格（元）	开工日期	竣工日期

附件 2：

发包人供应材料设备一览表

序号	材料、设备品种	规格型号	单位	数量	单价（元）	质量等级	供应时间	送达地点	备注

附件 3：

工程质量保修书

发包人（全称）：×××××××××学院

承包人（全称）：××××建筑工程公司

发包人和承包人根据《中华人民共和国建筑法》和《建设工程质量管理条例》，经协商一致就××××教学楼（工程全称）签订工程质量保修书。

一、工程质量保修范围和内容

承包人在质量保修期内，按照有关法律规定和合同约定，承担工程质量保修责任。

质量保修范围包括地基基础工程、主体结构工程，屋面防水工程、有防水要求的卫生间、房间和外墙面的防渗漏，供热与供冷系统，电气管线、给水排水管道、设备安装和装修工程，以及双方约定的其他项目。具体保修的内容，双方约定如下：

地基基础工程、主体结构工程，屋面防水工程，有防水要求的卫生间、房间和外墙面，装修工程，电气管线、给水排水管道、设备安装工程，供热与供冷系统、住宅小区内的给水排水设施、道路等配套工程等。

二、质量保修期

根据《建设工程质量管理条例》及有关规定，工程的质量保修期如下：

1. 地基基础工程和主体结构工程为设计文件规定的工程合理使用年限；

2. 屋面防水工程、有防水要求的卫生间、房间和外墙面的防渗为五年；

3. 装修工程为二年；

4. 电气管线、给水排水管道、设备安装工程为二年；

5. 供热与供冷系统为二个采暖期、供冷期；

6. 住宅小区内的给水排水设施、道路等配套工程为二年；

7. 其他项目保修期限约定如下：无。

质量保修期自工程竣工验收合格之日起计算。

三、缺陷责任期

工程缺陷责任期为24个月，缺陷责任期自工程通过竣工验收之日起计算。单位工程先于全部工程进行验收，单位工程缺陷责任期自单位工程验收合格之日起算。

缺陷责任期终止后，发包人应退还剩余的质量保证金。

四、质量保修责任

1. 属于保修范围、内容的项目，承包人应当在接到保修通知之日起7天内派人保修。承包人不在约定期限内派人保修的，发包人可以委托他人修理。

2. 发生紧急事故需抢修的，承包人在接到事故通知后，应当立即到达事故现场抢修。

3. 对于涉及结构安全的质量问题，应当按照《建设工程质量管理条例》的规定，立即向当地建设行政主管部门和有关部门报告，采取安全防范措施，并由原设计人或者具有相应资质等级的设计人提出保修方案，承包人实施保修。

4. 质量保修完成后，由发包人组织验收。

五、保修费用

保修费用由造成质量缺陷的责任方承担。

六、双方约定的其他工程质量保修事项：无。

工程质量保修书由发包人、承包人在工程竣工验收前共同签署，作为施工合同附件，其有效期限至保修期满。

发包人（公章）：_____   承包人（公章）：_____

地　　址：××市××区××路××号   地　　址：××市××区××街××号

法定代表人（签字）：王××   法定代表人（签字）：李××

委托代理人（签字）：×××   委托代理人（签字）：×××

电　　话：××××××××××   电　　话：××××××××××

传　　真：××××××××   传　　真：××××××××

开户银行：××市××银行××支行   开户银行：××市××银行××支行

账　　号：××××××××××   账　　号：××××××××××

邮政编码：15××××   邮政编码：15××××

附件 4：

主要建设工程文件目录

文件名称	套数	费用(元)	质量	移交时间	责任人

附件 5：

承包人用于本工程施工的机械设备表

序号	机械或设备名称	规格型号	数量	产地	制造年份	额定功率（kW）	生产能力	备注

附件 6：

承包人主要施工管理人员表

名称	姓名	职务	职称	主要资历、经验及承担过的项目
一、总部人员				
项目主管				
其他人员				
二、现场人员				
项目经理				
项目副经理				

续表

名称	姓名	职务	职称	主要资历、经验及承担过的项目
技术负责人				
造价管理				
质量管理				
材料管理				
计划管理				
安全管理				
其他人员				

附件 7：

分包人主要施工管理人员表

名称	姓名	职务	职称	主要资历、经验及承担过的项目
一、总部人员				
项目主管				
其他人员				
二、现场人员				
项目经理				
项目副经理				
技术负责人				
造价管理				
质量管理				
材料管理				
计划管理				
安全管理				
其他人员				

附件 8：

履约担保

＿＿＿＿＿＿＿＿＿＿（发包人名称）：

　　鉴于＿＿＿＿＿＿＿（发包人名称，以下简称"发包人"）与＿＿＿＿＿＿＿＿＿＿＿＿＿＿（承包人名称）（以下称"承包人"）于＿＿＿＿＿年＿＿＿月＿＿＿日就＿＿＿＿＿＿＿＿＿＿＿＿（工程名称）施工及有关事项协商一致共同签订《建设工程施工合同》。我方愿意无条件地、不可撤销地就承包人履行与你方签订的合同，向你方提供连带责任担保。

　　1. 担保金额人民币（大写）＿＿＿＿＿＿＿＿＿元（¥＿＿＿＿＿＿＿）。

　　2. 担保有效期自你方与承包人签订的合同生效之日起至你方签发或应签发工程接收证书之日止。

　　3. 在本担保有效期内，因承包人违反合同约定的义务给你方造成经济损失时，我方在收到你方以书面形式提出的在担保金额内的赔偿要求后，在 7 天内无条件支付。

　　4. 你方和承包人按合同约定变更合同时，我方承担本担保规定的义务不变。

　　5. 因本保函发生的纠纷，可由双方协商解决，协商不成的，任何一方均可提请＿＿＿＿＿＿＿＿＿仲裁委员会仲裁。

　　6. 本保函自我方法定代表人（或其授权代理人）签字并加盖公章之日起生效。

　　　　　　担 保 人：＿＿＿＿＿＿＿＿＿＿＿＿＿（盖单位章）
　　　　　　法定代表人或其委托代理人：＿＿＿＿＿＿＿（签字）
　　　　　　地　　址：＿＿＿＿＿＿＿＿＿＿＿＿＿＿＿＿
　　　　　　邮政编码：＿＿＿＿＿＿＿＿＿＿＿＿＿＿＿＿
　　　　　　电　　话：＿＿＿＿＿＿＿＿＿＿＿＿＿＿＿＿
　　　　　　传　　真：＿＿＿＿＿＿＿＿＿＿＿＿＿＿＿＿
　　　　　　　　　　　　　＿＿＿＿＿＿年＿＿＿月＿＿＿日

附件 9：

预付款担保

＿＿＿＿＿＿＿＿（发包人名称）：

　　根据＿＿＿＿＿＿＿＿＿（承包人名称）（以下称"承包人"）与＿＿＿＿＿＿＿＿＿（发包人名称）（以下简称"发包人"）于＿＿＿＿＿年＿＿＿月＿＿＿日签订的＿＿＿＿＿＿＿＿＿＿（工程名称）《建设工程施工合同》，承包人按约定的金额向你方提交一份预付款担保，即有权得到你方支付相等金额的预付款。我方愿意就你方提供给承包人的预付款为承包人提供连带责任担保。

　　1. 担保金额人民币（大写）＿＿＿＿＿＿＿元（¥＿＿＿＿＿＿）。

　　2. 担保有效期自预付款支付给承包人起生效，至你方签发的进度款支付证书说明已完全扣清止。

　　3. 在本保函有效期内，因承包人违反合同约定的义务而要求收回预付款时，我方在收到你方的书面通知后，在 7 天内无条件支付。但本保函的担保金额，在任何时候不应超过预付款金额减去你方按合同约定在向承包人签发的进度款支付证书中扣除的金额。

4. 你方和承包人按合同约定变更合同时，我方承担本保函规定的义务不变。

5. 因本保函发生的纠纷，可由双方协商解决，协商不成的，任何一方均可提请_____仲裁委员会仲裁。

6. 本保函自我方法定代表人（或其授权代理人）签字并加盖公章之日起生效。

担　保　人：_____（盖单位章）

法定代表人或其委托代理人：_____（签字）

地　　　址：_____

邮政编码：_____

电　　　话：_____

传　　　真：_____

_____年___月___日

附件 10：

支付担保

_____（承包人）：

鉴于你方作为承包人已经与_____（发包人名称）（以下称"发包人"）于_____年___月___日签订了_____（工程名称）《建设工程施工合同》（以下称"主合同"），应发包人的申请，我方愿就发包人履行主合同约定的工程款支付义务以保证的方式向你方提供如下担保：

一、保证的范围及保证金额

1. 我方的保证范围是主合同约定的工程款。

2. 本保函所称主合同约定的工程款是指主合同约定的除工程质量保证金以外的合同价款。

3. 我方保证的金额是主合同约定的工程款的____％，数额最高不超过人民币元（大写：_____）。

二、保证的方式及保证期间

1. 我方保证的方式为：连带责任保证。

2. 我方保证的期间为：自本合同生效之日起至主合同约定的工程款支付完毕之日后____日内。

3. 你方与发包人协议变更工程款支付日期的，经我方书面同意后，保证期间按照变更后的支付日期做相应调整。

三、承担保证责任的形式

我方承担保证责任的形式是代为支付。发包人未按主合同约定向你方支付工程款的，由我方在保证金额内代为支付。

四、代偿的安排

1. 你方要求我方承担保证责任的，应向我方发出书面索赔通知及发包人未支付主合同约定工程款的证明材料。索赔通知应写明要求索赔的金额，支付款项应到达的账号。

2. 在出现你方与发包人因工程质量发生争议，发包人拒绝向你方支付工程款的情形时，你方要求我方履行保证责任代为支付的，需提供符合相应条件要求的工程质量检测机构出具的质量说明材料。

3. 我方收到你方的书面索赔通知及相应的证明材料后 7 天内无条件支付。

五、保证责任的解除

1. 在本保函承诺的保证期间内，你方未书面向我方主张保证责任的，自保证期间届满次日起，我方保证责任解除。

2. 发包人按主合同约定履行了工程款的全部支付义务的，自本保函承诺的保证期间届满次日起，我方保证责任解除。

3. 我方按照本保函向你方履行保证责任所支付金额达到本保函保证金额时，自我方向你方支付（支付款项从我方账户划出）之日起，保证责任即解除。

4. 按照法律法规的规定或出现应解除我方保证责任的其他情形的，我方在本保函项下的保证责任亦解除。

5. 我方解除保证责任后，你方应自我方保证责任解除之日起____个工作日内，将本保函原件返还我方。

六、免责条款

1. 因你方违约致使发包人不能履行义务的，我方不承担保证责任。

2. 依照法律法规的规定或你方与发包人的另行约定，免除发包人部分或全部义务的，我方亦免除其相应的保证责任。

3. 你方与发包人协议变更主合同的，如加重发包人责任致使我方保证责任加重的，需征得我方书面同意，否则我方不再承担因此而加重部分的保证责任，但主合同第 10 条〔变更〕约定的变更不受本款限制。

4. 因不可抗力造成发包人不能履行义务的，我方不承担保证责任。

七、争议解决

因本保函或本保函相关事项发生的纠纷，可由双方协商解决，协商不成的，按下列第____种方式解决：

（1）向_____仲裁委员会申请仲裁；

（2）向_____人民法院起诉。

八、保函的生效

本保函自我方法定代表人（或其授权代理人）签字并加盖公章之日起生效。

担保人：_____（盖章）

法定代表人或委托代理人：_____（签字）

地　　址：_____

邮政编码：_____

传　　真：_____

_____年____月____日

附件 11：

11-1：材料暂估价表

序号	名称	单位	数量	单价(元)	合价(元)	备注

11-2：工程设备暂估价表

序号	名称	单位	数量	单价(元)	合价(元)	备注

11-3：专业工程暂估价表

序号	专业工程名称	工程内容	金额(元)
小计：			

复习思考题 🔍

1. 国家发展和改革委员会牵头与住房和城乡建设部牵头编制的两套"标准施工合同"文本的相同处和区别？

2. "标准施工合同"与《建设工程施工合同（示范文本）》二者应用有何区别？

3. "标准施工合同"与《建设工程施工合同（示范文本）》由哪几部分文本组成？

4. 建设工程施工合同的"通用合同条款"与"专用合同条款"二者之间的关系是什么？

5. "标准施工合同"的"合同附件格式"包括哪几种文件？

6. 建设工程合同示范文本有哪几种类型？

7. 《建设工程施工合同（示范文本）》的特点是什么？

8. 全国范围内各类建设工程为什么普遍采用示范文本签订合同？

9. 《建设工程施工合同（示范文本）》的制定原则是什么？

10. 《建设工程施工合同（示范文本）》的形式有哪几种？

11. 建设工程施工专业分包合同与总承包合同有何区别？

12. 建设工程施工劳务分包合同与施工专业分包合同有何区别？

任务 5.4　建筑工程施工合同操作实务

引导问题

1. 如何进行合同解除、合同无效认定及处理？
2. 合同示范文本对工程签证有哪些规定？
3. 工程索赔的类型有哪些？如何进行工程索赔与反索赔？
4. 合同纠纷主要有哪些类型？如何解决各类合同纠纷问题？
5. 在实际工作中如何操作合同的解除？

工作任务

主要介绍合同纠纷案件适用法律问题、工程签证与合同示范文本、工程索赔与合同示范文本、工程签证索赔管理的要求、建设工程合同纠纷的解决、施工合同解除操作实务等内容。

本工作任务要了解国家法律、行政法规对合同纠纷案件有哪些规定；明确合同解除应具备哪些情形，掌握合同解除的处理方法；明确应具备哪些情形可以认定为建设工程施工合同无效和无效合同的处理方式，掌握无效合同和当事人违约责任的处理方法；掌握如何解决拖欠工程款的利息支付问题；了解工程签证的概念与法律特征，清楚建设工程施工合同（示范文本）与工程签证有关的规定；了解工程索赔的概念、法律特征、原则，明确工程索赔的程序和分类，重点是能在履行合同过程中如何解决工程索赔和反索赔问题；了解工程纠纷的概念、产生的原因、常见合同纠纷事项及仲裁原则，明确合同纠纷的解决方式，明确合同仲裁的程序，重点是能在履行合同过程中如何进行仲裁；了解合同纠纷诉讼的原理、条件和原则，明确合同诉讼的程序；了解仲裁时效与诉讼时效的基本原理，明确时效期间的计算方法；重点对履行合同过程中出现的各类问题，如何把握解除合同的时机和运用法律、行政法规维护自身的合法权益不受损害。

学习参考资料

1. 《中华人民共和国民法典》；
2. 《最高人民法院关于审理建设工程施工合同纠纷案件适用法律问题的解释（一）》法释〔2020〕25 号；
3. 《中华人民共和国仲裁法》；
4. 《中华人民共和国民事诉讼法》；
5. 《中华人民共和国宪法》；
6. 其他有关建设工程施工合同资料。

一、合同纠纷案件适用法律问题

最高人民法院为配合《民法典》的实施，正确审理建设工程施工合同纠纷案件，依法保护当事人合法权益，维护建筑市场秩序，促进建筑市场健康发展。2020 年 12 月 25 日最高人民法院审判委员会第 1825 次会议通过"法释〔2020〕25 号《最高人民法院关于审理建设工程施工合同纠纷案件适用法律问题的解释（一）》"（以下简称《司法解释（一）》），自 2021 年 1 月 1 日起施行，同时废止《建设工程施工合同纠纷解释一、二》。

（一）《民法典》对合同解除的规定

《民法典》第五百六十二条规定："当事人协商一致，可以解除合同。当事人可以约定一方解除合同的事由。解除合同的事由发生时，解除权人可以解除合同。"

1. 合同解除的情形

《民法典》第五百六十三条规定："有下列情形之一的，当事人可以解除合同：

（1）因不可抗力致使不能实现合同目的；

（2）在履行期限届满前，当事人一方明确表示或者以自己的行为表明不履行主要债务；

（3）当事人一方迟延履行主要债务，经催告后在合理期限内仍未履行；

（4）当事人一方迟延履行债务或者有其他违约行为致使不能实现合同目的；

（5）法律规定的其他情形。

以持续履行的债务为内容的不定期合同，当事人可以随时解除合同，但是应当在合理期限之前通知对方。"

2. 合同解除的处理

对于合同解除的处理，应根据《民法典》（第五百五十七、五百六十五、五百六十六、五百六十七条）相关规定执行。

（1）合同解除的，该合同的权利义务关系终止。

（2）当事人一方依法主张解除合同的，应当通知对方。合同自通知到达对方时解除；通知载明债务人在一定期限内不履行债务则合同自动解除，债务人在该期限内未履行债务的，合同自通知载明的期限届满时解除。对方对解除合同有异议的，任何一方当事人均可以请求人民法院或者仲裁机构确认解除行为的效力。当事人一方未通知对方，直接以提起诉讼或者申请仲裁的方式依法主张解除合同，人民法院或者仲裁机构确认该主张的，合同自起诉状副本或者仲裁申请书副本送达对方时解除。

（3）合同解除后，尚未履行的，终止履行；已经履行的，根据履行情况和合同性质，当事人可以请求恢复原状或者采取其他补救措施，并有权请求赔偿损失。合同因违约解除的，解除权人可以请求违约方承担违约责任，但是当事人另有约定的除外。主合同解除后，担保人对债务人应当承担的民事责任仍应当承担担保责任，但是担保合同另有约定的除外。

（4）合同的权利义务关系终止，不影响合同中结算和清理条款的效力。

（二）无效合同认定和处理方式

1. 无效合同的认定

合同效力问题始终是建设工程施工合同纠纷案件审理中的一个疑难复杂问题，要想准确处理建设工程施工合同纠纷案件，就必须准确把握建设工程施工合同的效力认定界限。在《民法典》总则第六章第三节明确规定了无效合同的五种情形：当事人以欺诈、胁迫手段或者乘人之危订立的；恶意串通，损害国家、集体或第三人利益的；以合法形式掩盖非法目的的；违背公序良俗，损害社会公共利益的；违反法律、行政法规的强制性规定的。根据《民法典》规定无效合同的五种情形，结合《司法解释（一）》第一条的相关规定，对具有下列情形之一的，认定为建设工程施工合同无效：

（1）承包人未取得建筑业企业资质或者超越资质等级的；

（2）没有资质的实际施工人借用有资质的建筑施工企业名义的；

（3）建设工程必须进行招标而未招标或者中标无效的；

（4）违反法律、行政法规的强制性规定的民事法律行为；

（5）承包人不得将其承包的全部建设工程转包给第三人或者将其承包的全部建设工程支解以后以分包的名义分别转包给第三人；

（6）禁止承包人将工程分包给不具备相应资质条件的单位。禁止分包单位将其承包的工程再分包。

上述（1）～（4）条属于违反法律、行政法规的情形，对于建设工程施工合同具有上述（1）～（4）条情形之一的，应按《民法典》第一百五十三条第一款的规定，认定无效。

对于第（5）、（6）条属于合同无效中的行为无效，应当依据《民法典》第七百九十一条第二款、第三款的规定，认定无效。

案例5-4-1

　　某工程的承包人是一家挂靠企业，发包人也明知该企业没有施工资质，但还是愿意与该企业签订了施工合同，这就是俗称的挂靠合同或借用施工资质签订的合同。

　　案例分析：该合同发包人清楚承包人是挂靠企业，并与该企业签订了合同。由于发承包双方签订的施工合同，是违反国家法律、行政法规认定的"没有资质的实际施工人借用有资质的建筑施工企业名义的"，属于无效的建设工程施工合同，因此该合同不能在建设行政主管部门备案。

2. 无效合同的处理方式

《民法典》第五百零七条规定："合同不生效、无效、被撤销或者终止的，不影响合同中有关解决争议方法的条款的效力。"

根据《民法典》的有关条款规定，对于无效合同可采用以下方式处理：

（1）无效合同的双方当事人协商处理；

（2）如果一方导致合同无效给另一方造成损失的，应当承担赔偿责任；

（3）导致合同无效的一方应当予以返还因无效行为取得的财产；

（4）发生争议不能解决的，可以向仲裁机构仲裁或人民法院诉讼。

（三）无效合同和当事人违约责任的处理方法

合同一旦被确认无效，合同就立即终止，合同约定的权利和义务也随之无效。根据《民法典》的规定，导致合同无效的事由较多，例如，合同内容有违反法律、行政法规强制性规定的；当事人之间有恶意串通，给国家、集体或者第三人利益造成了损害的；订立的合同对社会公共利益有损害的等。在合同无效和当事人违约的情况下，通常采用返还财产、折价补偿、赔偿损失等处理方法。

1. 返还财产

根据《民法典》第一百五十七条规定，民事法律行为无效、被撤销或者确定不发生效力后，行为人因该行为取得的财产，应当予以返还。

返还财产是指合同当事人在合同被确认为无效或者被撤销以后，对已经交付给对方的财产，享有返还财产的请求权，对方当事人对于已经接受的财产负有返还财产的义务。返还财产主要有单方返还和双方返还两种形式。

（1）单方返还

单方返还是指一方当事人将占有的对方当事人的财产，返还给对方，返还的应是原物。原来交付的货币，返还的应是货币；原来交付的是财物，返还的就应是财物。

1）一方当事人依据无效合同从对方当事人处接受了财产，该方当事人向对方当事人返还财产；

2）依据无效合同双方当事人均从对方处接受了财产，但是一方没有违法行为，另一方有故意违法行为，无违法行为的一方当事人有权请求返还财产；而有故意违法行为的一方当事人无权请求返还财产，其被对方当事人占有的财产，应当依法上缴国库。

3）《司法解释（一）》第十七条规定："有下列情形之一，承包人请求发包人返还工程质量保证金的，人民法院应予支持：

① 当事人约定的工程质量保证金返还期限届满；

② 当事人未约定工程质量保证金返还期限的，自建设工程通过竣工验收之日起满二年；

③ 因发包人原因建设工程未按约定期限进行竣工验收的，自承包人提交工程竣工验收报告九十日后当事人约定的工程质量保证金返还期限届满；当事人未约定工程质量保证金返还期限的，自承包人提交工程竣工验收报告九十日后起满二年。

发包人返还工程质量保证金后，不影响承包人根据合同约定或者法律规定履行工程保修义务。"

4）《司法解释（一）》第二十五条第一款规定："当事人对垫资和垫资利息有约定，承包人请求按照约定返还垫资及其利息的，人民法院应予支持，但是约定的利息计算标准高于垫资时的同类贷款利率或者同期贷款市场报价利率的部分除外。"

（2）双方返还

双方返还是在双方当事人都从对方接受了给付的财产，则将双方当事人的财产都返还给对方。接受的是货币，就返还货币；接受的是财物，就返还财物。如果双方当事人故意违法，则应当将双方当事人从对方得到的财产全部收归国库。

2. 折价补偿

根据《民法典》第一百五十七条规定，不能返还或者没有必要返还的，应当折价补偿。折价补偿是在因无效合同所取得的对方当事人的财产不能返还或者没有必要返还时，按照所取得的财产的价值进行折算，以金钱的方式对对方当事人进行补偿的责任形式。采用折价补偿应根据《民法典》（第七百九十三、七百九十八、八百零七条）和《司法解释（一）》（第二十四条）相关规定执行：

（1）建设工程施工合同无效，但是建设工程经验收合格的，可以参照合同关于工程价款的约定折价补偿承包人。

（2）建设工程施工合同无效，且建设工程经验收不合格的，按照以下情形处理：

1）修复后的建设工程经验收合格的，发包人可以请求承包人承担修复费用；

2）修复后的建设工程经验收不合格的，承包人无权请求参照合同关于工程价款的约定折价补偿。

（3）发包人对因建设工程不合格造成的损失有过错的，应当承担相应的责任。

（4）发包人未按照约定支付价款的，承包人可以催告发包人在合理期限内支付价款。发包人逾期不支付的，除根据建设工程的性质不宜折价、拍卖外，承包人可以与发包人协议将该工程折价，也可以请求人民法院将该工程依法拍卖。建设工程的价款就该工程折价或者拍卖的价款优先受偿。

（5）承包人将建设工程转包、违法分包的，发包人可以解除合同。合同解除后，已经完成的建设工程质量合格的，发包人应当按照约定支付相应的工程价款；已经完成的建设工程质量不合格的，按第（2）条规定处理。

上述（1）、（2）、（5）条强调了工程质量是至高的重要指标，是施工合同的生命线。承包人只有确保建设工程的质量，才能保证工程价款的正常结算。

（6）当事人就同一建设工程订立的数份建设工程施工合同均无效，但建设工程质量合格，一方当事人请求参照实际履行的合同关于工程价款的约定折价补偿承包人的，人民法院应予支持。实际履行的合同难以确定，当事人请求参照最后签订的合同关于工程价款的约定折价补偿承包人的，人民法院应予支持。

3. 赔偿损失

因合同无效或者被撤销，一方当事人由此受到损失，另一方当事人对此有过错时，应赔偿受害人的损失。采用赔偿损失应根据《民法典》（第一百五十七、五百、五百零一、五百七十七、五百八十二、五百八十三、五百八十四、五百八十五、五百八十九、五百九十一、五百九十二、七百九十八、八百零二、八百零三、八百零四条）和《司法解释（一）》（第六、七、十二、十六、十八条）相关规定执行：

（1）有过错的一方应当赔偿对方由此所受到的损失；各方都有过错的，应当各自承担相应的责任。

（2）当事人在订立合同过程中有下列情形之一，造成对方损失的，应当承担赔偿责任：

1）假借订立合同，恶意进行磋商；

2）故意隐瞒与订立合同有关的重要事实或者提供虚假情况；

3）有其他违背诚信原则的行为。

（3）当事人在订立合同过程中知悉的商业秘密或者其他应当保密的信息，无论合同是否成立，不得泄露或者不正当地使用；泄露、不正当地使用该商业秘密或者信息，造成对方损失的，应当承担赔偿责任。

（4）当事人一方不履行合同义务或者履行合同义务不符合约定的，应当承担继续履行、采取补救措施或者赔偿损失等违约责任。

（5）履行不符合约定的，应当按照当事人的约定承担违约责任。对违约责任没有约定或者约定不明确，可以协议补充；不能达成补充协议的，受损害方根据标的的性质以及损失的大小，可以合理选择请求对方承担修理、重作、更换、退货、减少价款或者报酬等违约责任。

（6）当事人一方不履行合同义务或者履行合同义务不符合约定的，在履行义务或者采取补救措施后，对方还有其他损失的，应当赔偿损失。

（7）当事人一方不履行合同义务或者履行合同义务不符合约定，造成对方损失的，损失赔偿额应当相当于因违约所造成的损失，包括合同履行后可以获得的利益；但是，不得超过违约一方订立合同时预见到或者应当预见到的因违约可能造成的损失。

（8）当事人可以约定一方违约时应当根据违约情况向对方支付一定数额的违约金，也可以约定因违约产生的损失赔偿额的计算方法。约定的违约金低于造成的损失的，人民法院或者仲裁机构可以根据当事人的请求予以增加；约定的违约金过分高于造成的损失的，人民法院或者仲裁机构可以根据当事人的请求予以适当减少。

（9）债务人按照约定履行债务，债权人无正当理由拒绝受领的，债务人可以请求债权人赔偿增加的费用。

（10）当事人一方违约后，对方应当采取适当措施防止损失的扩大；没有采取适当措施致使损失扩大的，不得就扩大的损失请求赔偿。当事人因防止损失扩大而支出的合理费用，由违约方负担。

（11）当事人都违反合同的，应当各自承担相应的责任。当事人一方违约造成对方损失，对方对损失的发生有过错的，可以减少相应的损失赔偿额。

（12）隐蔽工程在隐蔽以前，承包人应当通知发包人检查。发包人没有及时检查的，承包人可以顺延工程日期，并有权请求赔偿停工、窝工等损失。

（13）因承包人的原因致使建设工程在合理使用期限内造成人身损害和财产损失的，承包人应当承担赔偿责任。

（14）发包人未按照约定的时间和要求提供原材料、设备、场地、资金、技术资料的，承包人可以顺延工程日期，并有权请求赔偿停工、窝工等损失。

（15）因发包人的原因致使工程中途停建、缓建的，发包人应当采取措施弥补或者减少损失，赔偿承包人因此造成的停工、窝工、倒运、机械设备调迁、材料和构件积压等损失和实际费用。

（16）建设工程施工合同无效，一方当事人请求对方赔偿损失的，应当就对方过错、损失大小、过错与损失之间的因果关系承担举证责任。损失大小无法确定，一方当事人请求参照合同约定的质量标准、建设工期、工程价款支付时间等内容确定损失大小的，人民法院可以结合双方过错程度、过错与损失之间的因果关系等因素作出裁判。

（17）缺乏资质的单位或者个人借用有资质的建筑施工企业名义签订建设工程施工合同，发包人请求出借方与借用方对建设工程质量不合格等因出借资质造成的损失承担连带赔偿责任的，人民法院应予支持。

（18）因承包人的原因造成建设工程质量不符合约定，承包人拒绝修理、返工或者改建，发包人请求减少支付工程价款的，人民法院应予支持。

（19）发包人在承包人提起的建设工程施工合同纠纷案件中，以建设工程质量不符合合同约定或者法律规定为由，就承包人支付违约金或者赔偿修理、返工、改建的合理费用等损失提出反诉的，人民法院可以合并审理。

（20）因保修人未及时履行保修义务，导致建筑物毁损或者造成人身损害、财产损失的，保修人应当承担赔偿责任。保修人与建筑物所有人或者发包人对建筑物毁损均有过错的，各自承担相应的责任。

（四）带资、垫资和垫资利息问题

1. 国家法律法规、行政规章对带资、垫资的规定

（1）根据《建筑法》第八条规定，申请领取施工许可证时，必须有满足施工需要的资金安排。

（2）《招标投标法》第九条第二款规定："招标人应当有进行招标项目的相应资金或者资金来源已经落实，并应当在招标文件中如实载明。"

（3）《政府投资条例》第二十二条第二款规定："政府投资项目不得由施工单位垫资建设"。

（4）住房和城乡建设部、国家发展和改革委员会、财政部、中国人民银行发布的《关于严禁政府投资项目使用带资承包方式进行建设的通知》（建市〔2006〕6号）中规定："政府投资项目一律不得以建筑业企业带资承包的方式进行建设，不得将建筑业企业带资承包作为招标投标条件；严禁将此类内容写入工程承包合同及补充条款，同时要对政府投资项目实行告知性合同备案制度。"

2. 工程实际施工中的垫资问题

在现实的工程建设施工中，发包人经常约定承包人在工程建设中先进行垫资，待工程实施到一定阶段或程度时，再由发包人分期分批支付承包人工程款。垫资施工的方式较多，一般是双方在签订建设工程施工合同的同时，又单独签订一份补充协议，明确约定了承包人的垫资义务。双方以正式的标准合同应付行政检查，私下又以补充协议限制发包人的资金投入，一旦发生仲裁或诉讼，发包人往往又以补充协议进行抗辩。还有一些发包人与承包人签订的建设工程施工合同中明确约定由承包人自带一部分资金，发包人在工程竣工后仅付大部分工程款，剩余的工程款以后付清。

在确认某一合同条款的效力时，关键要看是否违反法律法规的禁止性和强制性规定。对于政府投资项目国家行政规章管理制度中明确规定禁止带资、垫资承包的方式进行建设，但不能作为确认垫资条款无效的法律依据；对于非政府投资项目，国家行政规章管理制度中没有明确规定禁止带资、垫资建设。我国已加入世界贸易组织，在法律的适用上应遵循公开、透明、一致性原则，在法的效力层面上，行政规章的效力层次较低，不能与法律法规的内容或立法精神相抵触。根据《民法典》关于合同无效的规定，国家建设部、财政部以及各地方行政管理部门的规定，是政府部门的行政规章管理，不属于国家的法律法规。所以带资、垫资施工违规不违法，根据《民法典》的规定，合同只要不违反法律、行政法规的禁止性规定，就视为不违法，应当受到保护。

民间投资的垫资施工合同，是有效合同，但垫资这种行为明显与《建筑法》《招标投标法》相违背。民间投资的垫资合同为什么有效？主要在于人民法院确定合同无效时，应以是否违反了法律、行政法规的强制性规定为依据。在《建筑法》《招标投标法》中，虽然对资金落实提出了要求，但并非是以强制性规定的要求提出的。虽然垫资这种行为违反了行政规章的强制性规定，但行政规章在人民法院判定合同无效的时候，是不起作用的，故而民间投资的垫资合同就是有效合同，并没有违反法律、行政法规的强制性规定。

3. 垫资施工合同的有效条件

垫资施工合同只要满足以下条件就是有效：

（1）双方当事人意思真实表示；

（2）符合合同的构成要件；

（3）当事人双方具有相应的民事行为能力；

（4）不违反法律法规和社会公德。

4.《司法解释（一）》对垫资和垫资利息的规定

依据我国最高人民法院的相关司法解释规定，工程垫资是允许的，法院对垫资利息的主张是支持的。《司法解释（一）》第二十五、二十六、二十七条对于垫资和垫资利息的有关规定：

（1）当事人对垫资和垫资利息有约定，承包人请求按照约定返还垫资及其利息的，人民法院应予支持，但是约定的利息计算标准高于垫资时的同类贷款利率或者同期贷款市场报价利率的部分除外。当事人对垫资没有约定的，按照工程欠款处理。当事人对垫资利息没有约定，承包人请求支付利息的，人民法院不予支持。

（2）当事人对欠付工程价款利息计付标准有约定的，按照约定处理。没有约定的，按照同期同类贷款利率或者同期贷款市场报价利率计息。

（3）利息从应付工程价款之日开始计付。当事人对付款时间没有约定或者约定不明的，下列时间视为应付款时间：

1）建设工程已实际交付的，为交付之日；

2）建设工程没有交付的，为提交竣工结算文件之日；

3）建设工程未交付，工程价款也未结算的，为当事人起诉之日。

（五）工程质量问题

1. 承包人拒绝修理、返工、改建的法律后果

《司法解释（一）》第十二条规定："因承包人的原因造成建设工程质量不符合约定，承包人拒绝修理、返工或者改建，发包人请求减少支付工程价款的，人民法院应予支持。"

2. 发包人造成工程质量缺陷的法律后果

《司法解释（一）》第十三条规定："发包人具有下列情形之一，造成建设工程质量缺陷，应当承担过错责任：

（1）提供的设计有缺陷；

（2）提供或者指定购买的建筑材料、建筑构配件、设备不符合强制性标准；

（3）直接指定分包人分包专业工程。

承包人有过错的，也应当承担相应的过错责任。"

3. 工程未验收即使用产生的法律后果

《司法解释（一）》第十四条规定："建设工程未经竣工验收，发包人擅自使用后，又以使用部分质量不符合约定为由主张权利的，人民法院不予支持；但是承包人应当在建设工程的合理使用寿命内对地基基础工程和主体结构质量承担民事责任。"

（六）工程工期问题

1. 开工日期的确定

开工日期由发包人与承包人在工程合同协议书中约定，承包人开始施工的绝对或相对的日期。

《司法解释（一）》第八条规定："当事人对建设工程开工日期有争议的，人民法院应当分别按照以下情形予以认定：

（1）开工日期为发包人或者监理人发出的开工通知载明的开工日期；开工通知发出后，尚不具备开工条件的，以开工条件具备的时间为开工日期；因承包人原因导致开工时间推迟的，以开工通知载明的时间为开工日期。

（2）承包人经发包人同意已经实际进场施工的，以实际进场施工时间为开工日期。

（3）发包人或者监理人未发出开工通知，亦无相关证据证明实际开工日期的，应当综合考虑开工报告、合同、施工许可证、竣工验收报告或者竣工验收备案表等载明的时间，并结合是否具备开工条件的事实，认定开工日期。"

2. 顺延工期的确定

由于建设工程施工周期长，不可预见因素较多，致使顺延工期难以避免。因此，出现顺延工期问题，应根据《司法解释（一）》相关条款确定。

（1）《司法解释（一）》第十条规定："当事人约定顺延工期应当经发包人或者监理人签证等方式确认，承包人虽未取得工期顺延的确认，但能够证明在合同约定的期限内向发包人或者监理人申请过工期顺延且顺延事由符合合同约定，承包人以此为由主张工期顺延的，人民法院应予支持。当事人约定承包人未在约定期限内提出工期顺延申请视为工期不顺延的，按照约定处理，但发包人在约定期限后同意工期顺延或者承包人提出合理抗辩的除外。"

（2）《司法解释（一）》第十一条规定："建设工程竣工前，当事人对工程质量发生争议，工程质量经鉴定合格的，鉴定期间为顺延工期期间。"

3. 竣工日期的确定

竣工日期由发包人与承包人在工程合同协议书中约定，承包人完成承包范围内工程的绝对或相对的日期。

有关实际竣工日期发承包双方意见不统一时，根据《司法解释（一）》第九条规定："当事人对建设工程实际竣工日期有争议的，人民法院应当分别按照以下情形予以认定：

（1）建设工程经竣工验收合格的，以竣工验收合格之日为竣工日期。

（2）承包人已经提交竣工验收报告，发包人拖延验收的，以承包人提交验收报告之日为竣工日期。

（3）建设工程未经竣工验收，发包人擅自使用的，以转移占有建设工程之日为竣工日期。"

（七）工程价款结算问题

1. 工程价款

对于工程价款问题，应按《司法解释（一）》（第十九、二十一、二十二、二十三、二十四、二十八、二十九、三十五、三十八、三十九、四十、四十一、四十二条）相关规定执行：

（1）当事人对建设工程的计价标准或者计价方法有约定的，按照约定结算工程价款。

因设计变更导致建设工程的工程量或者质量标准发生变化，当事人对该部分工程价款不能协商一致的，可以参照签订建设工程施工合同时当地建设行政主管部门发布的计价方法或者计价标准结算工程价款。

建设工程施工合同有效，但建设工程经竣工验收不合格的，依照《民法典》第五百七十七条规定处理。

（2）当事人约定，发包人收到竣工结算文件后，在约定期限内不予答复，视为认可竣工结算文件的，按照约定处理。承包人请求按照竣工结算文件结算工程价款的，人民法院应予支持。

（3）当事人签订的建设工程施工合同与招标文件、投标文件、中标通知书载明的工程范围、建设工期、工程质量、工程价款不一致，一方当事人请求将招标文件、投标文件、中标通知书作为结算工程价款的依据的，人民法院应予支持。

（4）发包人将依法不属于必须招标的建设工程进行招标后，与承包人另行订立的建设工程施工合同背离中标合同的实质性内容，当事人请求以中标合同作为结算建设工程价款依据的，人民法院应予支持，但发包人与承包人因客观情况发生了在招标投标时难以预见的变化而另行订立建设工程施工合同的除外。

（5）当事人就同一建设工程订立的数份建设工程施工合同均无效，但建设工程质量合格，一方当事人请求参照实际履行的合同关于工程价款的约定折价补偿承包人的，人民法院应予支持。实际履行的合同难以确定，当事人请求参照最后签订的合同关于工程价款的约定折价补偿承包人的，人民法院应予支持。

（6）当事人约定按照固定价结算工程价款，一方当事人请求对建设工程造价进行鉴定的，人民法院不予支持。

（7）当事人在诉讼前已经对建设工程价款结算达成协议，诉讼中一方当事人申请对工程造价进行鉴定的，人民法院不予准许。

（8）与发包人订立建设工程施工合同的承包人，依据民法典第八百零七条的规定请求其承建工程的价款就工程折价或者拍卖的价款优先受偿的，人民法院应予支持。

（9）建设工程质量合格，承包人请求其承建工程的价款就工程折价或者拍卖的价款优先受偿的，人民法院应予支持。

（10）未竣工的建设工程质量合格，承包人请求其承建工程的价款就其承建工程部分折价或者拍卖的价款优先受偿的，人民法院应予支持。

（11）承包人建设工程价款优先受偿的范围依照国务院有关行政主管部门关于建设工程价款范围的规定确定。承包人就逾期支付建设工程价款的利息、违约金、损害赔偿金等主张优先受偿的，人民法院不予支持。

（12）承包人应当在合理期限内行使建设工程价款优先受偿权，但最长不得超过十八个月，自发包人应当给付建设工程价款之日起算。

（13）发包人与承包人约定放弃或者限制建设工程价款优先受偿权，损害建筑工人利益，发包人根据该约定主张承包人不享有建设工程价款优先受偿权的，人民法院不予支持。

2. 拖欠工程款的利息支付

对于拖欠工程款的利息支付问题，应按《司法解释（一）》（第二十五、二十六、二十七、四十三条）相关规定执行：

（1）当事人对垫资和垫资利息有约定，承包人请求按照约定返还垫资及其利息的，人民法院应予支持，但是约定的利息计算标准高于垫资时的同类贷款利率或者同期贷款市场报价利率的部分除外。当事人对垫资没有约定的，按照工程欠款处理。当事人对垫资利息没有约定，承包人请求支付利息的，人民法院不予支持。

（2）当事人对欠付工程价款利息计付标准有约定的，按照约定处理。没有约定的，按照同期同类贷款利率或者同期贷款市场报价利率计息。

（3）利息从应付工程价款之日开始计付。当事人对付款时间没有约定或者约定不明的，下列时间视为应付款时间：

1）建设工程已实际交付的，为交付之日；

2）建设工程没有交付的，为提交竣工结算文件之日；

3）建设工程未交付，工程价款也未结算的，为当事人起诉之日。

（4）实际施工人以转包人、违法分包人为被告起诉的，人民法院应当依法受理。实际施工人以发包人为被告主张权利的，人民法院应当追加转包人或者违法分包人为本案第三人，在查明发包人欠付转包人或者违法分包人建设工程价款的数额后，判决发包人在欠付建设工程价款范围内对实际施工人承担责任。

（八）工程争议问题

对于工程争议的问题，应按《司法解释（一）》（第十五、二十、三十一、三十二条）相关规定执行：

（1）因建设工程质量发生争议的，发包人可以以总承包人、分包人和实际施工人为共同被告提起诉讼。

（2）当事人对工程量有争议的，按照施工过程中形成的签证等书面文件确认。承包人能够证明发包人同意其施工，但未能提供签证文件证明工程量发生的，可以按照当事人提供的其他证据确认实际发生的工程量。

（3）当事人对部分案件事实有争议的，仅对有争议的事实进行鉴定，但争议事实范围不能确定，或者双方当事人请求对全部事实鉴定的除外。

（4）当事人对工程造价、质量、修复费用等专门性问题有争议，人民法院认为需要鉴定的，应当向负有举证责任的当事人释明。当事人经释明未申请鉴定，虽申请鉴定但未支付鉴定费用或者拒不提供相关材料的，应当承担举证不能的法律后果。

（九）另立合同问题

《司法解释（一）》第二条规定：招标人和中标人另行签订的建设工程施工合同约定的工程范围、建设工期、工程质量、工程价款等实质性内容，与中标合同不一致，一方当事人请求按照中标合同确定权利义务的，人民法院应予支持。

 案例5-4-2

　　某工程由于施工蓝图还未完成，招标时采用的是白图；工程施工时正式的施工蓝图已完成。但两者图纸部分工程量不一样，这时双方就变更蓝图，另行签订合同。试问另行签订的合同是不是无效合同？

　　案例分析：由于施工蓝图与白图比较发生变动，施工蓝图的某些分项工程的工程量比白图的工程量大很多，设计图纸发生了变化，应属于设计变更。法院认为工程开工以后，若因设计变更、建设工程规划指标调整等客观原因，应根据工程的实际情况，按照《民法典》第五百四十三条规定："当事人协商一致，可以变更合同。"发承包双方通过签订补充协议、会议纪要、签证等形式变更工程价款，不能以变更中标合同实质性内容为由另行签订合同。

（十）工程保修责任问题

《司法解释（一）》第十八条规定："因保修人未及时履行保修义务，导致建筑物毁损或者造成人身损害、财产损失的，保修人应当承担赔偿责任。保修人与建筑物所有人或者发包人对建筑物毁损均有过错的，各自承担相应的责任。"

二、工程签证与合同示范文本

（一）工程签证的概念及法律特征

1. 工程签证的概念

工程签证是工程发承包双方在施工过程中按合同约定，对额外费用补偿、工期延长等赔偿损失所达成的双方意思表示一致的书面证明材料和补充协议。互相书面确认的签证可以直接作为工程款结算或最终增减工程造价的凭据。

2. 工程签证的法律特征

（1）工程签证是双方协商一致的结果，是双方法律行为。

（2）工程签证涉及的利益已经确定，可直接作为工程结算的凭据。

（3）工程签证是施工过程中的例行工作，一般不依赖于证据。

（二）建设工程施工合同（示范文本）与工程签证有关的规定

1. "通用合同条款"1.7　联络规定

发包人和承包人应在专用合同条款中约定各自的送达接收人和送达地点。任何一方合同当事人指定的接收人或送达地点发生变动的，应提前3天以书面形式通知对方。

发包人和承包人应当及时签收另一方送达至送达地点和指定接收人的来往信函。拒不签收的，由此增加的费用和（或）延误的工期由拒绝接收一方承担。

2. "通用合同条款"1.13　工程量清单错误的修正规定

除专用合同条款另有约定外，发包人提供的工程量清单，应被认为是准确的和完整的。出现下列情形之一时，发包人应予以修正，并相应调整合同价格：

（1）工程量清单存在缺项、漏项的；

（2）工程量清单偏差超出专用合同条款约定的工程量偏差范围的；

（3）未按照国家现行计量规范强制性规定计量的。

3. "通用合同条款"2.2　发包人代表规定

发包人更换发包人代表的，应提前7天书面通知承包人。发包人代表不能按照合同约定履行其职责及义务，并导致合同无法继续正常履行的，承包人可以要求发包人撤换发包人代表。

4. "通用合同条款"2.4　施工现场、施工条件和基础资料的提供规定

根据"通用合同条款"2.4条规定，发包人应在合同专用条款规定的时间内提供施工现场、提供施工条件、提供基础资料。

 案例5-4-3

某工程发承包双方在合同中约定，发包人应在开工前7天向承包人提供工程施工所必需的毗邻区域内供水、排水、供电、供气、供热、通信、广播电视等地下管线资料，相邻建筑物、构筑物和地下工程等有关基础资料，并对所提供资料的真实性、准

确性和完整性负责。但工程开工后发包人未能提供相关地下管线等基础资料，使地下土方开挖时造成某处地下供水管线开裂，导致毗邻区域内暂停供水，事故处理后给承包人带来了一定的损失。

案例分析：根据"通用合同条款"第2.4.4条规定："因发包人原因未能按合同约定及时向承包人提供施工现场、施工条件、基础资料的，由发包人承担由此增加的费用和（或）延误的工期。"这种案例在工程中时有发生，属于发包人违约，承包人提出了工程费用和工期索赔，发承包双方根据现场实际情况进行了工程索赔签证。

5. "通用合同条款" 3.2　项目经理规定

未经发包人书面同意，承包人不得擅自更换项目经理。承包人擅自更换项目经理的，应按照专用合同条款的约定承担违约责任。承包人无正当理由拒绝发包人要求更换项目经理的，应按照专用合同条款的约定承担违约责任。

 案例5-4-4

某建设工程承包人的项目经理辞职，新换项目经理没有及时书面通知发包人和监理人。这期间发生了工程现场签证，由新换的项目经理代表承包人签证，遭到发包人和监理人的拒绝，导致不能履行现场签证手续。

案例分析：通常的签证是由建设单位、监理单位和施工单位三方代表签字盖章即生效，而三方代表在施工合同的专用合同条款中有明确的规定，由他们履行现场签证手续，不能任何人签字都有效。根据《建设工程施工合同（示范文本）》"通用合同条款"第3.2.3条中规定，承包人需要更换项目经理的，应提前14天书面通知发包人和监理人，并征得发包人书面同意。未经发包人书面同意，承包人不得擅自更换项目经理。承包人擅自更换项目经理的，应按照专用合同条款的约定承担违约责任。承包人没有按合同规定履行更换项目经理的手续，导致不能正常进行现场签证，应由承包人承担违约责任。

6. "通用合同条款" 3.3　承包人人员规定

发包人要求撤换不能按照合同约定履行职责及义务的主要施工管理人员的，承包人应当撤换。承包人无正当理由拒绝撤换的，应按照专用合同条款的约定承担违约责任。承包人擅自更换主要施工管理人员，或前述人员未经监理人或发包人同意擅自离开施工现场的，应按照专用合同条款约定承担违约责任。

7. "通用合同条款" 4.3　监理人的指示规定

因监理人未能按合同约定发出指示、指示延误或发出了错误指示而导致承包人费用增加和（或）工期延误的，由发包人承担相应责任。

8. "通用合同条款" 5.1　质量要求规定

因发包人原因造成工程质量未达到合同约定标准的，由发包人承担由此增加的费用和（或）延误的工期，并支付承包人合理的利润。

因承包人原因造成工程质量未达到合同约定标准的，发包人有权要求承包人返工直至工程质量达到合同约定的标准为止，并由承包人承担由此增加的费用和（或）延误的工期。

9."通用合同条款"5.2　质量保证措施规定

监理人的检查和检验不应影响施工正常进行。监理人的检查和检验影响施工正常进行的，且经检查检验不合格的，影响正常施工的费用由承包人承担，工期不予顺延；经检查检验合格的，由此增加的费用和（或）延误的工期由发包人承担。

10."通用合同条款"5.3　隐蔽工程检查规定

经监理人检查质量不合格的，承包人应在监理人指示的时间内完成修复，并由监理人重新检查，由此增加的费用和（或）延误的工期由承包人承担。

监理人未按时进行检查，也未提出延期要求的，视为隐蔽工程检查合格，承包人可自行完成覆盖工作，并作相应记录报送监理人，监理人应签字确认。

承包人覆盖工程隐蔽部位后，发包人或监理人对质量有疑问的，可要求承包人对已覆盖的部位进行钻孔探测或揭开重新检查，承包人应遵照执行，并在检查后重新覆盖恢复原状。经检查证明工程质量符合合同要求的，由发包人承担由此增加的费用和（或）延误的工期，并支付承包人合理的利润；经检查证明工程质量不符合合同要求的，由此增加的费用和（或）延误的工期由承包人承担。

承包人未通知监理人到场检查，私自将工程隐蔽部位覆盖的，监理人有权指示承包人钻孔探测或揭开检查，无论工程隐蔽部位质量是否合格，由此增加的费用和（或）延误的工期均由承包人承担。

11."通用合同条款"5.4　不合格工程的处理规定

因承包人原因造成工程不合格的，发包人有权随时要求承包人采取补救措施，直至达到合同要求的质量标准，由此增加的费用和（或）延误的工期由承包人承担。

因发包人原因造成工程不合格的，由此增加的费用和（或）延误的工期由发包人承担，并支付承包人合理的利润。

12."通用合同条款"5.5　质量争议检测规定

合同当事人对工程质量有争议的，由双方协商确定的工程质量检测机构鉴定，由此产生的费用及因此造成的损失，由责任方承担。

合同当事人均有责任的，由双方根据其责任分别承担。

13."通用合同条款"6.3　环境保护规定

承包人应当承担因其原因引起的环境污染侵权损害赔偿责任，因上述环境污染引起纠纷而导致暂停施工的，由此增加的费用和（或）延误的工期由承包人承担。

14."通用合同条款"7.5　工期延误规定

因发包人原因导致工期延误和（或）费用增加的，由发包人承担由此延误的工期和（或）增加的费用，且发包人应支付承包人合理的利润。

因发包人原因未按计划开工日期开工的，发包人应按实际开工日期顺延竣工日期，确保实际工期不低于合同约定的工期总日历天数。

因承包人原因造成工期延误的，可以在专用合同条款中约定逾期竣工违约金的计算方法和逾期竣工违约金的上限。承包人支付逾期竣工违约金后，不免除承包人继续完成工程及修补缺陷的义务。

15．"通用合同条款"7.7　异常恶劣的气候条件规定

承包人应采取克服异常恶劣的气候条件的合理措施继续施工，并及时通知发包人和监理人。监理人经发包人同意后应当及时发出指示，指示构成变更的，按第 10 条〔变更〕约定办理。承包人因采取合理措施而增加的费用和（或）延误的工期由发包人承担。

16．"通用合同条款"7.8　暂停施工规定

因发包人原因引起的暂停施工，发包人应承担由此增加的费用和（或）延误的工期，并支付承包人合理的利润。

因承包人原因引起的暂停施工，承包人应承担由此增加的费用和（或）延误的工期。承包人无故拖延和拒绝复工的，承包人承担由此增加的费用和（或）延误的工期。

17．"通用合同条款"8.3　材料与工程设备的接收与拒收规定

承包人采购的材料和工程设备不符合设计或有关标准要求时，承包人应在监理人要求的合理期限内将不符合设计或有关标准要求的材料、工程设备运出施工现场，并重新采购符合要求的材料、工程设备，由此增加的费用和（或）延误的工期，由承包人承担。

18．"通用合同条款"8.5　禁止使用不合格的材料和工程设备规定

发包人提供的材料或工程设备不符合合同要求的，承包人有权拒绝，并可要求发包人更换，由此增加的费用和（或）延误的工期由发包人承担，并支付承包人合理的利润。

19．"通用合同条款"8.8　施工设备和临时设施规定

承包人使用的施工设备不能满足合同进度计划和（或）质量要求时，监理人有权要求承包人增加或更换施工设备，承包人应及时增加或更换，由此增加的费用和（或）延误的工期由承包人承担。

20．"通用合同条款"10.2　变更权规定

发包人和监理人均可以提出变更。变更指示均通过监理人发出，监理人发出变更指示前应征得发包人同意。承包人收到经发包人签认的变更指示后，方可实施变更。未经许可，承包人不得擅自对工程的任何部分进行变更。

涉及设计变更的，应由设计人提供变更后的图纸和说明。如变更超过原设计标准或批准的建设规模时，发包人应及时办理规划、设计变更等审批手续。

21．"通用合同条款"10.3　变更程序规定

承包人收到监理人下达的变更指示后，认为不能执行，应立即提出不能执行该变更指示的理由。承包人认为可以执行变更的，应当书面说明实施该变更指示对合同价格和工期的影响，且合同当事人应当按照第10.4款〔变更估价〕约定确定变更估价。

22．"通用合同条款"10.4　变更估价规定

（1）变更估价原则

除专用合同条款另有约定外，变更估价按照本款约定处理：

1）已标价工程量清单或预算书有相同项目的，按照相同项目单价认定；

2）已标价工程量清单或预算书中无相同项目，但有类似项目的，参照类似项目的单价认定；

3）变更导致实际完成的变更工程量与已标价工程量清单或预算书中列明的该项目工程量的变化幅度超过15％的，或已标价工程量清单或预算书中无相同项目及类似项目单价的，按照合理的成本与利润构成的原则，由合同当事人按照第4.4款〔商定或确定〕确定

变更工作的单价。

（2）变更估价程序

承包人应在收到变更指示后 14 天内，向监理人提交变更估价申请。监理人应在收到承包人提交的变更估价申请后 7 天内审查完毕并报送发包人，监理人对变更估价申请有异议，通知承包人修改后重新提交。发包人应在承包人提交变更估价申请后 14 天内审批完毕。发包人逾期未完成审批或未提出异议的，视为认可承包人提交的变更估价申请。

因变更引起的价格调整应计入最近一期的进度款中支付。

23．"通用合同条款"10.6　变更引起的工期调整规定

因变更引起工期变化的，合同当事人均可要求调整合同工期，由合同当事人按照第4.4 款〔商定或确定〕并参考工程所在地的工期定额标准确定增减工期天数。

24．"通用合同条款"11.1　市场价格波动引起的调整规定

除专用合同条款另有约定外，市场价格波动超过合同当事人约定的范围，合同价格应当调整。合同当事人可以在专用合同条款中约定选择以下一种方式对合同价格进行调整：

第 1 种方式：采用价格指数进行价格调整。

第 2 种方式：采用造价信息进行价格调整。

合同履行期间，因人工、材料、工程设备和机械台班价格波动影响合同价格时，人工、机械使用费按照国家或省、自治区、直辖市建设行政管理部门、行业建设管理部门或其授权的工程造价管理机构发布的人工、机械使用费系数进行调整；需要进行价格调整的材料，其单价和采购数量应由发包人审批，发包人确认需调整的材料单价及数量，作为调整合同价格的依据。

第 3 种方式：专用合同条款约定的其他方式。

25．"通用合同条款"11.2　法律变化引起的调整规定

基准日期后，法律变化导致承包人在合同履行过程中所需要的费用发生除第 11.1 款〔市场价格波动引起的调整〕约定以外的增加时，由发包人承担由此增加的费用；减少时，应从合同价格中予以扣减。基准日期后，因法律变化造成工期延误时，工期应予以顺延。

因法律变化引起的合同价格和工期调整，合同当事人无法达成一致的，由总监理工程师按第 4.4 款（商定或确定）的约定处理。

因承包人原因造成工期延误，在工期延误期间出现法律变化的，由此增加的费用和（或）延误的工期由承包人承担。

26．"通用合同条款"12.2　预付款规定

发包人逾期支付预付款超过 7 天的，承包人有权向发包人发出要求预付的催告通知，发包人收到通知后 7 天内仍未支付的，承包人有权暂停施工，并按第 16.1.1 项（发包人违约的情形）执行。

27．"通用合同条款"12.3　计量规定

（1）单价合同的计量

承包人应协助监理人进行复核或抽样复测，并按监理人要求提供补充计量资料。承包人未按监理人要求参加复核或抽样复测的，监理人复核或修正的工程量视为承包人实际完成的工程量。

监理人未在收到承包人提交的工程量报表后的 7 天内完成审核的，承包人报送的工程

量报告中的工程量视为承包人实际完成的工程量，据此计算工程价款。

（2）总价合同的计量

承包人应协助监理人进行复核或抽样复测并按监理人要求提供补充计量资料。承包人未按监理人要求参加复核或抽样复测的，监理人审核或修正的工程量视为承包人实际完成的工程量。

监理人未在收到承包人提交的工程量报表后的 7 天内完成复核的，承包人提交的工程量报告中的工程量视为承包人实际完成的工程量。

28. "通用合同条款" 12.4　工程进度款支付规定

除专用合同条款另有约定外，监理人应在收到承包人进度付款申请单以及相关资料后 7 天内完成审查并报送发包人，发包人应在收到后 7 天内完成审批并签发进度款支付证书。发包人逾期未完成审批且未提出异议的，视为已签发进度款支付证书。

除专用合同条款另有约定外，发包人应在进度款支付证书或临时进度款支付证书签发后 14 天内完成支付，发包人逾期支付进度款的，应按照中国人民银行发布的同期同类贷款基准利率支付违约金。

在对已签发的进度款支付证书进行阶段汇总和复核中发现错误、遗漏或重复的，发包人和承包人均有权提出修正申请。经发包人和承包人同意的修正，应在下期进度付款中支付或扣除。

29. "通用合同条款" 13.1　分部分项工程验收规定

监理人未按时进行验收，也未提出延期要求的，承包人有权自行验收，监理人应认可验收结果。分部分项工程未经验收的，不得进入下一道工序施工。

30. "通用合同条款" 13.2　竣工验收规定

竣工验收合格的，发包人应在验收合格后 14 天内向承包人签发工程接收证书。发包人无正当理由逾期不颁发工程接收证书的，自验收合格后第 15 天起视为已颁发工程接收证书。

竣工验收不合格的，监理人应按照验收意见发出指示，要求承包人对不合格工程返工、修复或采取其他补救措施，由此增加的费用和（或）延误的工期由承包人承担。承包人在完成不合格工程的返工、修复或采取其他补救措施后，应重新提交竣工验收申请报告，并按本项约定的程序重新进行验收。

工程未经验收或验收不合格，发包人擅自使用的，应在转移占有工程后 7 天内向承包人颁发工程接收证书；发包人无正当理由逾期不颁发工程接收证书的，自转移占有后第 15 天起视为已颁发工程接收证书。

除专用合同条款另有约定外，发包人不按照本项约定组织竣工验收、颁发工程接收证书的，每逾期一天，应以签约合同价为基数，按照中国人民银行发布的同期同类贷款基准利率支付违约金。

对于竣工验收不合格的工程，承包人完成整改后，应当重新进行竣工验收，经重新组织验收仍不合格的且无法采取措施补救的，则发包人可以拒绝接收不合格工程，因不合格工程导致其他工程不能正常使用的，承包人应采取措施确保相关工程的正常使用，由此增加的费用和（或）延误的工期由承包人承担。

发包人无正当理由不接收工程的，发包人自应当接收工程之日起，承担工程照管、成品保护、保管等与工程有关的各项费用，合同当事人可以在专用合同条款中另行约定发包人逾期接收工程的违约责任。

承包人无正当理由不移交工程的，承包人应承担工程照管、成品保护、保管等与工程有关的各项费用，合同当事人可以在专用合同条款中另行约定承包人无正当理由不移交工程的违约责任。

31."通用合同条款"13.4　提前交付单位工程的验收规定

发包人要求在工程竣工前交付单位工程，由此导致承包人费用增加和（或）工期延误的，由发包人承担由此增加的费用和（或）延误的工期，并支付承包人合理的利润。

32."通用合同条款"13.6　竣工退场规定

施工现场的竣工退场费用由承包人承担。承包人应在专用合同条款约定的期限内完成竣工退场，逾期未完成的，发包人有权出售或另行处理承包人遗留的物品，由此支出的费用由承包人承担，发包人出售承包人遗留物品所得款项在扣除必要费用后应返还承包人。

33."通用合同条款"14.2　竣工结算审核规定

发包人在收到承包人提交竣工结算申请书后28天内未完成审批且未提出异议的，视为发包人认可承包人提交的竣工结算申请单，并自发包人收到承包人提交的竣工结算申请单后第29天起视为已签发竣工付款证书。

除专用合同条款另有约定外，发包人应在签发竣工付款证书后的14天内，完成对承包人的竣工付款。发包人逾期支付的，按照中国人民银行发布的同期同类贷款基准利率支付违约金；逾期支付超过56天的，按照中国人民银行发布的同期同类贷款基准利率的两倍支付违约金。

34."通用合同条款"14.4　最终结清规定

除专用合同条款另有约定外，发包人应在收到承包人提交的最终结清申请单后14天内完成审批并向承包人颁发最终结清证书。发包人逾期未完成审批，又未提出修改意见的，视为发包人同意承包人提交的最终结清申请单，且自发包人收到承包人提交的最终结清申请单后15天起视为已颁发最终结清证书。

除专用合同条款另有约定外，发包人应在颁发最终结清证书后7天内完成支付。发包人逾期支付的，按照中国人民银行发布的同期同类贷款基准利率支付违约金；逾期支付超过56天的，按照中国人民银行发布的同期同类贷款基准利率的两倍支付违约金。

35."通用合同条款"15.2　缺陷责任期规定

缺陷责任期内，由承包人原因造成的缺陷，承包人应负责维修，并承担鉴定及维修费用。如承包人不维修也不承担费用，发包人可按合同约定从保证金或银行保函中扣除，费用超出保证金额的，发包人可按合同约定向承包人进行索赔。承包人维修并承担相应费用后，不免除对工程的损失赔偿责任。发包人有权要求承包人延长缺陷责任期，并应在原缺陷责任期届满前发出延长通知。但缺陷责任期（含延长部分）最长不能超过24个月。由他人原因造成的缺陷，发包人负责组织维修，承包人不承担费用，且发包人不得从保证金中扣除费用。

任何一项缺陷或损坏修复后，经检查证明其影响了工程或工程设备的使用性能，承包人应重新进行合同约定的试验和试运行，试验和试运行的全部费用应由责任方承担。

36. "通用合同条款" 16.1 发包人违约规定

发包人发生违约情况时，承包人可向发包人发出通知，要求发包人采取有效措施纠正违约行为。发包人收到承包人通知后 28 天内仍不纠正违约行为的，承包人有权暂停相应部位工程施工，并通知监理人。

发包人应承担因其违约给承包人增加的费用和（或）延误的工期，并支付承包人合理的利润。此外，合同当事人可在专用合同条款中另行约定发包人违约责任的承担方式和计算方法。

除专用合同条款另有约定外，承包人按第 16.1.1 项〔发包人违约的情形〕约定暂停施工满 28 天后，发包人仍不纠正其违约行为并致使合同目的不能实现的，或出现第 16.1.1 项〔发包人违约的情形〕第（7）目约定的违约情况，承包人有权解除合同，发包人应承担由此增加的费用，并支付承包人合理的利润。

承包人按照本款约定解除合同的，发包人应在解除合同后 28 天内支付下列款项，并解除履约担保：（一）合同解除前所完成工作的价款；（二）承包人为工程施工订购并已付款的材料、工程设备和其他物品的价款；（三）承包人撤离施工现场以及遣散承包人人员的款项；（四）按照合同约定在合同解除前应支付的违约金；（五）按照合同约定应当支付给承包人的其他款项；（六）按照合同约定应退还的质量保证金；（七）因解除合同给承包人造成的损失。

37. "通用合同条款" 16.2 承包人违约规定

承包人发生违约情况时，监理人可向承包人发出整改通知，要求其在指定的期限内改正。

承包人应承担因其违约行为而增加的费用和（或）延误的工期。此外，合同当事人可在专用合同条款中另行约定承包人违约责任的承担方式和计算方法。

除专用合同条款另有约定外，出现第 16.2.1 项〔承包人违约的情形〕第（7）目约定的违约情况时，或监理人发出整改通知后，承包人在指定的合理期限内仍不纠正违约行为并致使合同目的不能实现的，发包人有权解除合同。

因承包人违约解除合同的，发包人有权暂停对承包人的付款，查清各项付款和已扣款项。发包人和承包人未能就合同解除后的清算和款项支付达成一致的，按照第 20 条〔争议解决〕的约定处理。

38. "通用合同条款" 17.3 不可抗力后果的承担规定

不可抗力引起的后果及造成的损失由合同当事人按照法律规定及合同约定各自承担。不可抗力发生前已完成的工程应当按照合同约定进行计量支付。

不可抗力导致的人员伤亡、财产损失、费用增加和（或）工期延误等后果，由合同当事人承担。

因合同一方迟延履行合同义务，在迟延履行期间遭遇不可抗力的，不免除其违约责任。

39. "通用合同条款" 17.4 因不可抗力解除合同规定

因不可抗力导致合同无法履行连续超过 84 天或累计超过 140 天的，发包人和承包人均有权解除合同。合同解除后，由双方当事人按照第 4.4 款〔商定或确定〕商定或确定发包人应支付的款项。

三、工程索赔与合同示范文本

5-3

索赔

（一）工程索赔的基本原理

1. 索赔的概念

工程索赔是指发承包双方在工程合同履行过程中，合同当事人中的任何一方因非自身责任或对方不履行或未能正确履行合同而受到经济损失或权利损害时，通过一定的合法程序向对方提出的价款与工期补偿的要求。索赔是约定期限内向对方提出赔偿请求的一种权利，是单方的权利主张。

索赔有可能发生于各类建设合同的履行过程中，但在工程施工合同中较为常见。索赔是一种正当的权利要求，它是业主、工程师和承包商之间一项正常的、大量发生而且普遍存在的合同管理业务，是一种以法律和合同为依据的、合情合理的行为。它对对方尚未形成约束力，这种索赔要求能否得到最终实现，必须要通过确认（如双方协商、谈判、调解、仲裁或诉讼）后才能实现。

2. 索赔的法律特征

（1）与工程签证是双方法律行为的特征不同，工程索赔是双方未能协商一致的结果，是单方主张权利的要求，是单方法律行为。

（2）与工程签证涉及的利益已经确定的特点不同，工程索赔涉及的利益尚待确定，是一种期待权益。

（3）与工程签证一般不依赖于其他证据不同，工程索赔是要求未获确认的权利的单方主张，必须依赖于证据。

3. 工程索赔应遵循的原则

（1）客观性原则

合同当事人提出的任何索赔要求，首先必须是真实的。因此，当确实发生索赔事件且有证据能够证实时，才能索赔。合同当事人必须认真、及时、全面地收集有关证据，实事求是地提出索赔要求。

（2）合法性原则

当事人的任何索赔要求，都应当限定在法律和合同许可的范围内，没有法律上或合同上的依据不要盲目索赔。

（3）合理性原则

索赔要求必须合情合理，首先要采取科学合理的计算方法和计算基础，真实反映索赔事件造成的实际损失；再者索赔必须结合工程的实际情况，兼顾对方的利益，不要滥用索赔，多估冒算，漫天要价。

4. 工程索赔的作用

（1）索赔是落实和调整合同双方经济责、权、利关系的手段。当事人不按合同约定履行，造成了对方损失，侵害了对方权利，则应承担相应的合同处罚和赔偿。所以，索赔是合同双方风险分担的合理再分配，离开了索赔，合同责任就不能全面体现，合同双方的责、权、利关系就难以平衡。

（2）索赔是合同和法律赋予正确履行合同者免受意外损失的权利。对当事人是一种保护自己、维护自己正当权益、避免损失、增加利润、提高效益的重要手段。在现代工程承包过程中，如果承包人不精通索赔业务，不能进行有效的索赔，就会使当事人的损失得不到及时、合理的补偿，严重者会导致不能正常进行生产经营，甚至会破产。

（3）索赔是合同实施的保证，是合同法律效力的具体体现。对合同双方形成约束条件，特别能对违约者起到警戒作用，违约方必须考虑违约后的后果，从而尽量减少其违约行为的发生。

（4）索赔对提高企业和工程项目管理水平起着重要的促进作用。我国承包人在许多项目上提不出或提不好索赔，与其企业管理松散混乱、计划实施不严、成本控制不力等有着直接关系。在工程施工中，没有科学合理的网络施工进度计划，就难以说明工期延误的原因及天数；没有完整详实的记录，就缺乏索赔定量要求的基础。因而索赔有利于促进双方加强内部管理，严格履行合同；有助于双方提高管理素质，加强合同管理，维护市场正常秩序。

（5）索赔有助于合同当事人双方依据合同和实际情况实事求是地协商工程造价和工期，促进工程造价趋于合理化。索赔的正常开展，可以把原来打入工程报价中的一些不可预见费用，改为实际发生的损失支付，有助于降低工程报价，使工程造价更符合实际。

（6）索赔有助于发承包双方更快地熟悉国际惯例，有助于对外开放和对外工程承包的开展。在国际承包工程中，索赔已成为许多承包人的经营策略之一，"赚钱靠索赔"是很多承包商的经验之谈。业主为了节约投资，降低工程造价，在招标文件中提出一些苛刻条件，千方百计与承包人讨价还价，使承包人处于不利地位。承包人为了获得工程承包任务，采取的投标策略是：压低投标报价，争取低价中标，事后再通过施工索赔，减少或转移工程风险，保护自己，避免亏本，赢得利润。因此，如果承包商不注重工程索赔，不熟悉索赔业务，不仅会失去索赔机会，致使经济受到损失，而且还会有许多纠缠不清的烦恼，造成大量的时间和金钱损失。

虽然索赔是合同当事人保护自己、维护自己正当权益、避免损失、增加利润、提高效益的重要手段，但值得注意的是，如果承包人单靠索赔的手段来获取利润并非正途。往往一些承包商采取压低标价的方法以获取工程，为了弥补自己的损失，又试图靠索赔的方式获取利润的目的。但能否得到这种索赔的机会是难以确定的，这种经营方式存在着很大的风险，采用这种策略的企业也很难维持长久。因此承包人运用索赔手段来维护自身利益，以求增加企业效益和谋求自身发展，应基于对索赔概念的正确理解和全面认识，既不必畏惧索赔，也不可利用索赔搞投机钻营。

5. 工程索赔的程序

工程索赔的程序是：书面提出索赔请求；报送索赔资料；当事人协商解决；谋求中间人调解；提交仲裁或诉讼。另外，发承包双方应力争通过友好协商的办法解决，不要轻易诉诸仲裁或诉讼。否则，极有可能既没达到索赔的目的，又因为持久的法律诉讼导致两败俱伤。

（1）书面提出索赔请求

当出现索赔事项时，在现场先与工程师磋商，如果不能达成妥协方案时，承包商应慎重地检查自己索赔要求的合理性，然后决定是否提出索赔通知书。根据 FIDIC 合同条款的规定，书面的索赔通知书，应在索赔事项发生后的 28 天以内向工程师正式提出，并抄送业主；逾期才提出，将遭到业主和工程师的拒绝。

索赔通知书要说明索赔事项的名称，根据相应的合同条款提出自己的索赔要求。至于索赔金额或应延长工期的天数以及有关的证据资料等，可随后再报。

（2）报送索赔资料

在索赔通知书发出后的 28 天内或经工程师同意的合理时间内，应提出索赔的正式书面报告。索赔证据资料要语句清晰、简明扼要、着重说明事实且富有逻辑性，切忌使用刺激和不尊重对方的语言；不要随意指责对方不遵守合同；资料应尽可能完备，数据计算准确，符合合同条款，有说服力。

索赔报告要一事一报（同类型的可以合并在一起），不要将不同性质的索赔混在一起。

（3）当事人协商解决

索赔报告送出后，不能坐等对方的书面答复，最好约定时间向工程师和业主进行细致的解释和会谈，可能要经过多次正式会谈和私下会晤才能相互沟通和达成谅解。要有耐心和毅力，并认真倾听对方拒绝补偿的依据，既要坚持原则，又要在考虑其某些合理因素的情况下作出合理让步，以求问题的解决。

（4）谋求中间人调解

在双方直接谈判不能达成一致解决意见时，为争取通过友好协商的办法解决索赔争端，可邀请中间人进行调解。

有些调解是非正式的，例如通过有影响的人物（例如业主的上层机构，官方人士或社会名流等）或中间媒介人物（例如双方的朋友、中间介绍人、佣金代理人等）进行幕前幕后调解。

也有些调解是正式的，例如在双方同意的基础上共同委托专门的调解人进行调解，调解人可以是当地的工程师协会或承包商协会、商会等机构。这种调解要举行一些听证会和调查研究，而后提出调解方案，如双方同意则可达成协议并由双方签字和解。

（5）提交仲裁或诉讼

对于那些确实涉及重大经济利益而又无法用其他协商和调解办法解决的索赔问题，只能依靠法律程序解决。在正式采取法律程序解决之前，一般可以先通过自己的律师向对方发出正式索赔函件，此函件最好通过当地公证部门登记确认，以表示诉诸法律程序的前奏。这种通过律师致函属于"警告"性质，多次警告而无法和解（例如由双方的律师商讨仍无结果），则只能根据合同中"争端的解决"条款提交仲裁或司法程序。

（二）工程索赔的分类

索赔有可能发生在工程项目实施的各个阶段，由于范围比较广泛，其分类随着划分方法以及标准的不同而不同，大致划分为以下几类：

1. 按索赔的主动性分类

（1）索赔

承包商对业主提起的索赔称为索赔。企业自觉地把索赔管理作为工程及合同管理的重要组成部分，成立专门机构认真总结索赔的经验，深入研究索赔的方法，不断提高索赔的成功率。从而在工程实施过程中，能仔细分析合同缺陷，及时抓住对方的失误或过错，积极主动寻找索赔机会，为自己争取应得的利益。

（2）反索赔

业主对承包商提起的索赔称为反索赔。在索赔管理策略上表现为防止被索赔，不给对方留有能据以进行索赔的漏洞，使对方找不到索赔的机会。在工程管理中体现为签署严密连贯、责任明确的合同条款，并在合同实施过程中，避免违约。当对方提出索赔时，对其索赔的证据进行质疑，对索赔理由予以反驳，指出其索赔值计算的纰漏，以达到尽量减少索赔额度，甚至否定对方索赔要求的目的。

索赔和反索赔是相互依存、互为条件的，是一个问题的正、反两个方面。在实际工作中，要想进行有效的索赔管理，就必须同时对这两个方面予以高度的重视，培养和加强管理人员索赔与反索赔的意识。

2. 按索赔所依据的理由分类

（1）合同内索赔

合同内索赔是指索赔所涉及的内容可以在合同条款中找到依据，它是支持承包商索赔的主要理由，根据合同规定明确责任，提出索赔要求。一般情况下，合同内索赔的处理和解决相对要顺利些。

（2）合同外索赔

合同外索赔是指施工过程中发生的干扰事件的性质已超过合同范围，索赔的内容和权利难以在合同条款中找到依据，一般必须在适用于合同关系的法律或政府颁布的有关法规中找到索赔的根据。例如工程施工中发生重大的民事侵权行为造成承包商损失。

（3）道义索赔

道义索赔是指承包商无论在合同内或合同外都找不到进行索赔的合同依据和法律依据，因而没有提出索赔的条件和理由。但承包商认为自己有要求补偿的道义基础，而对其遭受的损失提出具有优惠性质的补偿要求。例如由于承包商失误（如报价失误、环境调查失误等），或发生承包商应负责的风险，造成承包商重大的损失，极大地影响了承包商的财务能力、履约的能力和积极性，甚至危及了承包商的生存。承包商提出要求，希望业主从道义或工程整体利益的角度给予一定的补偿。

业主在下面四种情况下，可能会同意并接受道义索赔：

1）若另找承包商，费用会更大；

2）为了树立自己的形象；

3）出于对承包商的同情和信任；

4）谋求与承包商更理想或更长久的合作。

3. 按索赔当事人分类

（1）总承包商向业主索赔

总承包商向业主索赔是指总承包商在履行合同过程中，因非承包方（总承包商或分包商）责任事件影响造成工程延误及额外支出后向业主提出的索赔。这类索赔大多是有关工程量计算、工期、变更、质量和价格方面的争议，也有施工中断或终止合同等其他违约行为的索赔。

（2）总承包商向其分包商或分包商之间的索赔

总承包商向其分包商或分包商之间的索赔是指总承包商与分包商或分包商之间，为合同实施过程中的相互干扰事件影响其利益平衡而相互间发生的索赔。

（3）联合体索赔

联合体索赔是指联合体成员之间的索赔。

（4）劳务索赔

劳务索赔是指承包商与劳务供应商之间的索赔。

（5）业主向承包商的索赔（反索赔）

业主向承包商的索赔是指业主向不能按期、按质、按量完成合同任务的承包商提出的索赔。

（6）其他索赔

其他索赔是指承包商与设备材料供应商、保险公司或银行等之间的索赔。

4. 按索赔的目的（或要求）分类

（1）工期索赔

工期索赔是指承包商对非自身原因造成的工期延误，向业主提出的工期延长、推迟竣工日期的要求。与此相应，业主可以向承包商索赔延长缺陷通知期（即保修期）。

（2）费用索赔

费用索赔是指承包商对非自身原因造成的合同以外的额外费用支出，向业主提出的补偿费用（包括利润）损失，调整合同价格的要求。同样，业主也可以向承包商索赔费用。

5. 按索赔的起因分类

（1）工期延误索赔

由于当事人一方的原因，或由于双方不可控制因素的发生而引起工程延误，致使一方当事人受到损失而提出的索赔。例如，业主未能按合同规定提供施工条件（如未及时交付设计图纸、技术资料、三通一平等）；非承包商原因业主停止工程施工；业主不按合同及时支付工程款；承包商的施工质量存在缺陷；不可抗力因素作用等原因，造成工程中断，或工程进度放慢，使工期拖延等。

（2）现场条件变更索赔

由于现场施工条件与预计情况严重不符，如不可预见到的外界障碍或条件、现场地质条件的变化（与业主提供的资料不同）、淤泥或地下水等所引起的索赔。

（3）加速施工索赔

由于业主要求提前竣工，或因业主的原因发生工程延误，业主要求按时竣工而引起承包商费用增加所产生的索赔。

（4）工程变更索赔

由于业主变更工程范围，如增加或减少合同工程量、增加或删除部分工程、修改施工计划、变更施工方法和程序、指令工程暂停施工等，导致工期延长和费用损失而产生的索赔。

（5）工程终止索赔

由于某种非承包商责任原因，如不可抗力因素影响或业主违约等，使工程在竣工前被迫停止，并不再继续施工，承包商因此蒙受损失而提出索赔。

（6）不可抗力因素索赔

由于恶劣的气候条件、地震、洪水、战争状态、禁运等，承包商因此蒙受损失而提出索赔。

（7）其他原因索赔

如货币贬值、汇率变化、物价和工资上涨、政策法规变化、业主推迟支付工程款等原因引起的索赔。

6. 按索赔的处理方式分类

（1）单项索赔

单项索赔是针对干扰事件提出的，是指某一干扰事件发生对当事人一方造成工程延误或额外费用支出时，当事人在事件发生时或发生后立即进行责任分析和损失计算，并在合同规定的索赔有效期内提出的索赔。

单项索赔原因单一，责任分析容易，处理比较简单。如工程师指令某地面素混凝土垫层改为钢筋混凝土垫层，对此承包商只需提出与钢筋有关的费用索赔即可（如果该项变更没有其他影响原因）。但有些单项索赔额可能很大，处理较复杂，如工期延长、工程中断、工程终止事件引起的索赔。

（2）综合索赔（也称一揽子索赔或总索赔）

综合索赔是指在工程竣工前，承包商将工程实施过程中未得到最终解决的多个单项索赔集中起来，综合提出一份总索赔报告。合同双方在工程交付前或交付后进行最终谈判，以一揽子方案解决索赔问题。这是在国际工程中经常采用的索赔处理方法。

综合索赔中涉及的事件一般都是单项索赔中遗留下来的，双方对其责任的划分、费用的计算等往往意见分歧较大。有时是由于业主故意拖延对单项索赔的处理和解决，致使许多索赔问题集中起来。在国际工程承包中，很多业主常常就以拖延的办法对付承包商的索赔。综合索赔由于不是在事件发生时立即进行，以至于许多干扰事件交织在一起，其原因、责任错综复杂，使得证据资料的收集、整理和援引以及事件原因、责任和影响的分析等都变得更为艰难。而且索赔额的积累也常造成索赔谈判的困难。因此，在最终的一揽子解决过程中，承包商往往不得不作出较大的让步。

7. 按索赔的范围分类

（1）广义的索赔。它包括工程索赔、贸易索赔和保险索赔等。

（2）狭义的索赔。这里仅指工程索赔。由于国际工程实施过程中发生的索赔涉及的内容非常广泛，按各种不同的角度、标准和方法对索赔进行分类，有助于承包商全面了解和准确领会索赔的概念，深入探讨各类索赔问题的规律及特点，以便在具体的工程项目中，尽早辨识索赔种类，准确地找出索赔的原因及其影响因素，进行全面而有效的索赔管理。

（三）建设工程施工合同（示范文本）与工程索赔有关的规定

1. "通用合同条款" 19.1　承包人的索赔

根据合同约定，承包人认为有权得到追加付款和（或）延长工期的，应按以下程序向发包人提出索赔：

（1）承包人应在知道或应当知道索赔事件发生后 28 天内，向监理人递交索赔意向通知书，并说明发生索赔事件的事由；承包人未在前述 28 天内发出索赔意向通知书的，丧失要求追加付款和（或）延长工期的权利；

（2）承包人应在发出索赔意向通知书后 28 天内，向监理人正式递交索赔报告；索赔报告应详细说明索赔理由以及要求追加的付款金额和（或）延长的工期，并附必要的记录和证明材料；

（3）索赔事件具有持续影响的，承包人应按合理时间间隔继续递交延续索赔通知，说明持续影响的实际情况和记录，列出累计的追加付款金额和（或）工期延长天数；

（4）在索赔事件影响结束后 28 天内，承包人应向监理人递交最终索赔报告，说明最终要求索赔的追加付款金额和（或）延长的工期，并附必要的记录和证明材料。

2. "通用合同条款" 19.2　对承包人索赔的处理

对承包人索赔的处理如下：

（1）监理人应在收到索赔报告后 14 天内完成审查并报送发包人。监理人对索赔报告存在异议的，有权要求承包人提交全部原始记录副本；

（2）发包人应在监理人收到索赔报告或有关索赔的进一步证明材料后的 28 天内，由监理人向承包人出具经发包人签认的索赔处理结果。发包人逾期答复的，则视为认可承包人的索赔要求；

（3）承包人接受索赔处理结果的，索赔款项在当期进度款中进行支付；承包人不接受索赔处理结果的，按照第 20 条〔争议解决〕约定处理。

3. "通用合同条款" 19.3　发包人的索赔

根据合同约定，发包人认为有权得到赔付金额和（或）延长缺陷责任期的，监理人应向承包人发出通知并附有详细的证明。

发包人应在知道或应当知道索赔事件发生后 28 天内通过监理人向承包人提出索赔意向通知书，发包人未在前述 28 天内发出索赔意向通知书的，丧失要求赔付金额和（或）延长缺陷责任期的权利。发包人应在发出索赔意向通知书后 28 天内，通过监理人向承包人正式递交索赔报告。

4. "通用合同条款" 19.4　对发包人索赔的处理

对发包人索赔的处理如下：

（1）承包人收到发包人提交的索赔报告后，应及时审查索赔报告的内容、查验发包人证明材料；

（2）承包人应在收到索赔报告或有关索赔的进一步证明材料后 28 天内，将索赔处理结果答复发包人。如果承包人未在上述期限内作出答复的，则视为对发包人索赔要求的认可；

（3）承包人接受索赔处理结果的，发包人可从应支付给承包人的合同价款中扣除赔付的金额或延长缺陷责任期；发包人不接受索赔处理结果的，按第 20 条〔争议解决〕约定处理。

5. "通用合同条款" 19.5　提出索赔的期限

（1）承包人按第 14.2 款〔竣工结算审核〕约定接收竣工付款证书后，应被视为已无权再提出在工程接收证书颁发前所发生的任何索赔。

（2）承包人按第 14.4 款〔最终结清〕提交的最终结清申请单中，只限于提出工程接收证书颁发后发生的索赔。提出索赔的期限自接受最终结清证书时终止。

（四）工期索赔

1. 工期索赔事件

工期索赔是以增加或延长工程施工工期，推迟竣工日期为目的的索赔，承包商应善于挖掘和掌握工期索赔事件。工期索赔事件是指据以提出增加或延长工期的事实。通常出现的工期索赔事件如下：

（1）由业主或监理工程师的原因所引起的索赔事件

1）施工现场管理权交接延误。造成延误的原因是多方面的，主要是业主没有做好工程项目前期准备工作（如征地、拆迁、安置、三通一平等），或未能及时取得有关部门批准的准建手续等，造成施工现场交付时间推迟，承包商不能及时进驻现场施工，从而导致工程延误。

2）施工图纸交付延误。业主未能按合同规定的时间和数量向承包商提供施工图纸，尤其是目前国内较多的边设计、边施工的项目，从而引起工期索赔。

3）业主或工程师拖延审批图纸、施工方案、计划等。

4）设计变更。设计变更不能及时出图，将会造成承包商停工。

5）业主未在规定时间内支付预付款（备料款等）。

6）业主未在规定时间内支付工程进度款，导致后续工程难以为继。

7）业主未在规定的时间内移交由其自行采购或提供的建筑材料和设备。

8）业主未在规定的时间内对由承包商负责购进的建筑材料和设备进行检查、验收。

9）业主提供的设计数据或工程数据延误，如有关放线的资料不准确。

10）业主指定的分包商违约或延误。

11）业主拖延关键线路上工作的验收时间，造成承包商下一工作施工延误。工程师对合格工程要求拆除或剥露部分工程予以检查，造成工程进度被打乱，影响后续工程的开展。

12）业主要求增加额外工程，导致工程量增加。工程变更或工程量增加引起施工程序的变动。

13）业主对工程质量的要求超出原合同的约定。

14）业主或工程师发布指令延误，或发布的指令打乱了承包商的施工计划。

15）业主或工程师原因暂停施工导致的延误。

16）业主不及时进行隐蔽工程和中间工程的验收。

17）结果表明承包商没有过错地对隐蔽工程重新检查、检验。

18）在施工过程中业主对承包商的施工安排进行不合理的干预。

19）业主所提供的施工资料存在严重错误。

20）业主要求承包商完成与合同义务无关的事务。

（2）由承包商（人）原因引起的延误

由承包商（人）原因引起的延误一般是其内部计划不周、组织协调不力、指挥管理不当等原因所致。

1）施工组织不当。如采用的施工方法、施工顺序、各专业队及工种之间配合不合理等，导致施工出现窝工或停工待料现象。

2）工程质量不符合合同要求而造成的返工。

3）资源配置不足。如劳动力不足、机械设备不足或不配套、技术力量薄弱、管理水平低、缺乏流动资金等造成的延误。

4）由于承包商施工准备不力，导致开工延误。

5）施工队伍的劳动生产率低。

6）承包商雇佣的分包人或供应商引起的延误等。

显然上述延误难以得到业主的谅解，也不可能得到业主或工程师给予延长工期的补偿。承包商若想避免或减少工程延误的罚款及由此产生的损失，只有通过加强内部管理或增加投入，或采取加速施工的措施，才能保证工程的正常施工。

（3）不可控制因素导致的延误

1）不可抗力的自然灾害导致的延误。如有记录可查的特殊反常的恶劣天气、不可抗力引起的工程损坏和修复等。

2）社会事件的影响。如战争、暴乱、罢工、游行示威、核装置污染等造成的延误。

3）不利的自然条件或客观障碍引起的延误。如现场发现化石、古墓、古代文物等。

4）施工现场中其他承包商的干扰。

5）合同文件中某些内容的错误或互相矛盾。

6）非正常停水、停电、交通中断等导致的延误。

7）其他经济风险引起的延误。如政府抵制、禁运、经济危机等造成工程延误。

2. 工期索赔的计算方法

（1）网络分析法

承包商提出工期索赔，必须确定干扰事件对工期的影响值，即工期索赔值。利用原施工网络计划与可能状态的网络施工进度计划进行对比分析，即可得到工期索赔值，而对比分析的重点是两种状态的网络施工进度计划的关键线路。

1）按单项索赔事件计算：

关键工作：　　　　　　　　　　工期补偿＝延误时间　　　　　　　　　　　　（5-4-1）

非关键工作：当延误时间≤总时差时，不予补偿；

　　　　　　　当延误时间＞总时差时，工期补偿＝延误时间－总时差　　　（5-4-2）

2）按总体网络综合计算：

　　　　　　　　　工期补偿＝（计划工期＋补偿工期）－计划工期　　　　　（5-4-3）

工期索赔分析的基本思路是：假设工程一直按原网络施工进度计划确定的施工顺序和工期施工，当一个或一些干扰事件发生后，使原网络施工进度计划中的某个或某些工作受到干扰而延长施工持续时间，或工作之间逻辑关系发生变化，或增加新的工作。将这些工作受干扰后的新的持续时间或影响变化代入网络中，重新进行网络分析和计算，即会得到一个新工期。新工期与原工期之差即为干扰事件对总工期的影响，即为承包商的工期索赔值。如果受干扰的工作在关键线路上，则该工作的持续时间的延长值即为总工期的延长值；如果该工作在非关键线路上，受干扰后仍在非关键线路上，则这个干扰事件对工期无影响。网络分析是一种科学、合理的计算方法，它是通过分析干扰事件发生前、后网络施工进度计划之差异而计算工期索赔值的，适用于各种干扰事件引起的工期索赔。但对于大型、复杂的工程，手工计算比较困难，需借助计算机来完成。

（2）比例类推法

在实际工程中，若干扰事件仅影响某些单项工程、单位工程或分部分项工程的工期，要分析它们对总工期的影响，可采用较简单的比例类推法。比例类推法可分为两种情况：

1）按工程量进行比例类推。当计算出某一分部分项工程的工期延长后，还要把局部工期转变为整体工期，可以用局部工程的工作量占整个工程工作量的比例来折算，其计算方法见下式：

$$工期索赔值＝原合同工期×\frac{额外或新增工程量}{原工程量} \tag{5-4-4}$$

若合同规定工程量增加在 10％以内的由承包商承担风险，超过 10％部分由业主承担，则工期索赔值为：

$$工程索赔值＝原合同工期×\frac{额外或新增工程量－原工程量(1＋10％)}{原工程量} \tag{5-5-5}$$

案例5-4-5

某工程基础施工中出现了不利的地质障碍，发包人指令承包人进行处理，土方工程量由原来的 3250m³ 增至 3680m³，原定工期为 32 天。

案例分析：根据工程实际情况，承包人提出工期索赔：

$$工程索赔值＝32×\frac{3680－3250}{3250}＝4.23(天)≈4(天)$$

若本案例中合同规定工程量增加在 10％以内的为承包人应承担的风险，则工期索赔为：

$$工程索赔值＝32×\frac{3680－3250(1＋10％)}{3250}＝1.03(天)≈1(天)$$

2）按造价进行比例类推。若施工中出现了很多大小不等的工期索赔事件，较难准确地单独计算且又麻烦时，可经双方协商，采用造价比较法确定工期补偿天数，其计算方法见下式：

$$工期索赔值＝原合同工期×\frac{额外或新增工程量价格}{原合同总价} \tag{5-4-6}$$

案例5-4-6

某工程合同总价为 2140 万元，总工期为 18 个月，现发包人指令增加额外工程 120 万元。

案例分析：根据发包人指令，按工程实际情况承包人提出工期索赔：

$$工期索赔值＝18×\frac{120}{2140}＝1.01(月)≈1(月)$$

比例类推法虽然简单、方便，易于被人们理解和接受，但不尽科学、合理，有时不符合工程实际情况，且对有些情况（如业主变更施工程序等）不适用，甚至会得出错误的结果，在实际工作中应予以注意，正确掌握其适用范围。

（3）直接法

有时干扰事件直接发生在网络施工进度计划的关键线路上或一次性地发生在一个项目上，造成总工期的延误。这时可通过查看施工日志、变更指令等资料，直接将这些资料中记载的延误时间作为工期索赔值。如承包商按工程师的书面工程变更指令，完成变更工程所用的实际工时即为工期索赔值。

 案例5-4-7

　　某高层写字楼工程，在开工初期由于业主提供的地下管网坐标资料不准确，经双方协商，由承包人经过多次重新测算得出准确资料，花费了 4 周时间。

　　案例分析：在承包人重新测算地下管网坐标资料期间，整个工程几乎陷于停工状态，于是承包人直接向发包人提出 4 周的工期索赔，最终发包人同意承包人的工期索赔并签证。

　　（4）工时分析法

　　某一工种的分项工程项目延误事件发生后，按实际施工的程序统计出所用的工时总量，然后按延误期间承担该分项工程工种的全部人员投入来计算要延长的工期。

$$工期索赔值 = \frac{实际增加劳动量（工日）}{实际增加人数} \tag{5-4-7}$$

 案例5-4-8

　　某工程由于地下土质问题，基槽深度加大，使钢筋混凝土基础的工程量增加，导致了基础施工实际增加了劳动量 40 工日，施工人数增加了 10 人。

　　案例分析：根据工程实际情况，发包人同意承担增加的基础工程量和劳动力，承包人提出工期索赔：

$$工期索赔值 = \frac{40}{10} = 4（日）$$

　　3. 工期索赔注意事项

　　（1）承包商在计算应予顺延施工天数时，除统计实际发生延误的天数外，对于造成延误的原因，要区别对待。如对于改变设计、中途停工等情况，还要另计重新准备到进入正常施工所需要的时间，这部分时间一并索赔。

　　（2）在考虑某项延误是否用以作为提出工期索赔的事由时，应先分析该项延误应由哪一方承担责任，如果属于双方共同的责任或者不属于任何一方的责任，要考虑索赔的比例。

　　（3）正确掌握提出索赔的时机。工期索赔应在索赔事件发生后 14 天内发出索赔通知书。这样做可以防止事过境迁，还可以避免各种错综复杂的其他因素交织在一起，给责任的确认带来困难。

　　（五）费用索赔

　　费用索赔是指合同当事人一方在非自身因素影响下，而遭受经济损失时向对方当事人提出补偿其额外费用损失的要求。因此，费用索赔实质上包含了两个方面的含义，即承包人向发包人的费用索赔和发包人向承包人的费用索赔（即反索赔）。

　　1. 费用索赔事件

　　在工程施工过程中发生的费用索赔事件，有很多与工期索赔事件是共存的。有的事件发生后，既可引起工期索赔，也可引起费用索赔，但有的事件只能引起费用索赔。

（1）承包人向发包人的费用索赔事件：

1）施工现场管理权交接延误。要求支付违约金。

2）施工图纸交付延误。要求支付违约金。

3）业主或工程师拖延审批图纸、施工方案、计划等。要求支付违约金。

4）设计变更。设计变更将引起工程量增加，导致工程价款（含利润）的增加。

5）业主未在规定时间内支付预付款（备料款等）。要求支付违约金。

6）业主未在规定时间内支付工程进度款，导致后续工程难以为继。要求支付违约金。

7）业主未在规定的时间内移交由其自行采购或提供的建筑材料和设备。要求支付违约金。

8）业主未在规定的时间内对由承包商负责购进的建筑材料和设备进行检查、验收。要求支付逾期验收的违约金。

9）业主提供的设计数据或工程数据延误，造成施工成本增加。

10）业主指定的分包商违约或延误。要求赔偿损失。

11）业主拖延关键线路上工作的验收时间，造成承包商下一工作施工延误。要求赔偿损失。

12）业主要求增加额外工程，引起工程量增加，致使工程价款的增加。

13）业主对工程质量的要求超出原合同的约定。应按优质优价的原则支付工程款。

14）业主或工程师发布指令延误，或发布的指令打乱了承包商的施工计划。要求赔偿损失。

15）业主或工程师原因暂停施工导致的延误。要求赔偿因停工造成的损失费用。

16）业主不及时进行隐蔽工程和中间工程的验收。要求支付逾期验收的违约金。

17）结果表明承包商没有过错的对隐蔽工程重新检查、检验。要求增加补偿费用。

18）在施工过程中业主对承包商的施工安排进行不合理的干预。

19）业主所提供的施工资料存在严重错误，造成施工成本增加。

20）业主要求承包商完成与合同义务无关的事务。要求增加补偿费用。

21）提高装饰、装修档次。不同的装饰、装修档次，其工程价款是不一样的。

22）检查、检验影响正常施工或造成窝工。要求增加补偿费用。

23）要求提前竣工。应支付赶工费用。

24）不可抗力的自然情况、社会事件、经济危机等现象的出现，造成在建工程的损失。要求增加损失费用。

25）工程地质条件异常造成工程量增加，致使工程价款增加。

26）出现地下障碍、古墓、文物等，导致费用增加。

27）物价暴涨。

28）非承包商的原因而造成的停工、缓建。要求赔偿因停工、缓建造成的损失费用。

29）非正常停水、停电、交通中断等。要求赔偿损失。

30）逾期审核工程竣工结算报告。要求支付违约金。

31）逾期办理工程竣工验收手续或未按时接管工程。要求支付违约金和工程保护费。

32）逾期支付工程尾款。要求支付违约金。

33）保修期内非承包商的原因造成的工程返修。要求支付工程价款。

（2）发包人向承包人的费用索赔（反索赔）

由承包人原因引起的费用索赔，通常都是承包人内部计划不周、组织协调不力、指挥管理不当等原因所致。

1）施工组织不当。如采用的施工方法、施工顺序、各专业队及工种之间配合不合理等，导致施工出现窝工或停工待料现象。要求赔偿停工损失费。

2）工程质量不符合合同要求而造成的返工。要求支付违约金并赔偿损失。

3）在施工过程中出现质量事故。要求赔偿损失。

4）由于承包人的过错造成中间施工停工。要求赔偿停工损失费。

5）逾期交工。要求支付违约金并赔偿损失。

6）未承担保修责任，应赔偿损失。

2. 索赔费用的构成（见表 5-4-1）

表 5-4-1　索赔事件的费用项目构成示例表

索赔事件	可能的费用项目	说明
工期延误	人工费增加	包括工资上涨、现场停工、窝工、生产效率降低，不合理使用劳动力等损失
	材料费增加	因工期延长而引起的材料价格上涨
	机械设备费	因延期引起的设备折旧费、保养费、进出场费或租赁费等增加
	现场管理费增加	包括现场管理人员的工资、津贴等，现场办公设施，现场日常管理费支出，交通费等
	因工期延长的通货膨胀使工程成本增加	
	相应保险费、保函费增加	
	分包商索赔	分包商因延期向承包商提出的费用索赔
	总部管理费分摊	因延期造成公司总部管理费增加
	推迟支付引起的兑换率损失	工程延期引起支付延迟
工程加速	人工费增加	因业主指令工程加速造成增加劳动力投入，不经济地使用劳动力，生产效率降低等
	材料费增加	不经济地使用材料，材料提前交货的费用补偿，材料运输费增加
	机械设备费	增加机械投入，不经济地使用机械
	因加速增加现场管理费	应扣除因工期缩短减少的现场管理费
	资金成本增加	费用增加和支出提前引起负现金流量所支付的利息
工程中断	人工费增加	如留守人员工资，人员的遣返和重新招雇费，对工人的赔偿等
	机械使用费	设备停置费，额外的进出场费，租赁机械的费用等
	保函、保险费、银行手续费	
	贷款利息	
	总部管理费	
	其他额外费用	如停工、复工所产生的额外费用，工地重新整理等费用

续表

索赔事件	可能的费用项目	说明
工程量增加	费用构成与合同报价相同	合同规定承包商应承担一定比例(如5%或10%)的工程量增加风险,超出部分才予以补偿 合同规定工程量增加超出一定比例(如10%~15%)可调整单价,否则合同单价不变

3. 费用索赔计算

(1) 合同内的窝工闲置

人工费：按窝工标准计算，一般只考虑将这部分工人调用其他工作时的降效损失；

机械费：1) 自有机械按折旧费或停滞台班费计算；

2) 租赁机械按合同租金计算。

如果只停工，工程量不发生变动，通常不补偿管理费和利润损失；但如果工程量发生了变动，应补偿管理费和利润损失。

(2) 合同外的新增工程（或工作）

除人工费、材料费和机械台班费按合同单价计算外，还应补偿管理费及利润损失。

4. 费用索赔应注意的问题

(1) 在考虑提出费用索赔的要求时，务必先分析该索赔事件是否应由对方承担全部或部分责任，做到胸有成竹。

(2) 据以索赔的证据力求确实、充分，行文应当简明扼要、条理清楚，语调应平和中肯，具有说服力。

(3) 在确定索赔数额时，一是不能漏项，也不能随意添加；二是各种费用的计算应力求准确无误；三是不要漫天要价，适可而止，以便对方易于接受。

(4) 索赔要求应以书面形式提出，并在合同规定的期限内提交。不论对方是否认可，均应提请其签收（作为提起诉讼或申请仲裁的证据）。

 案例5-4-9

某工程承包人已完成基础工程施工，由于发包人提出主体结构平面房间调整，图纸修改设计还没有完成，导致承包人停工待图10天。

案例分析：根据《民法典》第八百零三条规定："发包人未按照约定的时间和要求提供原材料、设备、场地、资金、技术资料的，承包人可以顺延工程日期，并有权请求赔偿停工、窝工等损失。"第八百零四条规定："因发包人的原因致使工程中途停建、缓建的，发包人应当采取措施弥补或者减少损失，赔偿承包人因此造成的停工、窝工、倒运、机械设备调迁、材料和构件积压等损失和实际费用。"结合"通用合同条款"7.5条工期延误规定，承包人提出工期和费用两个方面的索赔：

(1) 工期索赔：工期顺延10天。

(2) 费用索赔：由于设计变更，将发生工程量的变动，因此需要管理费和利润索赔。

1）人工窝工费应按窝工人数、天数及工日单价计算；

2）机械停滞费计算要区分租赁机械和自有机械，租赁机械停滞费应按实际台班租金加上每台班分摊的机械调进、调出费计算；自有机械按停滞台班费计算；

3）停工期间的管理费用包括现场管理费及企业管理费，按当地预算定额规定费率计取；

4）发包人应支付承包人合理的利润（双方商榷）。

四、工程签证索赔管理的要求

（一）提高和强化及时签证、依约索赔的意识和自觉性，把签证和索赔作为加强造价管理、降低成本和提高企业效益的最有效手段。

（二）建立严格的文档记录和资料保管制度，加强专业的、有针对性的签证和索赔管理。合同履约管理的主要环节有：合同交底；资料专管；过程检查。

（三）明确工程负责人签证和索赔的量化管理责任，杜绝该签未签、该赔不赔的情况。一方不确认或拒绝签证的对策有：宾馆发传真；快递送来回；挂号并公证。

（四）严密注意提出签证和索赔的期限和程序，逾期提出可能会被认为放弃确认或索赔，凡是应该在施工过程中提出的，均应按合同约定期限及时提出。

（五）遇合同有多人会签要求或招标文件附有签证管理办法的，当事人要深入研究应对措施以及化解因此产生风险的对策。

（六）对于只确认事实而不确认增减工程价款的应作为索赔处理，要继续提供相应费用计算表和变更引起的价款的组成，以便在最终结算时双方核对或提交审价时有相应依据。

（七）在约定期限内深入研究获得签证确认和成功索赔的方法和实际效果，友好协商和谋求调解是最重要和最有效方法。

（八）签证和索赔均属于专业法律问题，有疑问应及时进行签证、索赔咨询，必要时应聘请懂行的律师或专业咨询、服务机构进行有效的签证和索赔的过程管理和控制。

五、建设工程合同纠纷的解决

（一）建设工程合同纠纷概述

建设工程合同纠纷是指订立合同当事人对合同的生效、解释、履行、变更、终止等行为而引起的争议。由于建设工程产品具有固定性、单件性和庞体性的特点，致使产品的生产又具有流动性、多样性、高空作业多、生产周期长、消耗资源大、涉及的单位和专业工种多、机械化强度低、劳动强度大等特点。这导致建设工程合同项目风险大、环境复杂、参与方多、投资规模巨大，所签订的合同种类繁多。因此，出现建设工程合同纠纷的可能性大。

1. 建设工程合同纠纷产生的原因

（1）建设工程合同涉及的问题广泛而复杂

建设工程活动涉及勘探测量、设计咨询、物资供应、现场施工、竣工验收、维护修理等全过程，有些还涉及试车投产人员培训，运营管理乃至备件供应和保证生产等工程竣工后的责任，每一项进程都可能涉及标准劳务、质量、进度、监理、计量和付款等技术、商务、法律和经济问题。

（2）建设工程合同履行时间长

建设工程项目合同周期长，履约过程中，由于建设工程内外部环境条件、法律法规政策和工程业主意愿变化，导致工程变更、履约困难和支付款项方面的问题增多，由此引起工期拖延、迟误、责任划分等纠纷。

（3）建设工程合同各方利益期望值相悖

在建设工程合同商签期间，业主和承包商的期望值并不完全一致，业主要求尽可能将合同价款压低并得到严格控制执行；而承包商虽希望提高合同价格，但由于激烈的市场竞争，只好在价格上退让，以免失去中标机会，但其希望在执行合同中通过其他途径获得额外补偿。这种期望值的差异虽因暂时的妥协而签订了合同，却埋下了纠纷的隐患。

2. 常见的建设工程合同纠纷

（1）实际完成工程量纠纷

除合同有约定外，多数承包合同的付款按实际完成工程量乘以该工程单价计算。虽然合同已确定工程量，约定了合同价款，但实际施工中还会出现很多变化，如设计变更、监理工程师签发的变更指令、现场地质、地形条件的变化，以及计量方法等引起的工程量的增减。但由于承包商对于发生的工程量增减往往不能实事求是，遭到业主或监理工程师的拒绝或拖延不决，因而造成发承包双方的纠纷。

（2）工期延误责任纠纷

建设工程的工期延误，都是由于工程施工过程中出现的各种错综复杂的原因所致。因此，在许多合同条款中都约定了竣工逾期违约金，但同时也规定承包商对于非自己责任的工期延误免责，甚至对业主方面的原因造成的工期延误，有权要求业主赔偿该项目工期延误的损失。但由于工期延误的原因是多方面的，要分清各方的责任有时比较困难，致使发承包双方对工期延误的责任认定容易产生分歧。

（3）质量纠纷

建设工程施工合同中承包方所用建筑材料不符合质量标准要求，偷工减料，无法生产出合同规定的合格产品，导致施工有严重缺陷造成质量纠纷。

（4）工程付款纠纷

工程量、工期、质量的纠纷都会导致或直接表现为付款纠纷，施工过程中业主按进度支付工程款时，会扣除监理工程师未予确认的某些分项工程量，认为存在质量问题。而承包商不承认某些工程有质量问题，从而引起发承包双方的工程付款纠纷。

（5）安全损害赔偿纠纷

安全损害赔偿纠纷包括相邻关系纠纷引发的损害赔偿、施工人员安全、设备安全、施工导致第三人安全、工程本身发生安全事故等方面的纠纷。特别是建筑工程相邻关系纠纷较多（如安全防护、施工噪声、空气和环境污染等），这已成为城市居民十分关心的问题。《建筑法》第三十九条第二款规定："施工现场对毗邻的建筑物、构筑物和特殊作业环境可能造成损害的，建筑施工单位应当采取安全防护措施。"

（6）终止合同纠纷

业主认为，当承包商出现不履约，严重拖延工程并无力改变局面，或承包商破产或严重负债无力偿还，致使工程停顿等情形时，业主可宣布终止合同将承包商逐出工地，并要求赔偿损失，甚至通知开具履约保函和预付款保函的银行全额支付保函金额。承包商则否认自己责任，要求取得已完工程的款项。同样，当业主出现不履约，严重拖延应付工程款并已无力支付欠款、破产或严重干扰阻碍承包商工作等情形时，承包商可终止合同。业主则否认上述行为，双方发生终止合同纠纷。

（7）工程保修纠纷

对工程保修期的质量缺陷修复问题，业主与承包商之间产生的纠纷较多。例如，有的工程还未办理竣工验收手续，业主就强行使用，结果在使用过程中发现了工程质量缺陷，业主要求承包商维修，并在保修金中扣除维修费；但承包商不同意，理由是工程未办理竣工手续，业主便强行使用，质量缺陷是业主在使用过程中造成的，其责任和维修费用应由业主承担。

3. 建设工程合同纠纷的解决方式

根据我国有关法律的规定，建设工程合同纠纷的解决方式，主要有当事人双方协商、调解、仲裁或诉讼四种方式。

（1）协商（也称和解）

协商是指合同纠纷当事人在没有第三者参加的情况下，本着平等、自愿、互谅、互让的精神，根据法律和事实，分清是非，明确责任，就争议的问题达成和解协议，是建设工程合同纠纷得到及时妥善解决的一种方式。这种方式的优点是：简便易行，能经济、及时地解决纠纷；有利于维护合同双方的友好合作关系，对所达成的协议，使合同能更好地得到履行；有利于和解协议的执行。其缺点是双方就解决纠纷所达成的协议不具有强制执行的效力，当事人较易反悔。

合同发生纠纷时，当事人应首先考虑通过协商解决纠纷。事实上，在合同的履行过程中，绝大多数纠纷都可以通过协商解决。

（2）调解

调解是指合同当事人对合同所约定的权利、义务发生争议，不能相互协商达成协议时，根据一方当事人的申请，在合同行政管理部门或其他第三方主持下，坚持自愿、依法、公平、公正的原则，促使纠纷当事人互相做出适当的让步，相互谅解，平息争端，统一认识，达成调解协议，解决合同纠纷。

充分发挥第三人在建设工程合同纠纷调解中的作用，有效利用调解程序，提高调解成功率，有利于化解纠纷，减少诉讼，节约司法成本。调解通常是在当事人经过协商不能解决纠纷后采取的方式，它比协商所面临的纠纷要大一些。调解与协商的性质、特点以及解决纠纷的基本原则是相同的，都能较经济、及时地解决合同纠纷，有利于消除合同当事人的对立情绪，维护双方的长期合作关系。两者不同之处只是调解是在第三方的参与下进行而已。

调解合同纠纷有三种情况：

1）在仲裁过程中发生的，即仲裁庭在作出裁决前，可以先进行调解，也就是仲裁庭的组成人员作为第三人进行合同纠纷的调解；

2）在诉讼过程中发生的，即人民法院进行审理案件时进行的调解，也就是由审判员或合议庭组成人员作为第三人进行合同纠纷的调解；

3）与以上两种情况最大的不同点，就是由仲裁机构或人民法院以外的任何第三人担任调解人，当事人可以选择。

值得注意的是，这里所谈的合同纠纷调解，属于第三种调解，与仲裁机构或法院以调解方式结案的调解不同。第三种调解是诉讼外的调解，不具有法律上的强制执行力，当事人如果不履行该调解协议的，不能直接申请法院强制执行；后者是仲裁或诉讼过程中在仲裁机构或法院主持下，当事人达成的调解协议，该调解协议在法律效力上同仲裁书或判决书，当事人不履行的，另一方当事人可直接依此向法院申请强制执行。

（3）仲裁

解决合同纠纷除采用协商或调解外，还可以采用申请仲裁机构审理的方法。仲裁（也称公断）是指合同仲裁机构根据公民或法人的申请，依法对其发生的有关合同订立、履行、变更、中止、解除过程中的纠纷，做出具有约束力的调解或仲裁。仲裁是当事人双方在争议发生前或争议发生后达成协议，自愿将争议交给仲裁机构作出裁决，并负有自动履行义务的一种解决争议的方式。这种争议解决方式必须是自愿的，因此必须有仲裁协议。如果当事人之间有仲裁协议，争议发生后又无法通过协商和调解解决，则应及时将争议提交仲裁机构仲裁。建设工程合同纠纷的仲裁，是仲裁机构根据当事人双方的申请，依据《中华人民共和国仲裁法》（以下简称《仲裁法》）的规定，对建设工程合同的争议，通过仲裁解决建设工程合同纠纷。

（4）诉讼

诉讼是指当事人双方之间发生的纠纷未通过自行协商、调解的途径解决，而交由法院作出判决。诉讼是合同当事人依法请求人民法院行使审判权，审理当事人双方之间发生的合同争议，作出由国家强制保证实现其合法权益，解决纠纷的审判活动。合同双方当事人如果未约定仲裁协议，则只能以诉讼作为解决争议的最终方式。

诉讼是法律赋予公民和法人的基本权利之一，任何组织或个人的合法权益受到侵害时，都有权诉诸人民法院，请求人民法院行使国家审判权，保护其合法权益。当事人依照法律规定和建设工程合同纠纷的性质，可以提起民事诉讼或行政诉讼，性质上属于公力救助，也是当事人寻求救助的最后途径。对建设工程合同纠纷导致违法犯罪的，由检察机关提起刑事诉讼，保护当事人的合法权益和人身权利。

值得注意的是，仲裁制度和诉讼制度是解决建设工程合同纠纷的两种截然不同的制度。在仲裁和诉讼的关系上，我国采取的是当事人自由选择其一的原则，即当事人依法选择了仲裁方式解决纠纷的，就不能向人民法院提起诉讼；当事人选择了诉讼方式解决纠纷的，就不能向仲裁机构申请以仲裁方式解决纠纷。选择仲裁方式解决纠纷的前提，是双方有以书面方式明确约定的仲裁条款或仲裁协议；当事人没有订立仲裁协议或仲裁协议无效的，可以向人民法院起诉。另外，在我国诉讼有严格的级别管辖和地域管辖，当事人不得随意选择受诉法院，而仲裁允许当事人通过仲裁协议或仲裁条款选择仲裁地和仲裁庭的组成人员。诉讼是两审终审，而仲裁是一次裁决具有终局性。

（二）建设工程合同纠纷仲裁

在建设工程合同仲裁中，仲裁机构是以第三者的身份，对当事人争执的事实和权利义务关系，依法做出裁决。它既不同于人民法院对建设工程合同纠纷案件进行审理的诉讼活动，也不属于建设工程合同行政管理机关对建设工程合同的管理活动，而是处于当事人之间的居中地位，为解决当事人建设工程合同纠纷进行裁处。建设工程合同仲裁在机构设置、审理程序以及行为效力等方面要与《仲裁法》的规定相符合。

1. 建设工程合同仲裁的原则

（1）自愿仲裁原则

《仲裁法》第四条规定："当事人采用仲裁方式解决纠纷，应当自愿，达成仲裁协议。没有达成仲裁协议，一方申请仲裁的，仲裁委员会不予受理。"第六条规定："仲裁委员会应当由当事人协议选定。"根据《仲裁法》规定，解决合同纠纷，是否采用仲裁方式，必须是合同双方当事人协商一致，自愿仲裁。若只有一方申请仲裁，仲裁委员会是不受理的。

（2）以事实为根据，以法律为准绳原则

《仲裁法》第七条规定："仲裁应当根据事实，符合法律规定，公平合理地解决纠纷。"仲裁机构在进行仲裁过程中或作出仲裁裁决时，必须是以客观事实为依据，并在客观事实的基础上，依法公平合理地进行仲裁。公平合理是建立在各方当事人法律地位平等的基础上，秉公办事，公正和合法地裁决，以体现仲裁委员会对当事人适用法律的平等，维护当事人的合法权益，正确解决合同纠纷。

（3）独立仲裁的原则

《仲裁法》第八条规定："仲裁依法独立进行，不受行政机关、社会团体和个人的干涉。"在仲裁过程中，人民法院对仲裁活动有权监督。

2. 建设工程合同仲裁的基本制度

（1）或裁或审制度

《仲裁法》第五条规定："当事人达成仲裁协议，一方向人民法院起诉的，人民法院不予受理，但仲裁协议无效的除外。"对建设工程合同纠纷，当事人可以采取裁或审的方式解决，而不能既申请仲裁，又提起诉讼。因为，仲裁或诉讼都是解决合同纠纷的方法，既然合同纠纷当事人双方自愿选择了仲裁方法解决合同纠纷，仲裁委员会和人民法院都要尊重合同纠纷当事人的意愿。仲裁委员会在审查当事人符合仲裁条件时，应当受理合同纠纷案件。另外人民法院则依法告知因双方有效的仲裁协议，应当向仲裁机构申请仲裁。

（2）一裁终局制度

《仲裁法》第九条规定："仲裁实行一裁终局制度。裁决作出后，当事人就同一纠纷再申请仲裁或者向人民法院起诉的，仲裁委员会和人民法院不予受理。"但是，对仲裁委员会作出的裁决不服时，并提出足够的证据，可以向人民法院申请撤销裁决。裁决被人民法院依法裁定撤销或者不予执行的，当事人可以就已裁决的纠纷，重新达成仲裁协议申请仲裁，或向人民法院起诉。如果撤销裁决的申请被人民法院裁定驳回时，仲裁委员会作出的裁决仍然要执行。

3. 仲裁程序

仲裁活动除了要遵循仲裁原则和仲裁制度外，还必须依据《仲裁法》规定的程序进行。仲裁程序分为仲裁协议、仲裁申请、仲裁受理、开庭和裁决四个阶段。

（1）仲裁协议

仲裁协议是申请仲裁的先决条件。只有当事人在合同内订立了仲裁条款或以其他书面形式在纠纷发生前或纠纷发生后达成了请求仲裁的协议，仲裁委员会才会受理仲裁申请。仲裁协议应包括下列内容：

　　1）请求仲裁的意思表示。是指合同当事人各方对发生的纠纷一致同意采取仲裁方法解决。

　　2）仲裁事项。是指发生的合同纠纷事件，申请仲裁委员会仲裁。

　　3）选定的仲裁委员会。根据《仲裁法》规定，仲裁不实行级别管辖和地域管辖，任何一个仲裁委员会，都可以受理仲裁申请，进行仲裁活动。因此，《仲裁法》中规定，仲裁委员会应当由当事人协议选定。也就是说，仲裁委员会由当事人各方协商一致选定，这充分体现了仲裁的自愿原则。

　　（2）仲裁申请

　　当事人申请仲裁必须具备的条件是：有仲裁协议；有具体的仲裁请求和事实、理由；属于仲裁委员会的受理范围。

　　在具备申请仲裁条件后，当事人应当向仲裁委员会递交仲裁申请书。仲裁申请书应写明下列事项：

　　1）当事人的姓名、性别、年龄、职业、工作单位和住所，法人或其他组织的名称、地址和法定代表人或者主要负责人的姓名、职务；

　　2）仲裁请求和所根据的事实、理由；

　　3）证据和证据来源、证人姓名和住所。

　　申请仲裁时，应当向仲裁委员会递交仲裁协议、仲裁申请及其他有关材料。

　　（3）仲裁受理

　　仲裁委员会收到当事人的仲裁申请书之日起五日内，认为符合受理条件的，应当受理，并通知当事人；认为不符合受理条件的，应当书面通知当事人不予受理，并说明理由。

　　仲裁委员会受理仲裁申请后，应当在仲裁规则规定的期限内将仲裁规则和仲裁员名册送达申请人，并将仲裁申请书副本和仲裁规则、仲裁员名册送达被申请人。当事人应当在仲裁规则规定的期限内约定仲裁庭的组成方式或者选定仲裁员；没有约定或选定的，由仲裁委员会主任指定。

　　（4）开庭和裁决

　　仲裁一般应开庭进行，但当事人协议不开庭的，也可以不开庭，而由仲裁庭根据仲裁申请书、答辩书以及其他材料作出裁决。仲裁不公开进行，如果当事人协议公开进行的，可以公开进行，但涉及国家秘密的除外。

　　开庭应当根据《仲裁法》的规定和仲裁规则进行。一般经过调查、辩论、调解、裁决等阶段。当事人在仲裁过程中有权进行辩论，辩论终结时，首席仲裁员或者独任仲裁员应当征询当事人的最后意见。仲裁庭作出裁决前，可以先行调解，调解成功的，调解书经双方当事人签收后，即发生法律效力；若当事人不愿调解或调解不成的，以及当事人在签收调解书前反悔的，仲裁庭应当及时作出裁决，裁决书自作出之日起发生法律效力。

　　仲裁书要写明仲裁请求、争议事实、裁决结果、仲裁费用的负担和裁决日期。裁决书由仲裁员签名，加盖仲裁委员会印章。

　　4. 申请撤销仲裁裁决

　　申请撤销仲裁裁决是法律赋予当事人的一项重要权利，仲裁裁决违反《仲裁法》的有关规定应属可撤销之列的，当事人有权申请人民法院予以撤销。法律赋予当事人该项权利，目的在于消除错误的仲裁裁决的不良后果，维护当事人的合法权益。《仲裁法》第五十八条第一款规定："当事人有证据证明裁决有下列情形之一的，可以向仲裁委员会所在地的中级人民法院申请撤销裁决：

（1）没有仲裁协议的；

（2）裁决的事项不属于仲裁协议的范围或者仲裁委员会无权仲裁的；

（3）仲裁庭的组成或者仲裁的程序违反法定程序的；

（4）裁决所根据的证据是伪造的；

（5）对方当事人隐瞒了足以影响公正裁决的证据的；

（6）仲裁员在仲裁该案时有索贿受贿，徇私舞弊，枉法裁决行为的。"

如果当事人认为仲裁裁决违背社会公共利益的，可以申请人民法院对该裁决进行审查，人民法院认定该裁决确系违背社会公共利益的，应当裁定撤销。

申请撤销裁决的，应当自收到裁决书之日起六个月内提出。人民法院应当在受理撤销裁决申请之日起两个月内作出撤销裁决或者驳回申请的裁定。

5. 仲裁裁决的执行

根据《仲裁法》第六十二条规定，当事人应当自觉履行裁决，如果一方当事人不履行的，另一方当事人有权依照民事诉讼法的有关规定向人民法院申请执行。《中华人民共和国民事诉讼法》（以下简称《民事诉讼法》）第二百四十八条第一款规定："对依法设立的仲裁机构的裁决，一方当事人不履行的，对方当事人可以向有管辖权的人民法院申请执行。受申请的人民法院应当执行。"撤销裁决的申请被裁定驳回的，人民法院应当裁定恢复执行。仲裁裁决被人民法院裁定不予执行的，当事人可以根据双方达成的书面仲裁协议重新申请仲裁，也可以向人民法院提起诉讼。

（三）建设工程合同纠纷诉讼

诉讼是按照民事诉讼程序向人民法院对一定的人提出权益主张并要求人民法院予以解决和保护的请求。

1. 诉讼的基本原理

（1）诉讼的基本特征

1）提出诉讼请求的一方，是自己的权益受到侵犯和与他人发生争端；

2）该权益的争端，应当适用于民事诉讼解决程序；

3）请求的目的是使法院通过审判，保护受到侵犯和发生争端的权益。

（2）诉讼的特点

1）人民法院受理案件，任何一方当事人都有权起诉，且无须征得对方当事人同意；

2）向人民法院提起诉讼，应当遵循地域管辖、级别管辖和专属管辖的原则；

3）当事人在不违反级别管辖和专属管辖原则的前提下，可以选择管辖法院。当事人协议选择由法院管辖的，仲裁机构不予受理；

4）人民法院审理案件，实行两审终审制度。当事人对人民法院作出的一审判决、裁定不服的，有权上诉；对生效判决、裁定不服的，尚可向人民法院申请再审。

（3）诉讼的条件

1）合同纠纷当事人不愿和解或调解的，可以直接向人民法院起诉；

2）合同纠纷当事人经过和解或调解不成的，可以向人民法院起诉；

3）当事人没有订立仲裁协议或者仲裁协议无效的，可以向人民法院起诉；

4）仲裁裁决被人民法院依法裁定撤销或者不予执行的，可以向人民法院起诉。

选择诉讼方法解决合同纠纷可以在签订合同时，双方约定；但在合同履行过程中发生纠纷时采用诉讼方法，当事人可依法选择有管辖权的人民法院，但不得违反《民事诉讼法》对级别管辖和专属管辖的规定。

2. 建设工程合同诉讼的原则

依据我国有关法律规定，民事诉讼活动必须遵循以下四个原则：

（1）人民法院依法独立审判民事案件的原则

《中华人民共和国宪法》第一百三十一条规定："人民法院依照法律规定独立行使审判权，不受行政机关、社会团体和个人的干涉。"这是我国最高法律赋予人民法院的权利，也是诉讼活动必须遵循的原则。

（2）民事诉讼当事人有平等的诉讼权利原则

1）诉讼当事人双方有平等的诉讼权利；

2）双方当事人有同等的行使诉讼权利的手段；

3）双方当事人负有同等的诉讼义务。

（3）人民法院审理案件，遵循以事实为根据，依法律为准绳原则

这一原则是民事诉讼的各项原则中居核心地位的原则。事实是适用法律的前提和基础，法律是解决案件的尺度和标准，二者相辅相成，只有在查明案件事实的基础上，才能使用法律，正确处理案件。

（4）人民法院审理民事案件，应当根据自愿和合法原则进行调解，也就是先行调解原则。

法院调解和审理判决一样，都是解决民事纠纷案件的一种方法。因此，调解始终是贯穿于诉讼的全过程中。

3. 建设工程合同诉讼的基本制度

《民事诉讼法》第十条规定："人民法院审理民事案件，依照法律规定实行合议、回避、公开审判和两审终审制度。"

（1）回避制度

回避制度是指人民法院审判某一案件的审判人员，不参加处理与自己有利害关系或其他关系的案件。采取回避制度的目的是避开嫌疑，防止审判人员利用职权徇私舞弊，以保证审理工作正常进行。根据《民事诉讼法》第四十七条规定，审判人员有下列情形之一的，应当自行回避，当事人有权用口头或者书面方式申请他们回避：

1）是本案当事人或者当事人、诉讼代理人的近亲属；

2）与本案有利害关系；

3）与本案当事人有其他关系，可能影响对案件公正审理的。

上述需要回避的情形，不仅适用于审判人员，也适用于书记员、翻译人员、鉴定人和勘验人员。

当事人提出回避申请，必须说明理由，在案件开始审理时提出。案件开始审理后知道的，也可以在法庭辩论终结前提出。是否需要回避，由人民法院作出决定。根据需要回避

的审判人员的身份，分别由审判委员会、法院院长或审判长作出回避决定。

（2）合议制度

合议制度是人民法院审判诉讼案件的一种人员组成形式。审判诉讼案件的人员组成形式有独任制审判庭和合议制审判庭两种。我国《民事诉讼法》规定，只有适用简易程序审理的民事案件，由审判员一人独任审理，采用其他程序审理案件的均采用合议制度。合议制度要求参加合议庭的人员享有平等的权利，对整个案件审理过程，包括调查、审理、判决、裁定，都要共同研究决定。合议庭评议案件实行少数服从多数原则，这是民主集中制在审判工作中的具体体现。

（3）公开审判制度

公开审判制度是指案件的审判活动公开进行。即对社会公开，案件开庭的时间、地点对外公布，允许公民进入法庭旁听，允许新闻记者采访，判决结果对外宣布。

（4）两审终审制

两审终审制是指诉讼案件经过两级法院审判即告终结的制度。即地方各级人民法院对民事诉讼案件，第一审判决和裁定，当事人不服，可以在规定时间内向上一级人民法院上诉，上一级人民法院作出的第二审判决和裁定是终审的判决和裁定，当事人不得再向上一级法院上诉。

4. 管辖

在民事诉讼中，管辖是指确定法院审理第一审民事纠纷案件的权限。即各级法院和同级法院之间对审理第一审民事纠纷案件的内部分工。人民法院受理民事案件，遵循级别管辖、地域管辖和专属管辖的原则。

（1）级别管辖是人民法院对受理第一审民事案件的分工，即基层人民法院、中级人民法院、高级人民法院和最高人民法院，分别受理自己管辖范围内的第一审民事案件。我国《民事诉讼法》规定，基层人民法院管辖第一审民事案件，但是法律另有规定的除外；中级人民法院管辖的第一审民事案件是涉外案件和本管辖区有重大影响的案件；高级人民法院管辖在本辖区有重大影响的第一审民事案件；最高人民法院管辖在全国有重大影响的，以及它认为应当由自己审判的第一审民事案件。

（2）地域管辖是按行政区域划分的人民法院对第一审案件审判管辖的权限和分工。《民事诉讼法》第二十四条规定："因合同纠纷提起诉讼，由被告住所地或者合同履行地人民法院管理。"

（3）专属管辖是指根据诉讼标的或案件的其他特殊性质，由法律规定的特定的人民法院实施的审判管理。专属管辖具有排他性，既排除一般地域管辖和特殊地域管辖，也排除当事人的协议管辖。

建设工程合同的履行对象是建设工程，合同的履行地为建设工程项目所在地。因此，因建设工程合同所产生的纠纷，应由建设工程项目所在地有管辖权的人民法院管辖为宜。但如果合同没有实际履行，当事人双方住所地又都不在合同约定的履行地的，应由被告住所地人民法院管辖。

5. 建设工程合同诉讼程序

建设工程合同纠纷诉讼应按规定程序进行。通常起诉人首先递交起诉状，然后人民法院依次进行法庭调查、法庭辩论和判决。

（1）起诉状

起诉人在符合起诉条件的情况下，向有管辖权的人民法院递交起诉状。起诉状主要包括以下内容：

1）当事人的姓名、性别、年龄、民族、职业、工作单位和住所，法人或者其他组织的名称、地址和法定代表人或者主要负责人的姓名、职务；

2）诉讼请求和所根据的事实和理由；

3）证据和证据来源，证人姓名和住址。

人民法院接到起诉状后，经审查，符合《民事诉讼法》有关规定的受理条件的应依法立案，否则不予受理。人民法院受理合同纠纷案件，着重进行调解；调解无效时进行审理和判决。

（2）法庭调查

法庭调查通常按下列顺序进行：

1）当事人陈述；

2）告知证人的权利义务，询问证人，宣读未到庭的证人证言；

3）询问鉴定人，宣读鉴定结论；

4）出示书证、物证和视听材料；

5）宣读鉴定结论。

当事人在法庭上，可以提出新证据。经法庭许可，当事人可以向证人、鉴定人、勘验人发问，人民法院决定是否允许当事人要求重新进行鉴定、调查或者勘验。

（3）法庭辩论

法庭辩论一般按下列顺序进行：

1）原告及其诉讼代理人发言；

2）被告及其诉讼代理人答辩；

3）第三人及其代理人发言或者答辩；

4）互相辩论。

法庭辩论终结，由审判长按原告、被告的先后顺序征询双方最后意见。可以再行调解，调解未达成协议的，依法作出判决。

（4）判决

人民法院要公开宣告判决。判决应制作判决书，内容主要包括：

1）案由、诉讼请求、争议的事实和理由；

2）判决认定的事实、理由和适用的法律；

3）判决结果和诉讼费用的负担；

4）上诉期限和上诉的法院。

判决书由审判人员、书记员署名，加盖人民法院印章。

以上是人民法院审理合同纠纷案件的第一审程序的主要内容。如果当事人不服第一审判决的，在判决书规定的上诉期限内，有权向上一级人民法院提起上诉。第二审人民法院收到上诉状，依法进行审理，并做出终审判决。

（四）仲裁时效与诉讼时效

通过仲裁、诉讼的方式解决建设工程合同纠纷的，应当注意和遵守有关仲裁时效与诉讼时效的法律规定。

1. 时效的基本概念

（1）时效的含义

时效包括仲裁时效和诉讼时效两种。

1）仲裁时效。是指当事人在法定申请仲裁的期限内没有将其纠纷提交仲裁机关进行仲裁的，即丧失请求仲裁机关保护其权利的权利。在明文约定合同纠纷由仲裁机关仲裁的情况下，若合同当事人在法定提出仲裁申请的期限内没有依法申请仲裁的，则该权利人的民事权利不受法律保护，债务人可依法免于履行债务。

2）诉讼时效。是指权利人在法定提起诉讼的期限内如不主张其权利，即丧失请求法院依诉讼程序强制债务人履行债务的权利。诉讼时效实质上就是消灭时效，诉讼时效期间届满后，债务人依法可免除其应负之义务，即权利人在诉讼时效期间届满后才主张权利的，丧失了胜诉权，其权利不受司法保护。

（2）时效制度

时效制度是指一定的事实状态经过一定的期间之后即发生一定的法律后果的制度。民法上所称的时效，可分为取得时效和消灭时效。一定事实状态经过一定的期间之后即取得权利的，为取得时效；一定事实状态经过一定的期间之后即丧失权利的，为消灭时效。

法律确立时效制度的意义，是为了防止债权债务关系长期处于不稳定状态，督促债权人尽快实现债权，避免债权债务纠纷因年长日久而难以举证，便于对合同纠纷的解决。

（3）诉讼时效的法律特征

1）诉讼时效期间届满后，债权人仍享有向法院提起诉讼的权利，只要符合起诉的条件，法院应当受理。至于是否支持原告的诉讼请求，应审查有无延长诉讼时效的正当理由。

2）诉讼时效期间届满，又无延长诉讼时效的正当理由的，债务人可以以原告的诉讼请求已超过诉讼时效期间为抗辩理由，请求法院予以驳回。

3）债权人的实体权利不因诉讼时效期间届满而丧失，但其权利的实现依赖于债务人的自愿履行。如债务人于诉讼时效期间届满后清偿了债务，但以债权人的请求已超过诉讼时效期间为由反悔的，亦为法律所不允。

4）诉讼时效属于强制性规定，不能由当事人协商确定。当事人对诉讼时效的长短所达成的任何协议，均无法律约束力。

2. 诉讼时效时间

（1）诉讼时效期间的起算

诉讼时效期间的起算是指诉讼时效期间从何时开始。《民法典》第一百八十八条第一款规定："向人民法院请求保护民事权利的诉讼时效期间为三年。法律另有规定的，依照其规定。"例如，某业主欠某建筑工程公司工程款 300 万元，双方约定在 2021 年 1 月 31 日前付清，如业主到期未付清，则建筑工程公司请求法院强制业主清偿债务的诉讼时效期间，从 2021 年 2 月 1 日起计算。

（2）诉讼时效期间的中止

诉讼时效期间的中止（也称时效暂停）是指诉讼时效期间开始后，因一定法定事由的发生，阻碍了权利人行使请求权，诉讼依法暂时停止进行，为保护其权益，法律规定暂时停止诉讼时效期间的计算，已经经过的诉讼时效期间仍然有效，待阻碍诉讼时效期间法定事由消失之日起，继续进行的情况，时效继续进行。

《民法典》第一百九十四条规定："在诉讼时效期间的最后六个月内，因下列障碍，不能行使请求权的，诉讼时效中止：

1）不可抗力；

2）无民事行为能力人或者限制民事行为能力人没有法定代理人，或者法定代理人死亡、丧失民事行为能力、丧失代理权；

3）继承开始后未确定继承人或者遗产管理人；

4）权利人被义务人或者其他人控制；

5）其他导致权利人不能行使请求权的障碍。

自中止时效的原因消除之日起满六个月，诉讼时效期间届满。"

（3）诉讼时效期间的中断

诉讼时效期间的中断是指诉讼时效期间开始计算后，因发生一定的法定事由，阻碍了时效的进行，致使以前经过的时效期间全部无效，待时效中断的事由消除之后，诉讼时效期间重新计算。

1）诉讼时效期间中断的情形

《民法典》第一百九十五条规定："有下列情形之一的，诉讼时效中断，从中断、有关程序终结时起，诉讼时效期间重新计算：

① 权利人向义务人提出履行请求；

② 义务人同意履行义务；

③ 权利人提起诉讼或者申请仲裁；

④ 与提起诉讼或者申请仲裁具有同等效力的其他情形。"

案例5-4-10

某业主欠某建筑工程公司工程款300万元，双方约定在2019年3月31日前付清，但期满时业主未付工程款，则诉讼时效期间应从2019年4月1日起计算，至2022年3月31日届满。2022年1月20日该建筑工程公司派人催促业主付款。

案例分析：由于建筑工程公司催促引起诉讼时效的中断，诉讼时效期间应自2022年1月21日起重新计算，直至2025年1月19日届满。

2）诉讼时效期间中断的条件

诉讼时效期间的中断必须满足下列条件：

① 诉讼时效中断的事由必须是在诉讼时效期间开始计算之后，届满之前发生；

② 诉讼时效中断的事由，应当属于下列情况之一：

A. 权利人向法院提起诉讼；

B. 当事人一方提出要求。提出要求的方式可以是书面的方式、口头的方式等；

C. 当事人一方同意履行债务。同意的形式可以是口头承诺、书面承诺等。

诉讼时效期间可因权利人多次主张权利或债务人多次同意履行债务而多次中断，且中断的次数没有限制，但权利人应当在权利被侵害之日起最长不超过 20 年的时间内提起诉讼。否则，在一般情况下，权利人之权利不再受法律保护。《民法典》第一百八十八条第二款规定："诉讼时效期间自权利人知道或者应当知道权利受到损害以及义务人之日起计算。法律另有规定的，依照其规定。但是，自权利受到损害之日起超过二十年的，人民法院不予保护，有特殊情况的，人民法院可以根据权利人的申请决定延长。"

3. 仲裁时效

《民法典》第一百九十八条规定："法律对仲裁时效有规定的，依照其规定；没有规定的，适用诉讼时效的规定。"

4. 解决建设工程合同纠纷适用时效法律规定应注意的问题

（1）关于时效期间的计算问题

1）追索工程款、勘察费、设计费，根据《民法典》规定，仲裁时效期间和诉讼时效期间均为 3 年，从工程竣工之日起计算，双方对付款时间有约定的，从约定的付款期限届满之日起计算。

工程因建设单位的原因中途停工的，仲裁时效期间和诉讼时效期间应当从工程停工之日起计算。

工程竣工或工程中途停工，施工单位应当积极主张权利。施工单位提出工程竣工结算报告或对停工工程提出中间工程竣工结算报告，系施工单位主张权利的基本方式，可引起诉讼时效的中断。

2）追索材料款、劳务款，仲裁时效期间和诉讼时效期间亦为 3 年，从双方约定的付款期限届满之日起计算；没有约定期限的，从购方验收之日起计算，或从劳务工作完成之日起计算。

（2）适用有关仲裁时效和诉讼时效的法律规定，保护自身债权的具体做法

根据《民法典》规定，诉讼时效因提起诉讼、债权人提出要求或债务人同意履行债务而中断。从中断时起，诉讼时效期间重新计算。因此，对于债权具备申请仲裁或提起诉讼条件的，债权人应在规定的时效期限内提请仲裁或提起诉讼；尚不具备条件的，债权人应设法引起诉讼时效中断，具体办法有：

1）工程竣工后或工程中间停工的，应尽早向建设单位或监理单位提出结算报告；对于其他债权，亦应以书面形式主张债权。对于履行债务的请求，应争取到对方有关工作人员签名、盖章，并签署日期。

2）债务人不予接洽或拒绝签字盖章的，应及时将要求该单位履行债务的书面文件制作一式数份，至少自存一份备查，并将该文件以电报的形式或其他妥善的方式通知对方。

（3）主张债权已超过时效期间的补救办法

债权人主张债权超过诉讼时效期间的，除非债务人自愿履行，否则债权人依法不能通过仲裁或诉讼的途径使其履行。在这种情况下，应设法与债务人协商，并争取达成履行债务的协议。只要签订该协议，债权人仍可通过仲裁或诉讼途径使债务人履行债务。《民法典》第一百九十二条规定："诉讼时效期间届满的，义务人可以提出不履行义务的抗辩。诉讼时效期间届满后，义务人同意履行的，不得以诉讼时效期间届满为由抗辩；义务人已经自愿履行的，不得请求返还。"

六、施工合同解除操作实务

（一）施工合同解除的风险

单方面解除合同的后果可能是十分严重的，需要承担一定的责任和法律风险，会给其带来不可估计的损失，所以要对合同解除的法律风险进行防范。如果通过法定解除或约定解除的方式来解除合同，就会降低因解除合同而带来的法律风险。

1. 发包人解除合同的风险

（1）发包人解除合同的理由要充分。发包人解除施工合同有较大的风险，并不是发出通知，提起诉讼，合同就能解除。仲裁机构或法院，要对解除合同的事由是否成立进行实质性审查，如果理由不成立的话，可能构成违约。

（2）工期风险。对于发包人按期交付工程非常重要。比如商品房，要按期按合同约定交付给小业主，因为施工工期延误了，交付小业主自然要延误，则可能造成赔偿损失，故工期的风险非常大。

（3）场地移交风险。若发承包双方发生争议，发包人拒付工程款，则承包人不撤离施工现场，将给发包人造成风险。

2. 承包人解除合同的风险

（1）承包人解除合同的理由要充分。承包人解除合同的理由同发包人解除合同理由，不再重述。

（2）解除合同时机要合适。解除合同涉及很多的法律问题、技术问题、损失问题、工程界面确认等，故解除合同要选择合适的时机，以将各方面损失降到最小为宜。

（3）解除合同应以工程质量验收合格为前提，以便结算工程款能得到仲裁或法院的支持。

（4）已完工程量没有确认的风险，造成举证困难。在解除合同时，一定要将双方已完工程和未完工程的界面搞清楚。

（5）已为工程定制的设备、材料损失的风险。为履行施工合同，承包人已购买了很多材料、设备，如果解除合同，其材料、设备如何处理将成为风险。

（6）已进场的材料、设备未清点确认风险。若不清点已进场的材料、设备，则对材料、设备在施工现场的数量弄不清楚，可能会造成一定的损失。

（7）施工资料不完备的风险。若在施工过程中进行的工程签证、索赔、设计变更、验收等资料没有办理手续，一旦双方发生争议，需要仲裁或诉讼，届时再去补充这些资料会很困难，从而造成不应有的损失。因此，对于每次的工程签证、索赔、设计变更、验收等资料要按正常程序办理手续。

（8）诉讼风险。解除合同涉及仲裁或诉讼的结果，有很多不确定的因素，最终结果难以预料，因此要注意诉讼时间的风险。

综上所述，在解除合同时一定要特别的注意，不能因为当事人之间产生一些异议，而随意解除合同，否则会给企业带来很大的风险。在解除合同过程中最容易产生风险的地方是解除合同的程序及解除合同条件的理解上。在解除合同时如果对方有异议，可以请求仲裁机构或人民法院确认解除合同的效力。在行使合同解除权的过程中，通常以书面形式通知对方（一定要将解除合同的通知送达对方手上，并留有证据），合同自通知到达对方时解除，以免在是否已经解除的问题上发生争议。总之，无论是发包人还是承包人在提起解除合同请求前，一定要认真分析考量上述风险之后，再决定是否解除合同。

（二）施工合同解除的时机

1. 考虑合同解除权的行使期限

合同解除有约定的按约定行使；没有约定的按法律的规定行使解除权。

2. 选择有利的施工节点

选择有利的施工节点，保证己方利益最大化，要从法律、技术、工程进度的角度考虑。既减少损失和利益最大化，又有利于证据确凿。

3. 不可盲目等待

因发包人原因致使工程停工，当事人对停工时间未作约定或者没达成协议的，承包人不应盲目等待，而放任停工状态的持续以及停工损失的扩大，否则承包人放任扩大的损失将承担责任。如何把握盲目等待和解除合同的时机，保证不扩大损失，其时间点非常重要。

（三）解除施工合同的操作实务

1. 解除合同是否必须作为一项请求提出

解除合同是否要作为一项请求提出，这是当事人的权利。若不提出请求，法院不能调审，所以解除合同必须作为请求提出。

2. 合同解除，质量合格是工程结算的前提条件

工程质量合格与否是请求已完工程结算的前提条件。要解除合同，要求结算，必须保证工程质量已经验收合格，并要有相应的证据来证明。

3. 合同解除与请求裁决及解除时间点的确定

合同解除时间点对于双方的利益影响较大。若以通知的方式，对方收到通知的时间就是合同的解除点；若提起仲裁或诉讼，通常以申请书或起诉状的副本到达时间为起算点，到达被申请人或被告的时间点作为合同的解除点。

4. 对解除合同事由进行实质性审查

对于解除合同，仲裁或法院要做实质性的审查，并不是通知到达就可以解除。

5. 合同一方以相对方延迟履行义务为由解除合同

合同一方以相对方延迟履行义务为由解除合同，是否要催告相对方履行合同义务为前置条件？如果证明合同的目的已经不能实现，或者对方已经违约了，则不需要催告；若对方有违约的迹象，可以催告对方使其改正。

6. 合同解除权的行使期限

合同解除权的行使受除斥期间的限制。除斥期间是指法律规定某种民事实体权利存在的期间。权利人在此期间内不行使相应的民事权利，则在该法定期间届满时导致民事权利的消灭。

如何确定合同解除权的除斥期间，《民法典》第五百六十四条规定："法律规定或者当事人约定解除权行使期限，期限届满当事人不行使的，该权利消灭。法律没有规定或者当事人没有约定解除权行使期限，自解除权人知道或者应当知道解除事由之日起一年内不行使，或者经对方催告后在合理期限内不行使的，该权利消灭。"

7. 发包人或监理人不下达开工令，承包方是否可以解除合同

合同签订以后，发包人或监理人不下达开工令，承包方是否可以解除合同？如果发包

人或监理人不下达开工令，致使承包人的合同目的不能实现，承包方可以解除合同，这在施工合同示范文本有明确的规定。

8. 解除合同，违约金调整问题

合同对违约金有具体约定的按约定计算，对违约金无约定或约定不明确的，按没有约定处理。约定违约金数额一般以不超过合同未履行部分的价款总额为限。逾期付款违约金的计算，应注意不同时期的计算参考依据。

当事人约定的违约金超过造成损失30％的，一般认定为约定的违约金过高。如果违约金过高可以请求人民法院或者仲裁机构予以调整。违约金调整后，当事人应当按照调整后的数额予以赔偿。

9. 合同解除后的工程结算款的诉讼时效

《民法典》第一百八十九条规定："当事人约定同一债务分期履行的，诉讼时效期间从最后一期履行期限届满之日起计算。"合同解除后应认定施工合同的工程款支付请求权的诉讼时效期间，应自合同约定的最后一期工程款的支付期限届满之次日起算。

10. 先予执行程序在施工合同纠纷中的应用

先予执行是指人民法院在受理案件后、终审判决作出之前，根据一方当事人的申请，裁定对方当事人向申请一方当事人给付一定数额的金钱或其他财物，或者实施或停止某种行为，并立即付诸执行的一种程序。由于对案件没有经过审理就要对被申请人执行，法院对先予执行的审查特别严格，也十分慎重，一般不会轻易启动先予执行程序。只有在事实清楚、证据充分、符合法定条件的情形下才启动。

（1）《民事诉讼法》第一百零九条规定："人民法院对下列案件，根据当事人的申请，可以裁定先予执行：

1）追索赡养费、扶养费、抚养费、抚恤金、医疗费用的；

2）追索劳动报酬的；

3）因情况紧急需要先予执行的。"

（2）《民事诉讼法》第一百一十条规定："人民法院裁定先予执行的，应当符合下列条件：

1）当事人之间权利义务关系明确，不先予执行将严重影响申请人的生活或者生产经营的；

2）被申请人有履行能力。

人民法院可以责令申请人提供担保，申请人不提供担保的，驳回申请。申请人败诉的，应当赔偿被申请人因先予执行遭受的财产损失。"

11. 施工合同解除后的未完工程质保金预留问题

双方当事人已解除合同，但已完工部分仍应按照《复工协议》约定的质保金条款，对于合同约定的缺陷责任期已经到期的部分，应返还质保金并承担法定保修义务；对于缺陷责任期未至届满的，应预留至期满再行返还。

12. 合同解除后整改费用承担问题

合同解除后，在双方当事人已失去合作信任的情况下，为解决双方矛盾，仲裁机构或法院可以判决由发包人自行委托第三方参照修复设计方案对工程质量予以整改，所需费用由承包人承担。

13. 合同解除后的违约金、赔偿问题

合同解除时，一方当事人依据合同有关违约金、约定损害赔偿的计算方法、定金责任等违约责任条款的约定，请求另一方承担违约责任的，人民法院应予支持。

14. 合同解除的时间起算点

合同解除的时间起算点自通知到达对方时解除或者自法院判决生效之日起解除。也就是法定情形出现、导致合同的目的不能实现之后，一方提出合同的解除请求，另一方在收到解除通知之后，若是没有异议，合同即刻终止；当事人一方未通知对方，直接以申请仲裁或提起诉讼的方式依法主张解除合同，仲裁机构或人民法院确认该主张的，合同自仲裁申请书副本或起诉状副本送达对方时解除。

15. 合同解除后剩余材料、设备的处理

（1）有约定按约定处理。

（2）没有约定的，可以按照经济性原则。比如有些材料、设备是给该工程定制的，转移到别处无法使用，只能留下。

（3）作为损失，适用过错责任原则。

（4）剩余材料、设备做了交接，但没有确定价格，也无法做鉴定，由仲裁机构或法院酌定处理。

（5）剩余材料、设备无约定归属，难以认定该材料、设备仅能用于该工程，仲裁机构或法院不支持承包人诉请留给发包人。

16. 合同约定的效力

如何解决合同约定和法律规定的冲突问题？要分两种情况：

（1）若合同的约定违反了法律、行政法规的强制性规定，合同约定的条款无效。

（2）若合同的约定没有违反法律、行政法规的强制性规定，尽管合同的约定与法律、行政法规及行政规章有冲突、有矛盾，但并不能认定合同无效，合同条款如果符合法律法规的有效要件，可以认定合同有效。

复习思考题

1. 合同当事人在什么情形下可以行使解除合同的权利？国家法律法规对合同解除的处理有何规定？

2. 国家法律法规对合同无效有何规定？对无效合同应采取何种方式处理？

3. 对于无效合同和当事人违约责任，应采取哪些方法处理？

4. 国家法律法规对返还财产、折价补偿、赔偿损失有哪些规定？

5. 《司法解释（一）》对工程垫资及垫资利息有何规定？

6. 《司法解释（一）》对工程质量缺陷而产生的法律后果有哪些规定？

7. 在工程合同协议书中约定的开工、竣工日期各有哪几种形式？

8. 如何确定顺延工期？

9. 《司法解释（一）》对工程价款结算有何规定？

10. 《司法解释（一）》对拖欠工程款的利息支付有何规定？

11. 《司法解释（一）》对工程争议的解决有哪些规定？

12. 《司法解释（一）》对工程保修责任有何规定？

13. 工程签证的概念和法律特征是什么？

14. 施工合同示范文本与工程签证有关的规定有哪些？

15. 工程索赔的概念、法律特征是什么？

16. 在进行工程索赔时应遵循哪些原则？

17. 为什么发承包双方在履行合同过程中要进行工程索赔？

18. 如何进行工程索赔？

19. 工程索赔主要有哪些类型？

20. 通常索赔和反索赔有何区别？

21. 施工合同示范文本与工程索赔有关的规定有哪些？

22. 通常由业主或监理工程师的原因所引起的工期索赔事件有哪些？

23. 通常由承包人原因引起的延误有哪些？

24. 通常不可控制因素导致的延误有哪些？

25. 工期索赔的计算方法有哪几种？掌握各种方法的应用。

26. 通常承包人向发包人进行费用索赔事件有哪些？

27. 通常发包人向承包人的费用索赔（反索赔）事件有哪些？

28. 进行费用索赔应注意哪些问题？

29. 工程签证索赔管理有哪些要求？

30. 常见的建设工程合同纠纷事项有哪些？

31. 建设工程合同纠纷的解决方式有哪几种？

32. 如何采用协商方式解决合同纠纷？

33. 调解合同纠纷主要有哪几种情况？如何采用调解方式解决合同纠纷？

34. 建设工程合同仲裁的概念、原则和基本制度是什么？

35. 在什么情况下采用仲裁方式解决合同纠纷？

36. 如何进行建设工程合同的仲裁？

37. 建设工程合同纠纷诉讼的概念、基本特征、特点及条件是什么？

38. 建设工程合同诉讼应遵循的原则和基本制度是什么？

39. 我国民事诉讼中的管辖有何规定？

40. 建设工程合同诉讼按什么程序进行？

41. 什么是仲裁时效和诉讼时效？

42. 诉讼时效有哪些法律特征？

43. 我国法律对诉讼时效时间有哪些规定？

44. 我国法律对诉讼时效期间的起算、中止、中断及延长有何规定？

45. 《民法典》对仲裁时效有何规定？

46. 解决建设工程合同纠纷适用时效法律规定应注意哪些问题？

47. 合同解除对发包人和承包人各自的风险有哪些？

48. 如何把握解除合同的时机？

49. 面对履行合同过程中出现的各类问题，如何进行合同的解除？

参考文献

［1］ 中华人民共和国住房和城乡建设部.建设工程工程量清单计价规范：GB 50500—2013［S］.北京：中国计划出版社，2013.

［2］ 中华人民共和国住房和城乡建设部.建设工程项目管理规范：GB/T 50326—2017［S］.北京：中国建筑工业出版社，2017.

［3］ 本书编写组.中华人民共和国 2007 年版标准施工招标资格预审文件使用指南［M］.北京：中国计划出版社，2008.

［4］ 本书编写组.中华人民共和国 2007 年版标准施工招标文件使用指南［M］.北京：中国计划出版社，2008.

［5］ 张毅.工程项目建设指南［M］.2 版.北京：中国建筑工业出版社，2019.

［6］ 黄文杰.建设工程招标实务［M］.北京：中国计划出版社，2002.

［7］ 范宏，杨松森.建筑工程招标投标实务［M］.北京：化学工业出版社，2008.

［8］ 叶东文，马占福.招标投标法律实务［M］.北京：中国建筑工业出版社，2003.